魅惑の特定動物
完全飼育バイブル

Specified Animal Breeding

Punk Machida

パンク町田 編著

はじめに

先ず、本書の出版に携わらせていただいたことを坂田哲彦様等、グラフィック社の皆様に感謝を申し上げます。

個人・園館問わず動物飼育に関し賛否のある時世ではございますが、この動植物育成の集大成こそが、生物多様性ら地球環境の保全に始まり、私たち人間の生活に対し、ダイレクトに反映される結果を招くものとして、僕は研究を数十年続けてきました。

この研究の成果の一部を、各家庭の平安を導くことを目的とするペットと飼育者、或は研究施設、園・館関連の特別展示の際に、人畜共の安全あるいは近隣や社会に対する責任として、本書を通じ役立てていただきたく思います。

また僕達の動物関連技術や知識を後継することで、より発展した未来と環境を求めることの出来る若人の確保に繋がることを夢見、念願に置き執筆にあたりました。ですから僕としては、これをきっかけに一人でも多く正しい目線で動物や環境と向き合うことの出来る人が増えることを願ってやまないのです。それは現在の動物を飼育研究した経験を持たない方たちの愛護・保護、自然保護団体の力に限界が到達しつつあるため、新しいアプローチを切り開いてゆきたいと思うためでもあります。

そしてもう一つ、僕には大きな目的があるのです。

それは現在の個人研究者の肩身の狭さを改善したいと言うことです。なぜか個人研究者は世間から変態扱いされがちであり、時には厄介者として片付けられます。確かに一般的な基準からすれば紛れもない変態であり厄介者ですが、それが不思議なことに悪ではないのです。

神は言いました。

お許しください。彼らは何も知らない哀れな子羊たちなのです…。

そうです！

彼らは僕たち変態のことを何も知らないのです。

読者の皆さん、僕達は力を合わせ動物を飼育するという、立派な研究を重ねてゆくことで、人類と動物たちの平和的共存を導き、子羊たちをみかえし生活を救ってやろうじゃありませんか！！

特定非営利活動法人生動研　理事　　町田英文

Contents

もくじ

第5部 とかげ目

Sauria

第6部 わに目

Crocodilia

Column

巻末資料

About
Specified Animal

特定動物とは何か?

「動物愛護管理法」により、飼養にあたって各地の保健所の飼養許可が必要、と定められている「特定動物」。
まず、❶この特定動物とはどのような動物なのか、
❷どのような動物が指定されているのかについて簡単に紹介する。

特定動物を飼うにあたって

「特定動物」は環境省がヒトへ危害を加える恐れがあると判断した動物で2019年5月現在、約650種が指定されている(指定されている種については下記「特定動物の種類」参照)。これらの動物を所定の手続きを取らずに飼養した場合には罰則も定められている。

「特定外来生物」とは

国(環境省)は特定動物とは別に、外来生物法(2005年施行)によって「特定外来生物」を定めている。特定外来生物は人為的に国内に持ち込まれた外来生物(外来種)のうち、生態系、人の生命・身体、農林水産省へ被害を及ぼすもの、または及ぼす恐れがあるとされているもので約130種が指定されている(2019年5月現在)。特定動物と異なり、無脊椎動物や植物なども含まれているのが特徴だ。特定外来生物については研究機関などによる研究目的を除いては飼養、保管、運搬、輸入など取り扱い全てが規制されている。本書で紹介する特定動物と異なり、愛玩を目的に飼養することは不可能だ。特定外来生物に指定されている種についは以下のURLにあるリストを参照。

環境省自然環境局・特定外来生物等一覧
https://www.env.go.jp/nature/intro/2outline/list.html

罰則の対象となるのは

❶ 無許可で特定動物を飼養又は管理する

❷ 不正の手段で許可を受ける
(許可申請書類などを偽って提出するなど)

❸ 許可なく以下を変更する。
1) 特定動物の種類及び数
2) 飼養施設の所在地
3) 飼養施設の構造及び規模
4) 飼養又は保管の方法
5) 飼養又は保管が困難になった場合における措置に関する事項

上記を違反した場合、個人の場合は6カ月以下の懲役または100万円以下の罰金、法人の場合は5,000万円以下の罰金が課せられる場合もある。なお特定動物の飼養にあたり、必要な手続きについては10頁〜参照。

「特定動物」の種類
Type of Specified Animal

「特定動物」には以下のような種が指定されている。これらを飼養するには「種」ごとに、各地の保健所などで飼養許可の手続きが必要となる(飼養許可の主な申請先は223頁参照)。飼養したい種が特定動物に該当しているかどうか、まずは以下のリストを確認すること。

※以下のリストは2019年5月25日現在のものであり、今後、新しい種が登録、または現在指定されている種が削除される可能性があります。詳しくは環境省の「特定動物リスト」のウェブサイトhttps://www.env.go.jp/nature/dobutsu/aigo/1_law/sp-list.htmlを参照してください。

哺乳綱 Mammalia

霊長目 Primate

【アテリダエ科 Atelidae】
▸アロウアタ属(ホエザル属)*Alouatta* 全種
▸アテレス属(クモザル属)*Ateles* 全種
▸ブラキュテレス属(ウーリークモザル属)*Brachyteles* 全種
▸ラゴトリクス属(ウーリーモンキー属)*Lagothrix* 全種
▸オレオナクス・フラヴィカウダ(ヘンディーウーリーモンキー)*Oreonax flavicauda*

【おながざる科 Cercopithecidae】
▸ケルコケブス属(マンガベイ属)*Cercocebus* 全種
▸ケルコピテクス属(オナガザル属)*Cercopithecus* 全種
▸クロロケブス属 *Chlorocebus* 全種
▸コロブス属 *Colobus* 全種
▸エリュトロケブス・パタス(パタスモンキー)*Erythrocebus patas*

- ロフォケブス属 *Lophocebus* 全種
- マカカ属（マカク属）*Macaca* 全種

※「特定外来生物」であるタイワンザル *Macaca cyclopis*、カニクイザル *Macaca fascicularis*、アカゲザル *Macaca mulatta* を除く

- マンドリルルス属（マンドリル属）*Mandrillus* 全種
- ナサリス・ラルヴァトゥス（テングザル）*Nasalis larvatus*
- パピオ属（ヒヒ属）*Papio* 全種
- ピリオコロブス属（アカコロブス属）*Piliocolobus* 全種
- プレスビュティス属（リーフモンキー属）*Presbytis* 全種
- プロコロブス・ヴェルス（オリーブコロブス）*Procolobus verus*
- ピュガトリクス属（ドゥクモンキー属）*Pygathrix* 全種
- リノピテクス属 *Rhinopithecus* 全種
- センノピテクス属 *Semnopithecus* 全種
- シミアス・コンコロル（メンタウェーコバナテングザル）*Simias concolor*
- テロピテクス・ゲラダ（ゲラダヒヒ）*Theropithecus gelada*
- トラキュピテクス属 *Trachypithecus* 全種

【てながざる科 Hylobatidae】全種

【ひと科 Hominidae】
- ゴリルラ属（ゴリラ属）*Gorilla* 全種
- パン属（チンパンジー属）*Pan* 全種
- ポンゴ属（オランウータン属）*Pongo* 全種

チンパンジー
Pan troglodytes

コモンウーリーモンキー
Lagothrix lagotricha

マントヒヒ
Papio hamadryas

パタスモンキー
Erythrocebus patas

食肉目 Carnivora

【いぬ科 Canidae】
- カニス・アドゥストゥス（ヨコスジジャッカル）*Canis adustus*
- カニス・アウレウス（キンイロジャッカル）*Canis aureus*
- カニス・ラトランス（コヨーテ）*Canis latrans*
- カニス・ルプス（オオカミ）*Canis lupus* のうち、ディンゴ *Canis lupus dingo* 及びイヌ *Canis lupus familiaris* 以外のもの
- カニス・メソメラス（セグロジャッカル）*Canis mesomelas*
- カニス・スィメンスィス（アビシニアジャッカル）*Canis simensis*
- クリュソキュオン・ブラキュウルス（タテガミオオカミ）*Chrysocyon brachyurus*
- クオン・アルピヌス（ドール）*Cuon alpinus*
- リュカオン・ピクトゥス（リカオン）*Lycaon pictus*

【くま科 Ursidae】全種

【ハイエナ科 Hyaenidae】全種

【ねこ科 Felidae】
- アキノニュクス・ユバトゥス（チーター）*Acinonyx jubatus*
- カラカル・カラカル（カラカル）*Caracal caracal*
- カトプマ・テンミンキイ（アジアゴールデンキャット）*Catopuma temminckii*
- フェリス・カウス（ジャングルキャット）*Felis chaus*
- レオパルドゥス・パルダリス（オセロット）*Revolver Ocelot*
- レプタイルルス・セルヴァル（サーバル）*Leptailurus serval*
- リュンクス属（オオヤマネコ属）*Lynx* 全種
- ネオフェリス・ネブロサ（ウンピョウ）*Neofelis nebulosa*
- パンテラ属（ヒョウ属）*Panthera* 全種
- プリオナイルルス・ヴィヴェルリヌス（スナドリネコ）*Prionailurus viverrinus*
- プロフェリス・アウラタ（アフリカゴールデンキャット）*Caracal aurata*
- プマ属（ピューマ属）*Puma* 全種
- ウンキア・ウンキア（ユキヒョウ）*Panthera uncia*

ヒグマ
Ursus arctos

ライオン
Panthera leo

サーバルキャット
Leptailurus serval

オオカミ
Canis lupus

長鼻目 Proboscidea

【ぞう科 Elephantidae】全種

奇蹄目 Perissodactyla

【さい科 Rhinocerotidae】全種

偶蹄目 Artiodactyla

【かば科 Hippopotamidae】全種

【きりん科 Giraffidae】
- ギラファ・カメロパルダリス（キリン）*Giraffa camelopardalis*

【うし科 Bovidae】
- ビソン属（バイソン属）*Bison* 全種
- スュンケルス・カフェル（アフリカスイギュウ）*Syncerus caffer*

《 哺乳綱の特定動物と飼養の際の留意点 》

霊長目は握力、跳躍力など、高い運動能力をもつ種が指定されている。食肉目、長鼻目、奇蹄目、偶蹄目は体が大きなものが多く、種によっては鋭い爪や牙をもつ。いずれの種についてもケージは鋼材を使用し、変形・破損などされないよう堅牢なものが必要となる。

鳥綱 Ave

だちょう目 Struthioniformes

【ひくいどり科 Casuariidae】全種

たか目 Accipitriformes

【コンドル科 Cathartidae】
- ギュンノギュプス・カリフォルニアヌス（カリフォルニアコンドル）*Gymnogyps californianus*
- サルコランフス・パパ（トキイロコンドル）*Sarcoramphus papa*
- ヴルトゥル・グリュフス（コンドル（アンデスコンドル））*Vultur gryphus*

ミミヒダハゲワシ *Torgos tracheliotos*

アンデスコンドル *Vultur gryphus*

【たか科 Accipitridae】
- アエギュピウス・モナクス（クロハゲワシ）*Aegypius monachus*
- アクイラ・アウダクス（オナガイヌワシ）*Aquila audax*
- アクイラ・クリュサエトス（イヌワシ）*Aquila chrysaetos*
- アクイラ・ファスキアタ（ボネリークマタカ）*Aquila fasciata*
- アクイラ・ニパレンスィス（ソウゲンワシ）*Aquila nipalensis*
- アクイラ・スピロガステル（モモジロクマタカ）*Aquila spilogaster*
- アクイラ・ヴェルレアウクスィイ（コシジロイヌワシ）*Aquila verreauxii*
- ギュパエトゥス・バルバトゥス（ヒゲワシ）*Gypaetus barbatus*
- ギュプス・アフリカヌス（コシジロハゲワシ）*Gyps africanus*
- ギュプス・ルエペルリイ（マダラハゲワシ）*Gyps rueppellii*
- ハリアエエトゥス・アルビキルラ（オジロワシ）*Haliaeetus albicilla*
- ハリアエエトゥス・レウコケファルス（ハクトウワシ）*Haliaeetus leucocephalus*
- ハリアエエトゥス・ペラギクス（オオワシ）*Haliaeetus pelagicus*
- ハリアエエトゥス・ヴォキフェル（サンショクウミワシ）*Haliaeetus vocifer*
- ハルピア・ハルピュヤ（オウギワシ）*Harpia harpyja*
- ハルピュオプスィス・ノヴァエグイネアエ（パプアオウギワシ）*Harpyopsis novaeguineae*
- モルフヌス・グイアネンスィス（ヒメオウギワシ）*Morphnus guianensis*
- ニサエトゥス・ニパレンスィス（クマタカ）*Nisaetus nipalensis*
- ピテコファガ・イェフェリュイ（フィリピンワシ）*Pithecophaga jefferyi*
- ポレマエトゥス・ベルリコスス（ゴマバラワシ）*Polemaetus bellicosus*
- ステファノアエトゥス・コロナトゥス（カンムリクマタカ）*Stephanoaetus coronatus*
- トルゴス・トラケリオトス（ミミヒダハゲワシ）*orgos tracheliotos*

ハクトウワシ *Haliaeetus leucocephalus*

カンムリクマタカ *Stephanoaetus coronatus*

《 鳥綱の特定動物と飼養の際の留意点 》

いずれの種も鋭い爪と嘴、長時間の飛翔、飛行が可能という特徴をもつ。飼養ケージは哺乳綱と同じく堅牢な仕様が必要となるのに加え、広さ・高さも必要となる。

爬虫綱 Reptilia

かめ目 Testudines

【かみつきがめ科 Chelidridae】全種
※「特定外来生物」であるカミツキガメ *Chelydra serpentina* を除く。

ワニガメ *Macrochelys temminckii*

とかげ目 Sauria

【どくとかげ科 Helodermatidae】全種

【おおとかげ科 Varanidae】
- ヴァラヌス・コモドエンスィス（コモドオオトカゲ）*Varanus komodoensis*
- ヴァラヌス・サルヴァドリイ（ハナブトオオトカゲ）*Varanus salvadorii*

【にしきへび科 Pythonidae】
- モレリア・アメティスティヌス（アメジストニシキヘビ）*Morelia amethystina*
- モレリア・キングホルニ（オーストラリアヤブニシキヘビ）*Morelia kinghorni*
- ピュトン・モルルス（インドニシキヘビ）*Python molurus*
- ピュトン・レティクラトゥス（アミメニシキヘビ）*Python reticulatus*
- ピュトン・セバエ（アフリカニシキヘビ）*Python sebae*

【ボア科 Boidae】
- ボア・コンストリクトル（ボアコンストリクター）*Boa constrictor*
- エウネクテス・ムリヌス（オオアナコンダ）*Eunectes murinus*

【なみへび科 Colubridae】
- ディスフォリドゥス属（ブームスラング属）*Dispholidus* 全種
- ラブドフィス属（ヤマカガシ属）*Rhabdophis* 全種
- タキュメニス属 *Tachymenis* 全種
- テロトルニス属（アフリカツルヘビ属）*Thelotornis* 全種

【コブラ科 elapidae】全種

【くさりへび科 Viperidae】全種
※「特定外来生物」であるタイワンハブ *Protobothrops mucrosquamatus* を除く。

キングコブラ
Macrochelys temminckii

アメリカドクトカゲ
Heloderma suspectum

わに目 Crocodilia

【アリゲーター科 Alligatoridae】全種

【クロコダイル科 Crocodylidae】全種

【ガビアル科 Gavialis】全種

ナイルワニ *Crocodylus niloticus*

《 爬虫綱の特定動物と飼養の際の留意点 》

有毒種、および体の大きな種が指定されている。とかげ目のうちいくつかの種は人体に重篤な影響を及ぼす毒をもつ。また、にしきへび科、ボア科やわに目のほとんどの種は数分で人命に関わる事故を起こすほどの力がある。できるだけ間接的に飼養管理のできるケージを用意することが望ましい。

For Breeding
Specified Animal

特定動物を飼うために

特定動物の飼養許可を受けるためにはどのような手続きが必要か。
知ってしまえば、実はそれほど煩雑なものではない。
ここでは特定動物の飼養開始までに必要な手続きについて、順を追って紹介する。

事前に当該機関に相談する

飼養する種を決めたら、まずは所轄の特定動物飼養許可の申請先（保健所や動物保護センター）などに飼養について相談する（全国の主な特定動物飼養許可申請先は218頁を参照）。所轄の機関によって飼養許可の手数料や規定が少しずつ異なるため、まずは住んでいる地域の規定がどのように定められているかを相談するというのが主な目的だ。

事前相談で聞かれる主な事項

1 特定動物の飼養が困難になった場合の引受人の同意は得られているか。
→ 引受人の同意書を持参すると良い。

2 飼養施設（ケージ）の構造や規模、設置方法について
→ ケージのポイントは右の「飼養ケージの許可を受けるためのポイント」を参照。

3 日常の飼養について（給餌や水換え、清掃などの飼養管理）
→ 間接飼育の方法などについて聞かれることもある。

4 特定動物の入手先と飼養施設までの輸送方法
→ 輸送・移動の際にも申請書類が必要。書類の詳細は11頁の❸参照。

5 マイクロチップの挿入をどこの動物病院で行うか
→ マイクロチップ挿入を受けている動物病院は222頁参照。

6 申請者が欠格要件（飼養許可を受けられない）に該当していないか
→ 動物愛護法に違反し、罰金以上の刑に処せられてその執行を終わり、または執行を受けることがなくなった日から2年を経過していない者は欠格者とされる。

② 飼養施設（ケージ）の製作

❶で相談する所轄の特定動物飼養許可の申請先には、飼養ケージの仕様についても聞いてみると良いだろう。正式な許可ではなくても、許可を得られそうだとの回答を受けたら、飼養ケージの製作に入る。なお、環境省は種によって細かく基準を定めている。種ごとの基準の詳細は16頁からの本編最終ページを参照。

飼育ケージの許可を受けるためのポイント

1 飼養ケージの形態
→ 素材、ふたの仕様について定めている。

2 規格等
→ ケージを構成する柵や壁面の素材、厚さや格子の間隔などについて定めている。

3 出入り口について（1: 内戸について）
→ ケージの扉について定めている。

4 出入り口について（2: 外戸について）
→ ケージの外側に設ける扉について定めている。飼養ケージを設置する建物の扉を「外戸」とすることもあり、特に飼養ケージを二重扉とする必要はない場合もある。

5 錠について
→ 内戸・外戸の錠の仕様と個数について定めている。

6「人止め柵」と「おり」との間隔
→ ケージとその外に設置する「柵」（壁やフェンスなど）との間隔について定めている。飼養ケージを設置する建物の壁とすることもあり、特に飼養ケージの外に「柵」を設置する必要はない場合もある。

7「人止め柵」の高さについて
→ ケージとその外に設置する「柵」（壁やフェンスなど）の高さについて定めている。飼養ケージを設置する建物の壁とすることもあり、特に飼養ケージの外に「柵」を設置する必要はない場合もある。

8 その他
→ ケージの外に牧柵を設ける、毒ヘビの抗毒素を用意するなどその他に必要な条件について定めている。

許可申請書類の提出

ケージが完成したら、所轄の特定動物飼養許可の申請先に提出する書類を作成する。必要な書類は地域によって異なるが（提出書類の詳細は事前相談で確認すること）、以下に挙げた書類についてはほぼ全ての地域で必須となるものだ。これらの用紙のフォーマットは事前相談の際に入手できるほか、ウェブサイトからダウンロードして使用することもできる。なお、特定動物飼養許可の主な申請先一覧は218頁を参照。

主な許可申請書類

1 特定動物飼養・保管許可申請書
2 申請者（法人の場合には役員も）が欠格要件に該当しないことを示す書類（「欠格要件」は10頁❶の6表を参照）
3 特定飼養施設の構造及び規模を示す図面
4 特定飼養施設の写真
5 特定飼養施設付近の見取り図
6 特定飼養施設の保守点検に係る計画
7 飼養困難時の譲渡先が確保されていることを示す書類
8 （有毒生物を飼養する場合に提出）毒の治療体制に関する書類

※必要な書類は地域により異なるため、必ず事前相談でご確認ください。

飼養施設の現地確認調査

申請書類を提出した際、飼養施設への現地確認調査の日にちを相談、決定する。現地確認調査には必ず飼養管理者が立ち会わなくてはならない。調査に要する時間は概ね30分から1時間程度。この調査で問題点（ケージの仕様など）が見つかった場合には速やかに改善する必要がある（問題があった場合には改善後に再び現地調査が行われる）。

許可申請窓口で許可証を受ける

現地確認調査で問題なし、と判断されてから約1～2週間で許可証の発行通知が来る。これを受けて飼養管理者は所轄の特定動物飼養許可の申請先（許可申請窓口）で許可証を受ける。許可証の受領の際には身分証明証（運転免許証、保険証など）と受領印を持参する。なお、現地確認調査の際、レターパックを職員に渡し、郵送で許可証を受領できる地域もある。

飼養する特定動物の移動手続きを行なう

特定動物を入手する前に、入手先から飼養する施設（飼養ケージ）までの移動経路を届け出る。移動に使うケージにも許可が必要なため、事前相談で確認すると良い。なお移動手続きは特定動物を移動する3日前までに行わなくてはならない。また、書類は直接持参する他に郵送を受け付けている地域もある。

移動手続きに必要な書類

1 特定動物所轄区域外飼養・保管通知書
2 移動経路を示す地図
3 移動用施設（移動の際に飼養するケージ）の図面（寸法入り）または写真
4 特定動物飼養・保管許可証の写し（手順「5」の手続きの際受け取った許可証）

7 飼養する特定動物を入手する

飼養施設までの移動手続きが済んだら、いよいよ特定動物を入手する。ショップ、あるいはフィールドで捕獲した個体を、許可を受けたケージに収容して運搬する。ショップで購入する際には身分証明証の提示を求められることもある。

第三者の接触を禁止する標識の掲示

特定動物の飼養開始後は飼養個体が人体に危害を加える可能性があることを示すため、特定動物飼養・保管許可証の写しとともに許可申請窓口で受け取った「人の生命、身体又は財産に害を加えるおそれがある動物であり第三者の接触等を禁止する旨を表示する標識」を掲示しなければならない。この標識は飼養施設のある建物等の外（玄関や門扉など）に掲示する。

人の生命、身体又は財産に害を加えるおそれがある動物であり第三者の接触等を禁止する旨を表示する標識

特　定　動　物	
許可年月日	令和●●年●●月●●日
有効期間の末日	令和●●年●●月●●日
許可番号	●●市（R●●健保動）指令●●●●●●号
特定動物の種類	イリエワニ

飼養ケージを設置した建物の外（玄関や門扉など）にこの標識を設置する。

9 マイクロチップを埋め込む

特定動物の飼養にあたっては遺棄や脱走の防止策として、マイクロチップの埋め込みが義務付けられている。マイクロチップの埋め込みは飼養開始（特定動物が飼養施設に到着）から30日以内に行わなくてはならない（特定動物のマイクロチップ埋め込み処置を行っている動物病院は222頁）。処置後には許可申請窓口にマイクロチップ埋込・識別番号証明書を提出する。なお、飼養個体の大きさなどによってはマイクロチップの埋め込み処置を免除されるケースもある。詳しくは許可申請窓口で相談すると良いだろう。

マイクロチップの埋め込みを免除されることがあるケース

霊長目	生後6カ月に満たない個体
食肉目	生後2カ月に満たない個体 ※長鼻目、奇蹄目、偶蹄目は免除されない。
だちょう目	孵化後2カ月に満たない個体
たか目	孵化後2カ月に満たない個体
かめ目	甲長が15cmに満たない個体
とかげ目（どくとかげ科、おおとかげ科）	生後6カ月に満たない個体
とかげ目（ボア科、なみへび科、コブラ科、くさりへび科）	全長が50cmに満たない個体
わに目	全長が30cmに満たない個体

飼養許可申請以外で手続きが必要となるケース

前ページまでの手続きで飼養許可申請手続きは完了だが、飼養開始後にも手続きが必要となるケースがある。以下にどのようなケースで手続きが必要となるかを紹介する。

1 飼養個体を移動させる

飼養個体は飼養許可を受けたケージから出すことはできない。しかし疾病の際に動物病院へ通院しなくてはならないなど、止むを得ず飼養個体を飼養ケージから移動させなければならないことがある。こうした場合には、所轄の保健所や動物保護センターに「特定動物飼養施設外飼養・保管届出書」を提出する。ただし、1時間未満であればこうした手続きは必要ない。とはいえ脱走などには十分な配慮をしなければならないことは言うまでもない。

移動が必要となる主なケース

- 飼養個体が疾病などを発症し、動物病院へ通院しなければならないとき
- ケージの清掃などにより、飼養個体をケージ外に出さなければならないとき

2 飼養状況を変更する

飼養ケージの大きさを変更する場合や飼養個体を増やす場合、飼養を中止して誰かに譲渡する際などには手続きが必要となる。事前に届け出が必要な場合と、事後の手続きで構わない場合とがある。

事前に手続きが必要となる主なケース

- 飼養個体を新たに増やす
- 飼養ケージの仕様を変更する（成長に伴い大きくするなど）
- 飼養個体が飼えなくなり譲渡する

事後に手続きが必要となる主なケース

- 転居に伴い、飼養管理者が居住地の住所を変更する
（注：あくまでも飼養管理者の住所のみを変更する場合で、特定動物の飼養場所を同時に変更する場合には転居先で新たに許可申請の取り直しが必要）
- 飼養個体の管理者が変更となる
- 飼養個体が死亡するなどし、飼養数が変更になる

3 飼養の中止・再申請

死亡、譲渡などによって特定動物の飼養を中止する場合には特定動物飼養・保管廃止届出書とともに許可証を所轄の保健所・動物保護センターに返納する。また、特定動物飼養許可の有効期限は許可を受けてから5年となっている。5年後には「更新手続き」ではなく、新たな手続きが必要で、有効期限が1日でも過ぎてしまうと罰則の対象となる。新たな許可申請手続きは余裕をもって行いたい。

再申請の注意

許可の有効期限が近づいても保健所・動物保護センターから督促の連絡などはない。また飼養許可申請から飼養許可が下りるまでには時間がかかることがある。そのため新た飼養申請手続きは、有効期限の数カ月前に行うとよいだろう。

抜き打ち審査が行われることも

飼養期間中、地域によっては抜き打ちで立ち入り検査や飼養状況の報告依頼を求められることがある。こうした検査を拒否すると罰則の対象となるため、日頃から健全な飼養を心がけること。

第1部

霊長目

体こそそれほど大きな種はいないものの、
高い知性に加え握力や腕力、
跳躍力には目を見張るものがある。
特にその握力は脆弱な仕様のケージなどは
簡単に破壊するほどである。

Primate

Pan troglodytes

チンパンジー

Chimpanzee

DATA

分類	霊長目ヒト科チンパンジー属
分布域	アフリカ～西部
生息域	熱帯雨林とサバンナ周辺の疎開林帯
寿命の目安	50年程度
主な餌	果物のほか、植物の葉などを好む
繁殖について	繁殖期は不定。10歳程度で性成熟

高い知性、「道具」の使用も

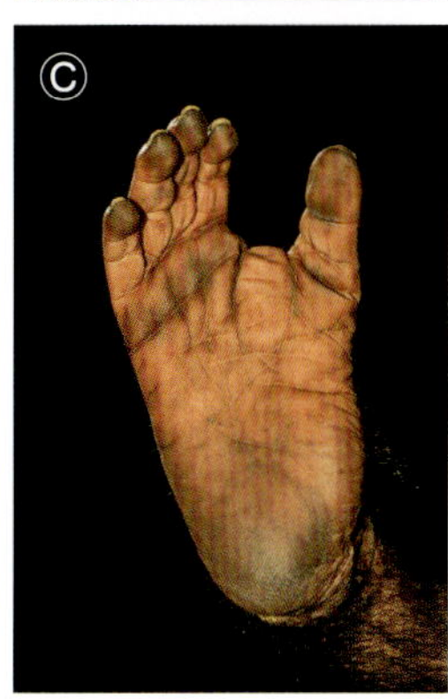

A：同じ霊長目のオランウータンなどと比較すると樹上への依存性はそれほど高くないが、夜間は枝や葉で作ったベッドで休む。B：声や表情によりコミュニケーションを取ることが知られている。C：非常に手先が器用で、「道具使用行動」を取る生物としても知られる。原産地でも植物の茎などを使う姿が見られる。

霊長類の中では私たちヒト*Homo sapiens*に最も近い生物とされ、両者はおよそ650万年前に同じ祖先から分化したと考えられている。「チンパンジー」と一口に言っても、厳密には西アフリカ、中央アフリカなど分布地によりいくつかの種（亜種）に分類されている。

野性下では数頭程度から、多い時には100頭近い群れで生活しており、社会性をもった生物として知られる。生息域は熱帯多雨林や森林帯のほか、サバンナで見られることもあるなど活動範囲が広いのが大きな特徴で、餌となる果実や昆虫などを探して１日に10km以上の範囲を動き回る。ただし泳ぐのはもちろん、水に入ることを極端に嫌い、水辺で見られることはほとんどない。

個体差はあるもののおおむね性質は明るく、野生下の個体でも笑ったような表情を見せたり、実際に声を出して笑ったりするような様子が目撃されることもしばしばある。

霊長目の種の中でもとりわけ知能は高く、人によく慣れる。またヒトに近いことから実験動物として利用されるケースも多い。ただ近年は森林伐採などにより生息数が減少しており、野生下の個体については国際自然保護連合（IUCN）により絶滅危惧種に指定されている。

飼育獣舎の環境づくり

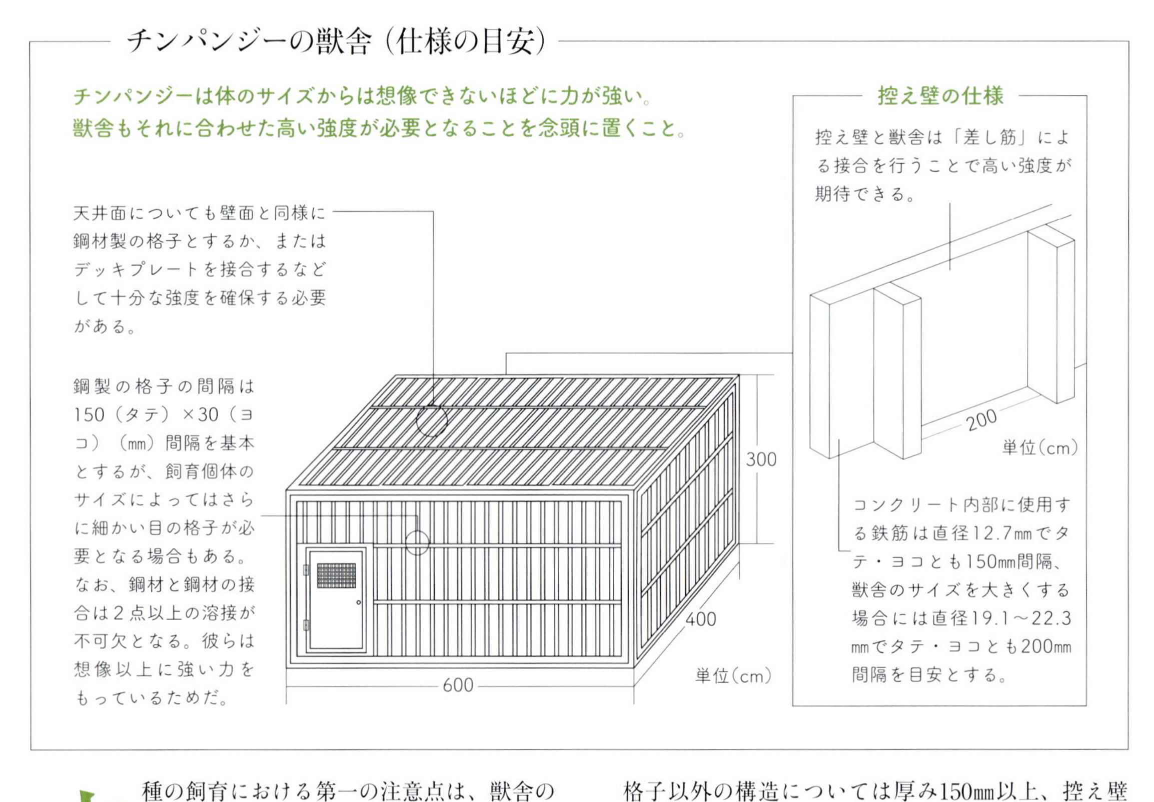

本種の飼育における第一の注意点は、獣舎の強度である。強度不足による事故の例として、過去に直径9.53㎜の鉄製格子を曲げ広げ脱走し、飼育棟内を１時間以上跳ね回り、食器や蛍光管等の設備を大破したことがあった。この例からも獣舎に使う格子は直径25㎜以上で、30㎜×100㎜平方間隔、または格子の直径30㎜以上で、30㎜×150㎜平方間隔が目安となる。各格子の溶接面は１点ではなく、最低でも左右の２点以上は必要であり、理想としては上下左右４点の溶接による接着とする。また、天井面にも必ず鋼材制の格子・鉄板の設置を怠ってはならない。

格子以外の構造については厚み150㎜以上、控え壁200cm間隔のコンクリート壁が理想的で、この際、内部に配する鉄筋は直径12.7㎜、200㎜間隔の格子状に組むこと。

獣舎の高さが300cmを超える場合には210㎜以上の厚み、控え壁200cm間隔のコンクリート壁とすること。この際、内部に配する鉄筋は直径12.7㎜で150㎜間隔、もしくは鉄筋の直径19.1㎜〜22.2㎜で200㎜間隔の格子状に組むこと。

コンクリート壁と格子部分の接合については差筋が理想的であるが、打ち込みアンカーによる工法の方が作業は楽だろう。

飼育温度の目安	15〜30℃
飼育獣舎の目安	600×400×300（cm）以上
餌やり頻度の目安	毎日

獣舎に取り付ける扉について

獣舎の「扉」の注意点

チンパンジーの飼養獣舎で大きなポイントとなるのが扉の仕様だ。開閉時の脱走や破損などのトラブルが多い箇所だけに、導入前に仕様のポイントを押さえて置くことが重要である。

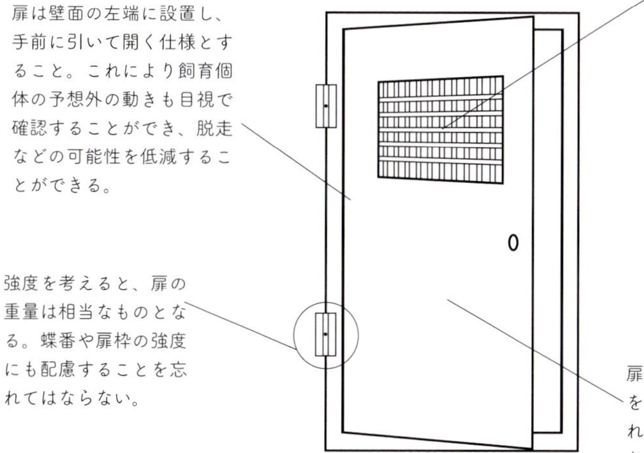

飼育獣舎については扉の位置や形状、材質も重要なポイントとなる。まず扉の位置は、できる限り内部の死角が少ない場所に設置するのが理想である。これを軽んじると、突然思わぬところから生体が現れ、脱走につながることがある。

こうした事態を防ぐには、18頁の図のように壁面の左端に設置するとよいだろう。それは扉に内部を観察できる窓を設置し、右側から扉を外側に引いて開ける場合、よほど生体が変則的な動きをしない限り窓や扉を開けた隙間から、目視により生体の位置や動きを確認することができるためだ。

この逆に、扉の位置を壁面右端に設置する場合には、扉の左側から獣舎外に引いて開ける扉を設置するとよいだろう。

次に扉の形状だが、単純に考えるとやや小さめのものを設置することが脱走防止になるように思える。しかし、実際には物品などの出し入れや、飼育管理者の出入りを優先することが開放時間の短縮に大きくつながるため、無理のない大きさを設けるとよい。また、扉に設置する窓は、直径20㎜以上の鋼材を一辺30㎜角の格子状に溶接した網を取り付けるのが理想的だ。なおその網を取り付ける窓は短辺が30㎝以上とすると獣舎内を確認しやすく、安全な管理を行うことができるだろう。

格子や壁に関する強度は18頁に記した通りだが、同様に扉そのものに関する強度も忘れてはならない。本種の力を考えると、扉の各辺に使う角パイプは肉厚3.2㎜以上一辺50㎜以上、張り付ける鉄板は3.2㎜の両面太鼓張りであれば耐えられると考えられる。ただし、念のため鉄板の板厚は4.5㎜以上とするのが安全だ。なお、この扉は相当な重量となるため、重厚な扉枠と蝶番も必要になることを忘れてはいけない。

餌の作り方と与え方

栄養面を考えた「団子状飼料」レシピ

飼育個体の体調保全、ひいては寿命をできるだけ長くするために、普段から餌の栄養バランスを考える必要がある。さまざまな栄養素をバランスよく摂取させるための「団子状飼料」に餌付かせることができれば管理は楽になる。

栄養バランスを考えた素材

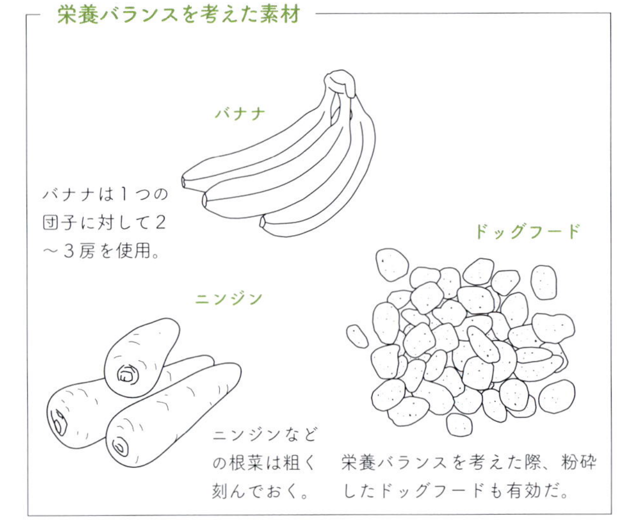

バナナは1つの団子に対して2～3房を使用。

ニンジンなどの根菜は粗く刻んでおく。

栄養バランスを考えた際、粉砕したドッグフードも有効だ。

団子状飼料

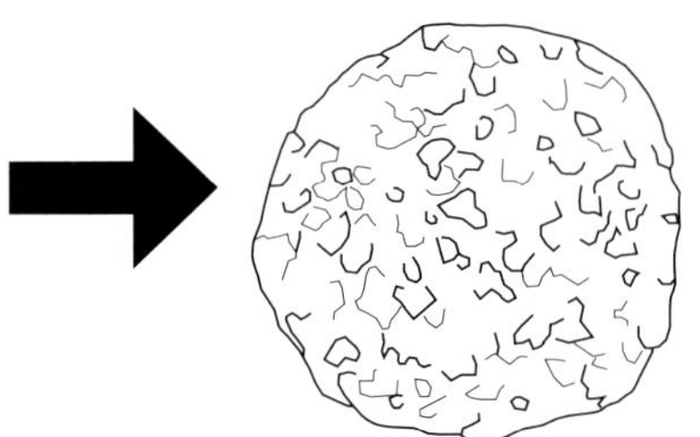

栄養面を考えた餌を混ぜ込んだもので、必ずしも嗜好性が高いとは言えない。初めはまず食べてくれることを第一に飼育個体の嗜好を考慮した上、それぞれの食材のバランスを調整すると良いだろう。

餌や水は、本種の管理において非常に重要である。何故なら生体の行動の管理、習性などにも大きく関与するからだ。またその為にはできる限り、餌の好き嫌いをなくしてゆく努力をすることが重要だ。

とくに団子状に丸めたものや、主材となる餌に執着をもつように餌付けることは、今後の管理を楽にする。

団子状の餌はバナナを主材とし、圧ペン麦、人参などを刻んだ野菜、粉砕されたドッグフードなどを混ぜたものを丸めて与える。ただし、この団子状の餌は（栄養的に必要としながら）普段食べたがらないものを混ぜて食べさせるために利用するものであるため、使用時の都合に合わせて、各材料のバランスを変える必要がある。

またチンパンジーは肉類も摂取するが、チンパンジーが一日に必要な肉の量の目安は約20ｇであり、人間の10分の1程度である。栄養価を考えるとコバラミン（ビタミンB12）*等の必須栄養素が不足しない限り、肉を与える必要はない。

栄養バランスの調整のために肉を与える場合、注意すべきポイントとしては、あくまでも量を厳守すること、それ以外の餌としては比較的カロリーの低いものを中心としなければならないため、1頭あたり1kg前後と餌の量を増やす必要があることだ。

＊血液やDNAの生成などに必須となる物質で肉や魚類などに多く含まれる。

主な症状と治療法

倦怠感などの症状が現れたときには、まず獣医師の処方に従い投薬することが望ましい。その為に役立つのが団子である。そのままでは服用させることが難しい錠剤や粉末などを団子の内部に忍ばせる、混ぜ合わすなどの方法により投薬することが、第一の選択になるだろう。もしそれでも服用を拒否するようであれば、錠剤を完全に砕かず粗目にして団子に混ぜるなどの工夫が必要となる。

感冒などの症状として多く見られるものは倦怠感のほか、鼻水や咳などが挙げられる。もしそれが重篤ではなく、ごく初期のものであれば抗生物質（ニューキノロン系抗生物質）と抗炎症剤（プレドニゾロン）を第一に投薬するとよいだろう。

また投薬以外にも、チンパンジーが自ら暖をとるために、帆布や麻製で丈夫で厚みのある130cm四方程度の生地を与えることや、室温と湿度を管理できる設備をナイトルーム（清掃等の非常時の獣舎）に常設しておくとよいだろう。なお、空調設備は冬季には33℃までは上げられる機能、夏季には25℃まで下げられる機能が必須となる。

この項で紹介した内容で飼育ができる主な種

チンパンジー属に分類される種は2種。「ボノボ」の別称をもつピグミーチンパンジー*Pan Paniscus*はチンパンジー*Pan troglodytes*と比較するとやや体格が小さいのが特徴。

チンパンジー
Pan troglodytes

ピグミーチンパンジー
Pan Paniscus

環境省が定めた飼育施設の基準

・獣舎の形態

鉄おり（鉄製のおり）

・獣舎の規格（仕様）等

1. 直径22mm以上の鉄筋を50mm以下の間隔で配置すること。
2. 鉄おりは、その一部を厚さ150mm以上の鉄筋コンクリート壁又は鉄筋コンクリートブロック壁に代えることができる。
3. 壁内には、直径９mm以上の鉄筋を200mm以下の間隔で縦横に配置すること。

・出入り口等

内戸：内開き戸、上げ戸又は引き戸
外戸：外開き戸、上げ戸又は引き戸

・錠

内戸及び外戸の錠は、それぞれ２箇所以上とすること。又、施錠部に動物が触れない構造とすること。

・間隔設備

人止めさくとおりとの間隔：１m以上
高さ：1.5m以上

Lagothrix lagotricha

フンボルト ウーリーモンキー

Humboldt's woolly monkey

DATA

分類	霊長目クモザル科ウーリーモンキー属
分布域	南米大陸北部
生息域	熱帯雨林
寿命の目安	20～25年
主な餌	果物、木の実などのほか虫なども。
繁殖について	繁殖期は不定。5歳程度で性成熟。

物も掴める器用な尾が特徴

A：昼行性で多くの時間を樹上で費やす。B：外側のみに短く粗い毛の生えた尾をもち（尾の内側には毛がない）、枝などに器用に巻きつけて樹間を移動する。尾は物をつかむ時にも使われる。C：全身を黒褐色の毛が多い、手や顔などは黒い。

全身のほとんどを羊毛のような短く縮れた毛が覆っており、これが一般名（和名・英名）の「ウーリー」の元となっている。ラテンアメリカに広く分布するクモザル科（Atelidae）に分類されており、その中では２番目に大きな種（最大1000ｇ程度）。生息地は熱帯雨林で樹上傾向が強く、木々の樹冠部で主に見られ、地上で活動することはほとんどないものと思われる。

樹上性に特化した生態に合わせ、尾を器用に使うことができるように進化している。木々を伝う際にはもちろん、物をつかんだりする「第三の手」としても尾を活用している。

普段はおとなしく性格も荒くない個体が多いが、天敵である猛禽類や大型の肉食獣に遭遇した際などには大きな声で仲間に警戒を呼びかける。飼育下でも比較的警戒心の強い個体が見られる。また、アゴの力が強いのが特徴の１つで、好物の果実をアゴで噛み砕いて食べる。飼育下ではこの点にも注意が必要となるだろう。

なお生息地の南米北部では森林伐採が進んでいるほか、食料として捕獲されるケースもあり、本種も個体数は急速に減少している。

飼育獣舎の環境づくり

ウーリーモンキーの獣舎（仕様の目安）

霊長目のなかでは比較的体の小さなウーリーモンキーだが、それでも力は強く、鋼材には十分な強度が必要だ。なお、獣舎底面に排水ドレンを設置することで清掃作業が楽になる。

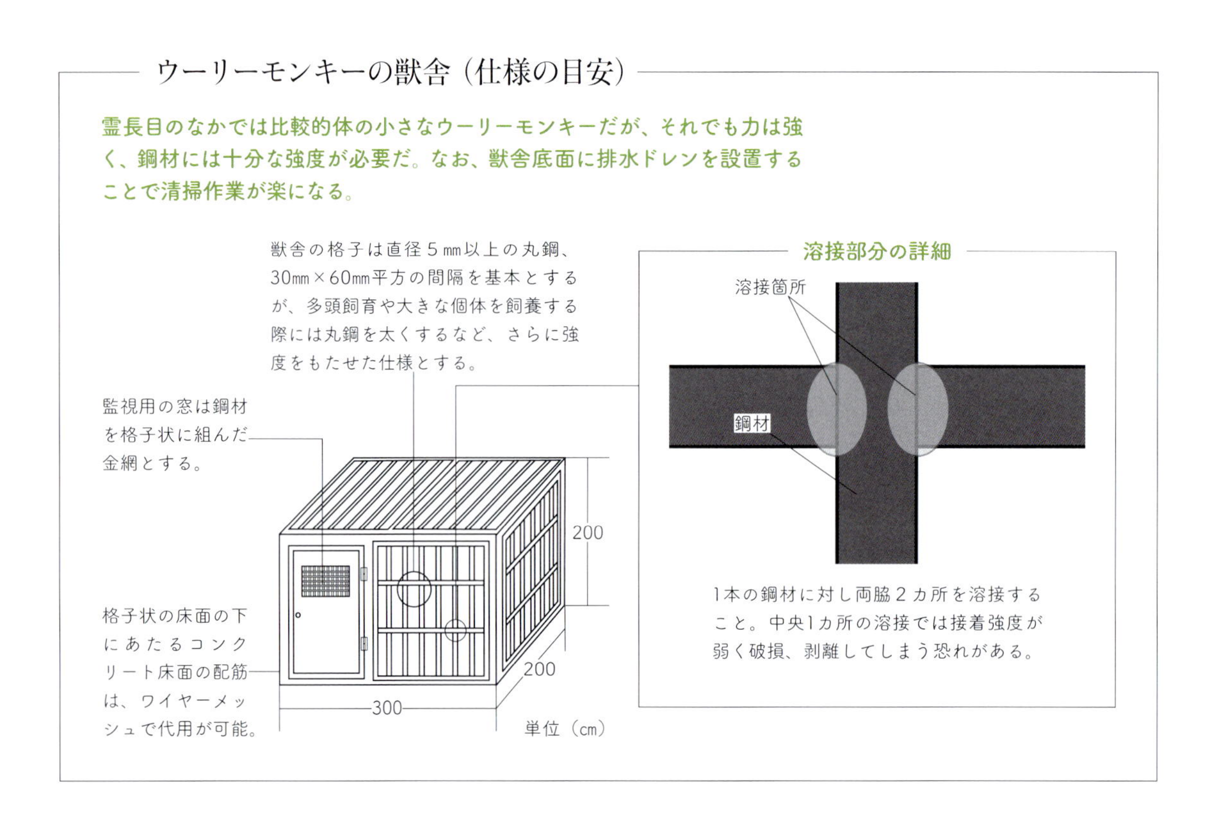

本種が突発的に見せるジャンプ力は侮ることができない。そのため、獣舎は天井、壁面ともに強度のあるものが必要になる。獣舎に使う格子は直径５㎜以上の丸鋼を用い、30㎜×60㎜平方間隔もあれば十分に耐えられる。しかし、多頭飼育などによりさらに高い強度が必要となる場合には、直径８㎜以上の丸鋼を使い格子を組むこと。

またそれぞれの格子は１点のみ溶接するのではなく、最低でも左右２点以上を溶接すること。また、格子は天井面、床面とも同様の素材を使用することが望ましく、床面の格子は獣舎を設置する場所の床より、30～60cmほど高い位置に設置して「格子が浮く」ように施工する。これにより、排出物や食い散らかしなどの処理の手間が格段に楽になることだろう。

また、獣舎を設置する部屋の床面には清掃の際に水を流せる直径50㎜以上の排水ドレンを埋め込むのが理想的だ。なお、獣舎内にシェルターなど100kg以上のものを配置しないのであれば、排水ドレンは直径２㎜程度のワイヤーメッシュを配筋した厚み30㎜程度のコンクリート床でも十分事足りる。

飼育温度の目安	20～30℃
飼育獣舎の目安	300×200×200（cm）以上
餌やり頻度の目安	毎日

作業用扉の設置

簡単な作業の際に必要な扉の設置

動きが素早いウーリーモンキーの飼育では、出入りのための扉の他に餌を入れる際などに開閉する小さな扉を設置する必要がある。

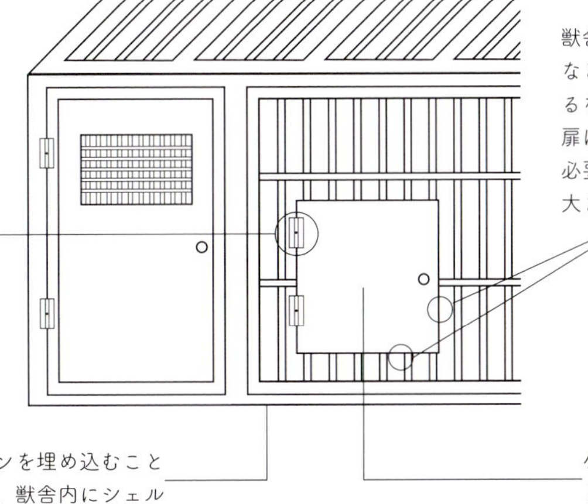

蝶番や扉枠は、扉に強い衝撃を受けた際に破損の恐れがあり、脱走等の重大事故につながることも。高い強度が必要だ。

獣舎内に餌を入れる、治療の際などに捕獲するための網を入れるなどの目的で設置するための扉は、それほど大きなサイズは必要ない。出入口の半分程度の大きさとすると良いだろう。

床面には直径5cm程度の排水ドレンを埋め込むことで清掃時の作業が楽になる。なお、獣舎内にシェルターなどの重量物を設置しない場合には、排水口はワイヤーメッシュなどでも代用が可能。

小さな扉も出入り用の扉と同じく両面太鼓張りとし、十分な強度とする。

霊長目の飼養の注意点

霊長目は知力、学習能力ともに非常に高い。そのため給餌の際などに開ける扉の位置を学習し、脱走を試みようとする場合がある。その防御策として考えられるのが上記のような、出入り口とは別の小さな扉の設置だ。このほか、給餌以外の場面で獣舎に近寄る（扉を開くタイミングを学習させない）、出入り口の扉を2カ所以上設ける、獣舎を間接飼育のできる仕様とするなどの方法が考えられる。

扉開閉時の脱走を防ぐための施作

- 出入り口以外に給餌用の扉を設ける。
- 出入り口の扉を2カ所以上とする。
- 扉の開閉が必要となる場面以外で獣舎に近寄る。
- 間接飼育のできる獣舎仕様とする。

獣舎内には生体が休むことのできる棚や止まり木のほか、コットンあるいは麻製のロープを取り付ける必要がある。それらはかなり丈夫なものを選び、しっかりと固定することが重要だ。なぜなら、これらの設備は、握力の強い本種が獣舎内で激しい運動を繰り返したとしても、決して破損しないことが求められるためである。

また獣舎に取り付ける扉は、人が出入りできる大きいものと、生体を捕獲するための網を入れられる程度の小さめの扉という2カ所を設置する必要がある。

このうち大きな扉は獣舎の中にいる飼育個体を捕獲あるいは移動したのち、棚の上の清掃や止まり木の装着などを行うためのものである。

一方、小さいほうの扉は捕獲するための網を出し入れする際のほかに、飼育個体の餌を入れる際などに使うものだ。

餌やり、水やりの際の注意点

獣舎内に設置する遊具・運動器具

獣舎内には飼育個体が運動するための遊具（運動器具）を設置する。これらは人工物・自然物のどちらでも問題ないが、破損や倒壊の恐れがない強度のある仕様とする。

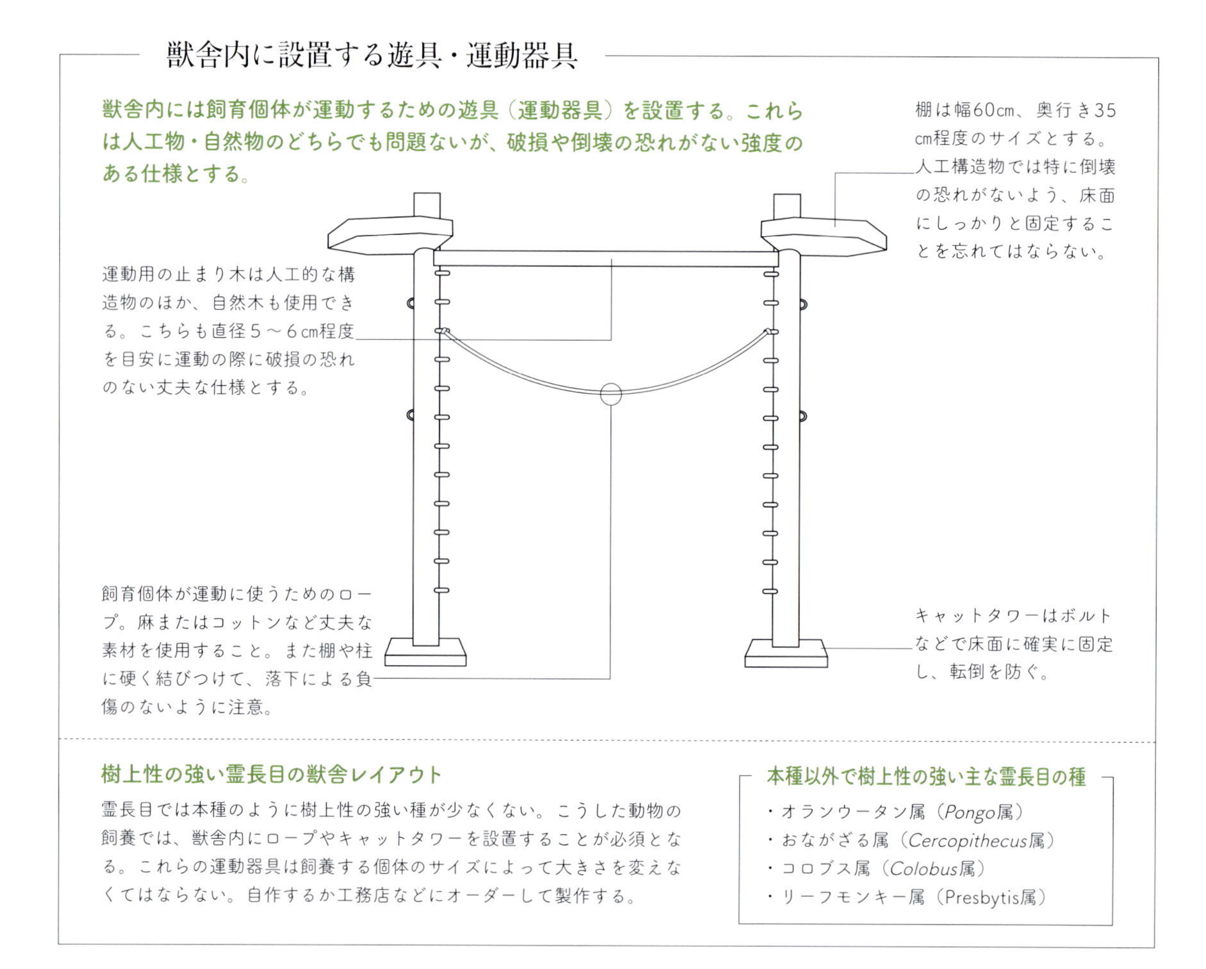

樹上性の強い霊長目の獣舎レイアウト

霊長目では本種のように樹上性の強い種が少なくない。こうした動物の飼養では、獣舎内にロープやキャットタワーを設置することが必須となる。これらの運動器具は飼養する個体のサイズによって大きさを変えなくてはならない。自作するか工務店などにオーダーして製作する。

本種以外で樹上性の強い主な霊長目の種

- オランウータン属（*Pongo*属）
- おながざる属（*Cercopithecus*属）
- コロブス属（*Colobus*属）
- リーフモンキー属（Presbytis属）

獣舎内には飼育個体の行動を考えた遊具などを設置することが重要だ。例えばロープは直径30mm前後とするとウーリーモンキーが掴みやすく、止まり木は直径50～70mm程度あれば彼らが休憩する際に適当なサイズといえる。また、棚は幅60cm×奥行35cmを目安にするとよいだろう。ただし1つの獣舎で多頭数を飼育する場合には、飼育頭数に応じてサイズを大きくする、棚の数を増やすなどの工夫が必要となる。

餌はサル用の配合飼料（モンキーフード）が扱いやすいが、栄養面を考えるとリンゴ、バナナなどの果実類や野菜類、ドッグフードなど調餌内容に変化を与える必要がある。

水入れについては丈夫な容器を獣舎にボルト留めするのもよいが、大きなウォーターボトルを利用することもできる。獣舎内を清潔に保つことを考えれば、ウォーターボトルを利用する方がよいともいえるだろう。なお、サル用の配合飼料やドッグフードなどを主要な餌とする場合、消化不良や脱水症状などのトラブルを予防しなければならず、水分は多めに与える必要がある。普段、水分を切らさないよう、多めに与えることが重要だ。

主な症状と治療法

脱力感が見られることがある。こうした場合にはまず、感冒などの疾病を疑い、飼育個体の食欲が落ちる前に餌に獣医師から処方された薬を混ぜて投薬することだ。しかし食欲が既に無くなってしまっている場合は、半日ほど水を与えずにおき、その後、水に薬を添加することで投薬する。

この際の注意事項は、最初に与える薬と同時に飲ませる水は「確実に飲みきれる量」とすることだ。この時、もし薬の味や匂いに反応して水を飲まない場合は、水の量を増やすと同時に薬の量を減らす。

また、投薬のために水を断つことで脱水症状を起こすようなことは避けなければならない。そのためにも健康状態が悪化していることの早期発見が第一で、さらに日頃から水分補給は十分にすることを心がける。

このほか、本種で多い疾病には、通性嫌気性菌である黄色ブドウ球菌による皮膚炎がある。具体的には皮膚に紅斑などがみられる場合には、こうした皮膚炎を疑うべきである。また、紅斑のほかに糜爛（びらん）（ただれ）なども見られるようであれば、伝染性の細菌に感染している可能性が高いため、掻きむしった手・指・爪などでほかの正常な皮膚面を掻くことで、更なる糜爛が出来る可能性がある。重篤な事態に発展する前に何らかの方法によって皮膚から気をそらさせる必要がある。

なお、この様な症状が慢性化した場合には獣医師の診察を仰ぎ、ストレプトマイシンかセフェム系の抗生物質を処方してもらうとよいだろう。

この項で紹介した内容で飼育ができる主な種

ウーリーモンキー属は4種が認定されており、いずれも樹上性が強く、昼行性。どの種の飼育においても、獣舎内には立体的な構造を設ける必要がある。

ハイイロウーリーモンキー
Lagothrix cana
フンボルトウーリーモンキー
Lagothrix lagotricha
コロンビアウーリーモンキー
Lagothrix lugens
アカウーリーモンキー
Lagothrix poeppigii

環境省が定めた飼育施設の基準

・獣舎の形態

鉄おり（鉄製のおり）

・獣舎の規格（仕様）等

1. 直径22mm以上の鉄筋を50mm以下の間隔で配置すること。
2. 鉄おりは、その一部を厚さ150mm以上の鉄筋コンクリート壁又は鉄筋コンクリートブロック壁に代えることができる。
3. 壁内には、直径９mm以上の鉄筋を200mm以下の間隔で縦横に配置すること。

・出入り口等

内戸：内開き戸、上げ戸又は引き戸
外戸：外開き戸、上げ戸又は引き戸

・錠

内戸及び外戸の錠は、それぞれ２箇所以上とすること。又、施錠部に動物が触れない構造とすること。

・間隔設備

人止めさくとおりとの間隔：１m以上
高さ：1.5m以上

Papio hamadryas

マントヒヒ

Hamadryas baboon

DATA

分類	霊長目オナガザル科ヒヒ属	寿命の目安	30～35年
分布域	アフリカ北東部、アラビア半島南西部	主な餌	果物や木の葉のほか小動物も餌とする
生息域	サバンナ周辺、乾燥した草原地帯	繁殖について	繁殖期は不定。5歳程度で性成熟。

気の荒い個体が多く要注意

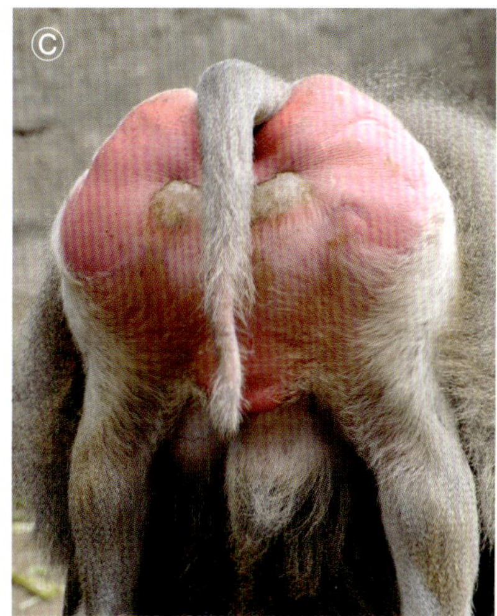

A：「マント」の呼称はオスの成体に見られる肩から下の長い毛による。なおこのマント状の毛はメスや幼体にはない。B：大きく口を開け、威嚇する様子。マントヒヒは気性の荒い個体が多いと言われる。C：毛のない臀部の尻だこ。霊長目では多く見られる特徴だが、マントヒヒでは大きく、赤い。

「マント」の名は雄の成獣において、背中から肩、頭にかけての毛がマントのように長く伸びることからつけられたものだ。この部分の毛は白いこともあってよく目立つが、雌では「マント」の毛は伸びず雄よりも全身が小さく見える。外見的特徴としては他に「尻ダコ」がある。尻ダコは地面に座る際に傷ができないように尻の部分の皮膚が厚くなっているもので、多くの霊長類に見られるが、マントヒヒの尻ダコは赤みが強く、広範囲にわたっているためよく目立つ。

一頭の雄とそれに従う雌と子からなる小さな群れが最小単位であり、その最小単位の群れが集まったそれより大きな群れを作る。さらにその大きな群れがいくつか集まりさらに大きな群れをなし、時には100頭を越す集団となる。この巨大な群れがいくつか集まることにより、時には数百頭に達する巨大な集団を形成し夜間を過ごす特殊な群れを作る。

体長100cm近く、体重20kgを越すことがあり、力が強いほか多くの個体は決して気性が穏やかではないため、飼育の際には頑丈な設備を用意する必要がある。

飼育獣舎の環境づくり

マントヒヒの獣舎（仕様の目安）

強大な腕力・握力をもつマントヒヒの獣舎には、それに負けない堅牢な仕様が必須となる。特に床面の接着には十分な配慮を要する。

より強度を出す場合には、獣舎の背面に厚さ150㎜以上、200㎜間隔のコンクリート製の控え壁を設置すると良い。その場合、内部に直径9㎜の鉄筋を200㎜平方の格子状に組む。

獣舎の格子は直径20㎜以上の丸鋼を仕様。格子の目はタテ150㎜×ヨコ30㎜平方間隔を目安とする。なお丸鋼同士の溶接は必ず2点以上を溶接すること。

本種は腕力、握力ともに非常に強い。打ち込みアンカーなどを使用して獣舎を床面にしっかりと接着すること。

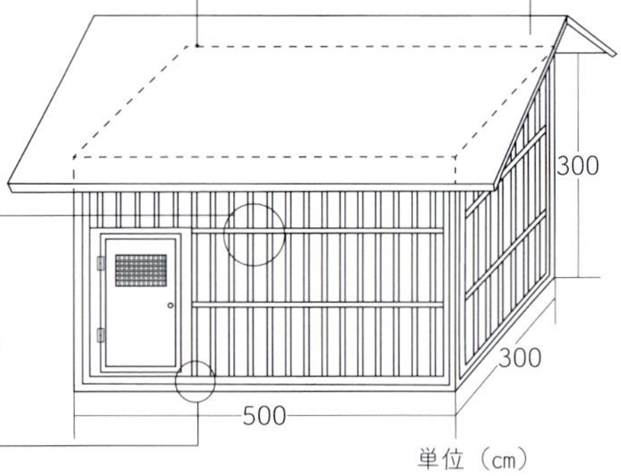

300

300

500

単位（cm）

屋内では屋根が必須

屋外で飼養する場合には屋根部分に鉄板を使用。なお屋内での飼養の場合には壁面と同じく丸鋼による格子でよい。

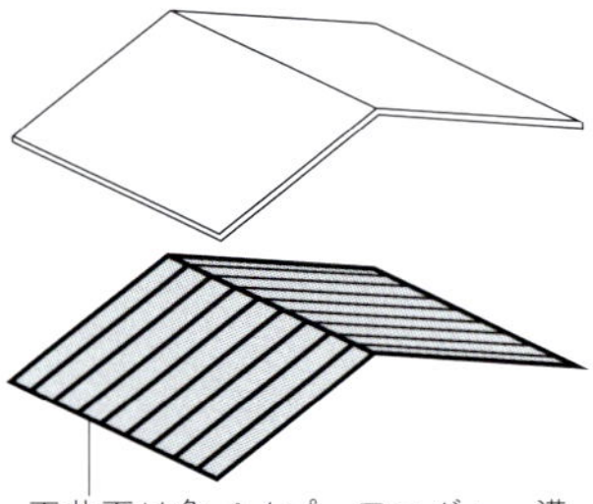

天井面は角パイプ、アングル、溝型鋼を用いた垂木を設置、屋根板にしっかりと溶接する。

オスは特に犬歯の発達が著しく、また筋力も強いため、非常に危険である。以前、次のようなシーンに遭遇したことがある。

飼育されていたマントヒヒのオスが、推定80kgのステンレス製の輸送檻に移されていた際、自らのジャンプ力と体重の反動を利用し、ズドン、ズドンと激しい音をたてながら、檻ごと自在に移動することで大量の飼育器具や餌を、飼育棟内にまき散らしていたというものである。

こうした事態を防ぐためにも飼育の際には、必ず獣舎を設置する床面に強固に固定し、なおかつ強度の高いものを使用する必要がある。

獣舎に使う格子は丸鋼製で直径15㎜以上、30㎜×100㎜平方間隔か、直径20㎜以上、30㎜×150㎜平方間隔が最低条件となる。

また各格子の接合は1点ではなく、最低でも2点以上を溶接し、多頭飼育をする場合は上下左右4点を溶接による接着とする必要がある。天井面も同様に丸鋼製の格子、あるいは厚さ3.2㎜以上の鉄板とし、金属製の垂木（角パイプやアングル、溝形鋼、H形鋼等）の上にしっかりと溶接すること。

さらに壁面の格子以外の構造については、厚さ150㎜以上、控え壁200cm間隔のコンクリート壁が理想的で、この際、内部に配筋される鉄筋は直径9㎜で、200㎜間隔の格子状に組むこと。ただし、コンクリート製の壁の代用として鉄板を使う場合には、100cm間隔以内に肉厚3.2㎜以上、一辺5cmの角パイプの支柱を補強として設置することが必須となる。

飼育温度の目安	15〜30℃
飼育獣舎の目安	500×300×300（cm）以上
餌やり頻度の目安	毎日

間接飼育の注意点

獣舎仕様の重要ポイント

獣舎仕様のポイントは扉の仕様と間接飼育。

獣舎製作でポイントとなるのは扉の仕様、および間接飼育ができるシステムである。清掃の際など、直接飼育個体に触れずに管理を行うことで事故の可能性を低減することができるだろう。

扉は視認性と堅牢さを考慮

脱走事故の防止を考え、扉は前面左端に設置。また右側から手前に引く仕様とすることにより、獣舎内の様子を確認しやすくなる。

視認性を考え、扉上部に30cm四方前後の窓を設ける。なお、この窓には直径15mm以上の丸鋼を格子状に組んだ金網を設置する。

扉は内外に鋼板を用いた太鼓張りとする。鋼板は衝撃に耐えうる十分な強度を持たせること。

間接飼育ができるしくみを設けることで、清掃などの管理が楽になる。

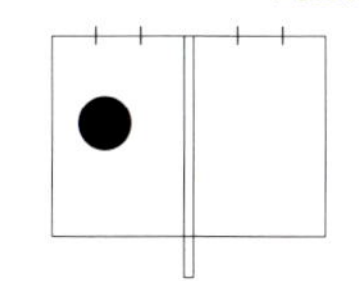

獣舎の外から開閉できる扉を設置することで間接飼育が可能となる。なお扉には必ず施錠できる仕組みにすることが重要だ。

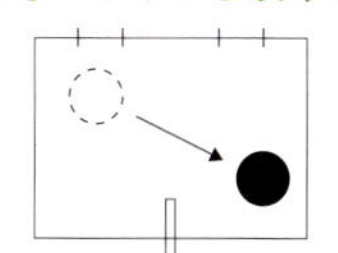

清掃などの際には獣舎内の扉を開き、餌などにより飼育個体を獣舎反対側の隅に移動させる。

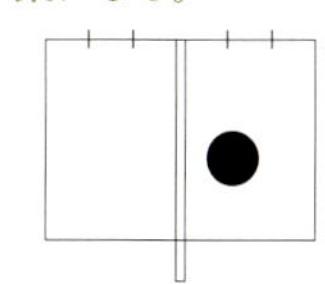

飼育個体が移動したのち、獣舎内の扉を閉じる。この時、扉の施錠を必ず確認すること。未施錠の場合、飼育個体が扉を開けてしまい事故につながる恐れがある。

飼育にあたっては間接的に管理ができる構造が必須で、扉の位置や形状、材質なども重要だ。動物園などでは飼育個体の脱走を防ぐために、扉は左側から開き、獣舎内へ押し開ける構造が多くみられるが、実際にはこのような構造だと、扉の位置を壁面右端に設置しない限り、内部の様子をうかがうための視界が非常に悪くなる。そのため、視界のよい手前に引く構造の扉より安全性が劣るともいえる。飼育管理者の技能と並行した構造を優先するのがよいだろう。

ヒトに危害を加える恐れのある動物を飼育する際、飼育個体が（間接飼育が可能な獣舎の２つの部屋のうち）ナイトルーム（清掃の際などに収容するための獣舎）に移動していることを確認をした後であっても、外から獣舎に入る際に扉を開けるとき、内部を確認しやすいかどうかは非常に重要な要素である。

これとは逆に普段の飼育獣舎に生体が移動したことを確認したのち、ナイトルームに管理のため入室する場合であっても、内部の死角ができる限り少ない扉の設置法を選択することは、飼育管理者のストレスも少なく合理性を兼ねている。危険な動物の飼育を始めるにあたっての、獣舎構造を決定する場合の考慮に必ず加えなくてはならない要素だ。

なお獣舎内の様子を確認する際、さらに視界をよくするためにも、扉には30cm四方前後の窓を取り付けるのが理想的だ。そしてこの窓には、直径15mm以上の丸鋼材を一辺30mm角の格子状に溶接した網（柵）を取り付けること。

運動具の設置と給餌

環境エンリッチメントのための遊具・運動器具

獣舎内にキャットタワーなどの遊具・運動器具を設置することで飼育個体の休息・ストレス解消につながる。

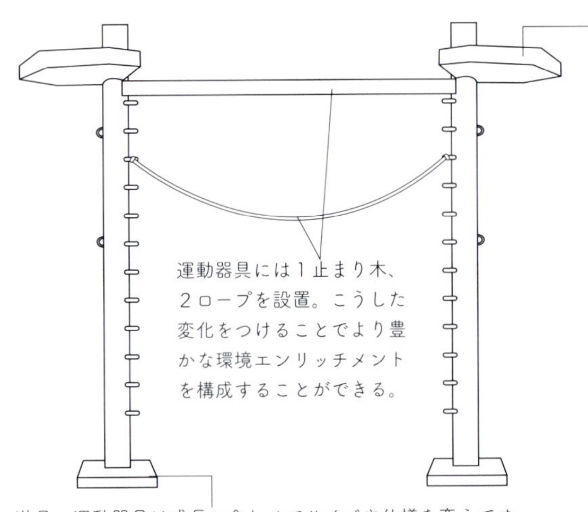

食性は比較的広い

マントヒヒは雑食性で比較的食性が広く、野菜や果物のほか、人工飼料（市販の「モンキーフード」など）をバランスよく与えて栄養バランスを整える。

獣舎内に棚を数段取り付けることや、通称「キャットタワー」と呼ばれるような構造のものは優れた運動器具、あるいは寝具・休息場となる。各棚の大きさは奥行35cm以上、幅30〜200cm位と、頭数や獣舎のサイズ、生体のサイズ・生活的機能性に合わせ変化をつけなければならない。また各棚の角など、エッジにより生体が負傷することの無いよう工夫することも忘れてはいけない。

なお、このような構造は飼育個体の健全な生活を構成する「環境エンリッチメント」という考え方の中でも特に「空間エンリッチ」と呼ばれる。またキャットタワーのような固定式の設備は「構造エンリッチメント」、ボールや棒などそれ自体が動く遊具などは「触覚エンリッチメント」とされる。

飼育管理にあたっては、飼育下と野生下でそれぞれプラスの点、マイナスの点があることを理解することが重要だ。例えば飼育下にある個体に野生下の環境そのままを作ることはできず、飼育下だからこそのプラスの点もある（天敵から受けるストレスがない、など）。逆に野生下の個体を人為的、間接的に保護することが必ずしもプラスではない。飼育個体が生きている（長期飼育できている）だけでは「健全なエンリッチメント」を構成しているということにはならないのである。

必要なことはその環境に合った獣舎内構造や給餌について、管理者が考えることだろう。

これらのことを踏まえた際、本種に与える餌としては葉物や根菜、果物などの植物（自然物）のほか、市販されているモンキーフードやキャットフード、ドッグフードなどの人工飼料を交えると良いだろう。それぞれのメリットをバランスよく活かした給餌パターンが重要だと考えられる。

主な症状と治療法

棚や獣舎のエッジあるいはボルト、枝などの突起物による「裂傷」、もしくは多頭飼育の場合、仲間から受ける咬傷などの外傷であっても、本種をはじめとした霊長類への治療は「経口投薬」が基本となる。そのため、餌のメニューには必ず錠剤、粉末、液体を混入して与えることのできるバリエーションを加えなくてはならない。

その他の治療においてもしがみつき掻きむしったり、噛みついたりするなど、激しく攻撃や抵抗してくることが多いため、直接的な治療は難しい。もしどうしても洗浄や縫合などが必要な場合には、ケタミン、イソフルラン、ミタゾラム等を使い麻酔・鎮痛を行った後に処置を行うことが必要になる。

なお、ごく大人しい個体における外傷で外用剤が使える場合にはニューキノロン系・セフェム系等の抗生物質、ステロイド等の抗炎症剤を患部とその付近に塗布する。ただし、その前に洗浄と消毒を行うことが理想的な処置であり、その後の経口投薬による治療の効率を上げるため、生理食塩水などを使い念入りな患部の洗浄を行うことも重要だ。

この項で紹介した内容で飼育ができる主な種

マントヒヒの近縁種（ヒヒ属）は5種で、他に同様の飼育構造によってゲラダヒヒ（*Theropithecus gelada*）も飼育が可能。いずれも力が強く、堅牢な獣舎が必須となる。

アヌビスヒヒ
Papio anubis
キイロヒヒ
Papio cynocephalus
マントヒヒ
Papio hamadryas
ギニアヒヒ
Papio papio
チャクマヒヒ
Papio ursinus
ゲラダヒヒ
Theropithecus gelada

環境省が定めた飼育施設の基準

・獣舎の形態
鉄おり（鉄製のおり）

・獣舎の規格（仕様）等
1．直径22㎜以上の鉄筋を50㎜以下の間隔で配置すること。
2．鉄おりは、その一部を厚さ150㎜以上の鉄筋コンクリート壁又は鉄筋コンクリートブロック壁に代えることができる。
3．壁内には、直径９㎜以上の鉄筋を200㎜以下の間隔で縦横に配置すること。

・出入り口等
内戸：内開き戸、上げ戸又は引き戸
外戸：外開き戸、上げ戸又は引き戸

・錠
内戸及び外戸の錠は、それぞれ２箇所以上とすること。又、施錠部に動物が触れない構造とすること。

・間隔設備
人止めさくとおりとの間隔：１m以上
高さ：1.5m以上

パタスモンキー

Patas monkey

DATA

分類	霊長目オナガザル科パタスモンキー属
分布域	西〜中央アフリカからケニアにかけて
生息域	低木林、サバンナのほか半砂漠地帯にも生息
寿命の目安	20〜25年
主な餌	果物や木の葉のほか小型の爬虫類など
繁殖について	繁殖期は６〜９月。４年程度で性成熟。

主に地上で暮らす「世界最速のサル」

A：細長い手足は走るのに適しており、「世界最速のサル」とも呼ばれる。B：野生下では主として地上での活動が多い。C：主に地上で活動することが多いが、気温の上がる日中には樹上で休む。

パタスモンキーは他の霊長類と異なり、樹上ではなく主に地上（サバンナや半砂漠地帯）を主な生活域としている。ライオンなどの肉食獣に遭遇した際には樹上に逃げるのではなく地上を走って逃げる。そのスピードは霊長類でもっとも速いと言われ、走る際の最高時速は55kmにも達するとされる。ただし夜間、眠る際には低木に登る。なお、本種も30～100頭程度の群れで生活していることが知られている。

外見は頭から尾にかけて赤みの強い褐色、手足が褐色で腹部が白という特徴的な色合い。餌は雑食で果実や木の実を好むほか、アリなどの昆虫や小型の爬虫類も食べているようだ。

体長50～80cm程度、比較的大きくなる雄でも最大10kg程度と比較的小さい上に性質の大人しい個体が多く、人が近づいても威嚇してくるようなことは滅多にない。しかし警戒心が強く、飼育下でも馴れさせるまでに時間を要することが多い。

なお、寿命はおおむね20年程度と霊長類の中ではそれほど長寿というわけではないが、アフリカ大陸の広範囲に生息しており、現在のところ絶滅の危機はないとされる。

飼育獣舎の環境づくり

パタスモンキーの獣舎（仕様の目安）

霊長目の中ではそれほど大型ではない本種だが、身体能力は高い。そのため、獣舎は他種に準じた強度の高いものとする必要がある。

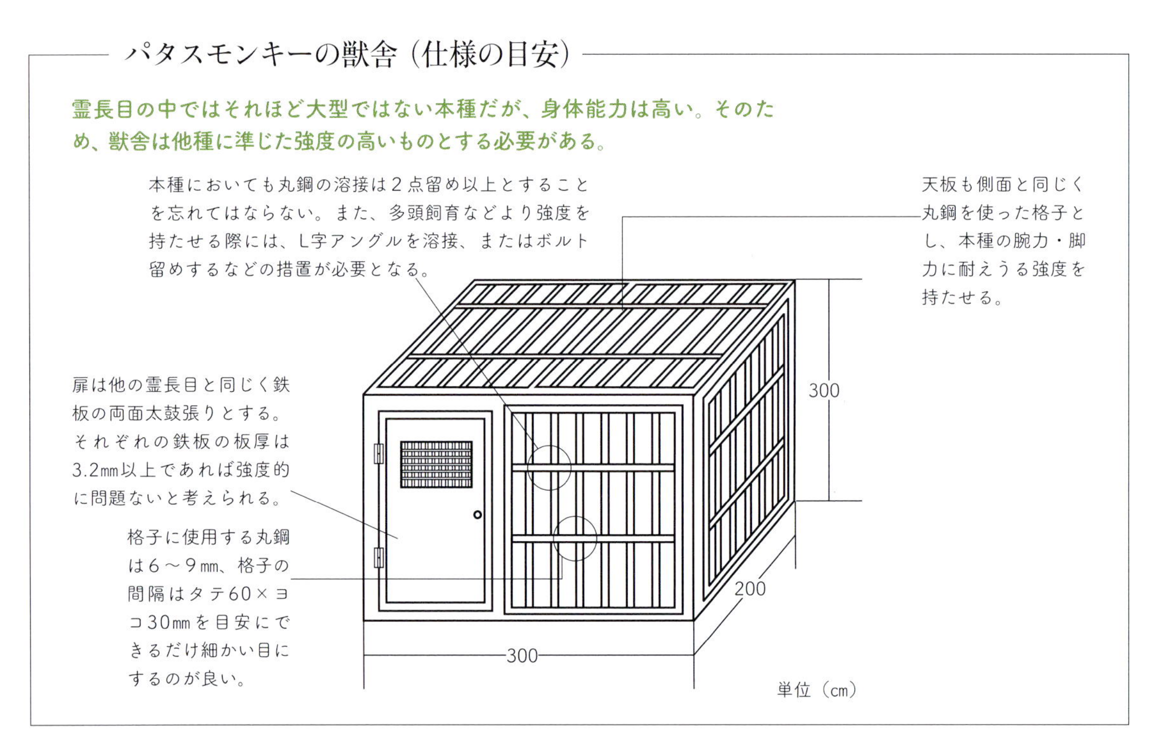

オスの発達した犬歯はかなり危険であり、いかに馴れていようとも油断することはできない。また腕力、脚力ともに強いことから、獣舎に使う格子は直径６～９㎜以上の丸鋼を用い、30㎜×60㎜平方間隔以内に組まなくては十分な強度を得ることは難しい。

また格子に使う丸鋼は200cmごとに厚さ３㎜、一辺50㎜のＬ字アングルを背中合わせに抱き合わせ、溶接あるいはボルトを使用して固定することで多頭飼育など、より強い強度を求められる飼育条件にも対応ができる。

なお、各格子の溶接面は最低でも左右の２点以上は必要で、できれば上下左右の４点を溶接することが望ましい。また、天井面にも同様の素材寸法の格子を取り付けることを忘れてはならない。

獣舎内には棚などの休憩場所や、止まり木などの遊具も取り付ける必要がある。一般で飼育される場合であっても、動物園や水族館で飼育する場合によく用いられる、「環境エンリッチメント」を忘れてはならない。

環境エンリッチメントは、飼育する動物の異常な行動を抑え、本来の生態にできるだけ近づけることで、その結果、動物の心身の健康を保つことにつながる工夫を施すことである。つまり飼育下における単調な生活を管理者の工夫によってより豊かにすることと考えるとよいだろう。

飼育温度の目安	15～30℃
飼育獣舎の目安	300×200×200（cm）以上
餌やり頻度の目安	毎日

餌やりの際の注意点

常同行動（異常行動）の予防・解消のために

動物園などにおいて獣舎内を徘徊するなど単純な作業を繰り返す「常同行動」を見ることがある。こうした異常行動はストレスなどが原因である場合が多い。給餌方法などによってこうした常同行動を予防・解消できることがある。

常動行動の予防策①

餌の種類に変化をつける

栄養バランス保持だけではなく、常同行動（異常行動）の予防のためにも多種多様な餌を与えることが重要となる。右図のほか、モンキーフードや葉物などを餌のローテーションに加えると良いだろう。

推奨される餌のいろいろ

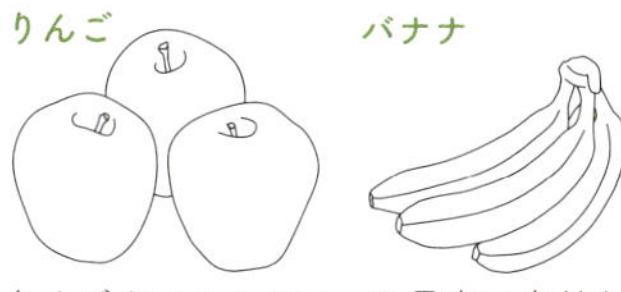

りんごやバナナといった果実は皮付きのまま与えることで常同行動（異常行動）の予防につなげることができる。

常動行動の予防策②

給餌パターンに変化をつける

毎回、餌の位置を変えるなど給餌に変化をつけることも常同行動の予防に効果がある。ポイントは飼養個体に餌の場所を考えさせることで、これにより採餌行動のルーティーン化を防ぎ、常同行動の予防につながる。

常動行動の予防策③

餌を隠す・見えない場所に置く

これらの施作を行うために獣舎内には「棚をつける」「流木などの器物を設置する」などレイアウトの変化が必要だ。

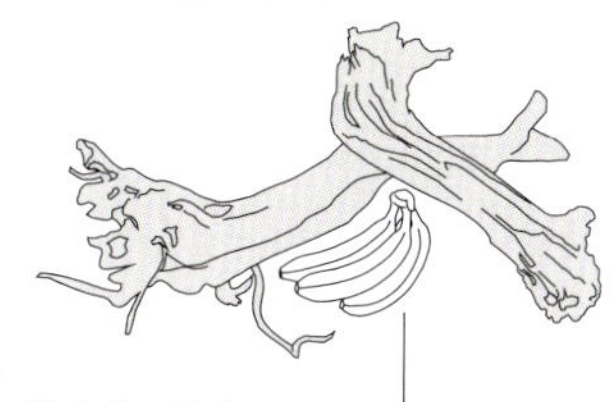
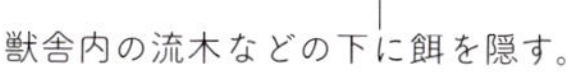

獣舎内の流木などの下に餌を隠す。

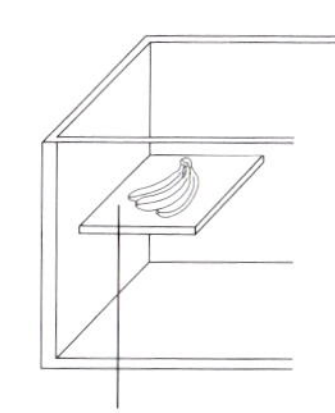

棚の上に餌を乗せる。

先に紹介したような、固定式の棚や遊具は環境エンリッチメントの中でも「空間エンリッチメント」と呼ばれる。これは、飼育環境の物理的・耕造邸な部分に工夫を加えることで、精神的ストレスによる異常行動の改善に効果があるとされる。

一方、エサの与え方に工夫を施すことは「採食エンリッチメント」と呼ばれる。これも、環境エンリッチメントの1つといえるものだ。

例えば手を伸ばすことでぎりぎり採れるところに餌を置く、皮付きのまま餌を与える、あるいは餌を木の間や木の下などに隠して与えることにより、飼育個体が自ら餌を探すようになる。それにより、手を起用に使うことや覗き込む行動など、飼育下において簡略化傾向にある行動や、飼育個体が本来行なう行動を引き出すことを期待できる。

このような餌の与え方は常同行動（多くの場合、一見意味を持たないように思われがちな、単純なしぐさを何度も繰り返す行動）と呼ばれる異常行動を軽減する働きがあることが知られており、飼育動物の精神的ストレスを軽減することに良い効果をもたらすと考えられる。定期的な実行を試みるとよい。

なお、本種の餌はモンキーフードを中心に、リンゴ、バナナ等の果実、ヒマワリの種、小松菜、キャベツなどに加え、少量の鶏肉なども定期的に与えるとよいだろう。

霊長類の特徴を失わせない飼育法

霊長類に不可欠な同種間での関わりのために

健全な発育を促すためには同種間で餌を与え合うなど、社会的な関わりをもつことが不可欠となる。単独飼育となるケースも少なくない飼育下では、こうした管理を行うことは難しいことも多いが、近縁種を近くで飼養することが有効な場合もある。

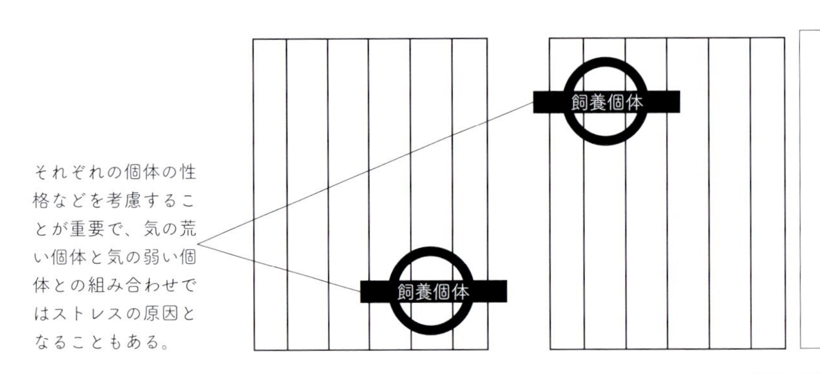

ヒトも霊長目

飼育個体を2頭以上揃えることが難しい場合には、管理者が飼育個体から見える位置で生活するという方法もある。ヒトも霊長目の1種という考え方からだが、こうした方法が飼育個体の健全な飼養に効果をもたらした例も記録されている。

近縁種はオナガザル亜科ほか

パタスモンキーに近縁な種を入手できるようであれば、2頭以上を別々の獣舎に入れ、それぞれが見える位置で単独飼育すると良いだろう。オナガザル亜科に属するニホンザル*Macaca fuscata*やマントヒヒ（22頁）などが比較的近縁な種といえる。

パタスモンキーの主な近縁種

- マカク属（ニホンザル、タイワンザルなど）
- ヒヒ属（マントヒヒ、アヌビスヒヒなど）
- サバンナモンキー属（サバンナモンキーなど）

霊長目の動物うち、多くの種が同種間でお互いにコミュニケーションをとることは、本来不可欠な条件であると考えられる。しかし、単独飼育ではこうした同種間でのやりとりは不可能だ。

ただしこれを改善する策がないわけではない。第一に考えられる方法は、できるだけ近縁にあたる霊長類を、単独飼育している生体から見える位置に配置することだ。この際の注意点は、見えることによって双方に対して悪いプレッシャーがかからないか。あるいは有害なプレッシャーをかけていないかに注意を払うことだ。

こうした見定めを誤ると逆効果になり、片方に、あるいは場合によっては双方に対して不利益となるプレッシャーを与えることになるため、飼育環境の悪化を招くことにつながる。霊長目の動物の飼育でポイントとなるのは「できるだけ近縁にあたる霊長類」を、「見える位置」で飼育管理するということだ。なお、我々人も霊長目の1種であり、その役割に入り込むことができる。

飼育管理者が霊長目として接することは飼育する霊長類に対し、不必要なプレッシャーをかけてしまうこともある。しかし、良い刺激として働きかけることもじゅうぶんに可能で、給餌や清掃の際など、事務的な機会に限ってではなく、意識して飼育個体と接する機会を増やすことが重要だ。その際、飼育個体に話しかけるなどするのも良い。こうしたコミュニケーションが良い刺激となるだろう。

主な症状と治療法

本種のほかオナガザル類、オマキザル類に見られる一部、あるいは広範囲にわたる脱毛などの皮膚疾患は多くの獣医師の診断では、多くの場合ストレスに由来するものとされることだろう。しかし、まずは寄生虫、真菌、細菌性の皮膚疾患を疑うべきだろう。ここでいう寄生虫とは外部寄生するものであり、シラミ、ネコノミ、ヒゼンダニなどが疑われる。中でもネコノミやヒゼンダニに関しては多くの場合、多系統の動物が媒介者であることが疑わしい。

また脱毛部の周囲がただれる、もしくは皮膚がはがれ落ちるなどの症状が見られる場合には、真菌性の可能性もある。

その他何らかの物体と擦れやすい部分や、蒸れた状態になりやすい場所に発疹や赤みがさすばあいは、細菌性の皮膚炎を疑うべきだろう。

ストレスに由来する皮膚疾患も確かになくはないが、霊長類にみられるそのような皮膚疾患は、力関係やスキンシップなど社会性の不全が懸念されることが多い。ここで言う「社会性の不全」とは、多頭飼育のことを指すだけではない。単独飼育の場合でも同種間の関係がもたらす、お互いに与え合う刺激を得ることができないことを意味するものだ。それにより、ホルモンバランスを崩すことが知られている。

ホルモンバランスの不調はいわゆる心因性と区分されるものが多く、臨床動物心理学的な処方として提案されるのは、霊長類の一種である飼育管理者が、スキンシップなどにより社会性を取り戻すというものだ。

ただしそれにはある程度の経験が必要とされるほか、専門的な知識が必要となり、処置によっては症状の悪化も懸念される。まずは臨床動物心理師の処方を受けることが第一だ。

この項で紹介した内容で飼育ができる主な種

パタスモンキーは1属1種。近縁種にはおながざる属がおり、同じく樹上性で野生下での生態も比較的近いことから、同様の飼育環境でよいだろう。

サバンナモンキー
Cercopithecus aethiops
アカオザル
Cercopithecus ascanius

キャンベルモンキー
Cercopithecus campbelli
ダイアナモンキー
Cercopithecus diana

環境省が定めた飼育施設の基準

・獣舎の形態
鉄おり（鉄製のおり）

・獣舎の規格（仕様）等
1．直径22㎜以上の鉄筋を50㎜以下の間隔で配置すること。
2．鉄おりは、その一部を厚さ150㎜以上の鉄筋コンクリート壁又は鉄筋コンクリートブロック壁に代えることができる。
3．壁内には、直径９㎜以上の鉄筋を200㎜以下の間隔で縦横に配置すること。

・出入り口等
内戸：内開き戸、上げ戸又は引き戸
外戸：外開き戸、上げ戸又は引き戸

・錠
内戸及び外戸の錠は、それぞれ２箇所以上とすること。又、施錠部に動物が触れない構造とすること。

・間隔設備
人止めさくとおりとの間隔：１ｍ以上
高さ：1.5ｍ以上

第2部

食肉目

本書で紹介する特定動物のなかでも、
とりわけ体が大きく、
万が一の事故の際にヒトが受ける影響も甚大である。
飼養の際には細心の注意を必要とすることを
肝に命じておきたい。

Carnivora

Ursus arctos

ヒグマ

Grizzly bear

DATA

分類	食肉目クマ科クマ属	寿命の目安	25～30年
分布域	東アジアからユーラシア北東部、北米大陸	主な餌	果実、木の実のほか虫や魚、小動物
生息域	針葉樹林、草原地帯など	繁殖について	繁殖期は６～７月。４年程度で性成熟。

巨大な体躯と腕力をもつ大型獣

A：野生下での餌の多くは木の葉や木の実など植物性のものだが、越冬前にはサケなどを捕食。B：アラスカ・コディアック島に棲息するコディアックヒグマUrsus arctos middendorffiは立ち上がると３ｍ近くになる個体も。C：幅20㎝近くにもなる巨大なヒグマの手。指は５本でカギ状の爪をもつ。

和名を「ヒグマ」と付けられたクマは学名「*Ursus arctos*」という種に属しており、細かく亜種が分けられている。厳密に分類するとその数はおよそ100種にも及ぶ。なかでも特に体の大きな種は北米・アラスカのコディアック島に生息するコディアックヒグマ*U.a.middendorfi*で体長300㎝、体重500kgをゆうに超える。なお、日本に生息するヒグマは*U.a.yesoensis*で200㎝、300kg以上の大きさになる（いずれも雌より雄の方が大きくなる傾向がある）。

生後４～６年で性成熟し、成体となってからは基本的に単独行動を行う。日中活動する姿が目撃されることもあるものの、多くは朝方または夜間に活動する。また、その行動範囲位は非常に広く、特に北米やロシアに生息する種の雄では数百平方kmもの行動圏をもつとされる。

雑食性で植物の根や葉、果実などのほかサケをはじめとした魚類、小型の哺乳類などを餌とするほか、動物の死体（腐肉）も好んで食べる。こうした腐肉を探す嗅覚は非常に発達している。また大きい体をもちながら、非常に素早く走ることが知られており、最大スピードは時速50kmにも及ぶとされる。

なおしばしば後ろ脚で立ち上がる姿が見られるが、これは周囲の様子を伺ったり、敵を威嚇したりする際などに見られる行動である。

飼育獣舎の環境づくり

ヒグマの獣舎（仕様の目安）

身体の大きさ、腕力や握力ともに世界最大級ともいえるヒグマの飼養獣舎は壁面、天井面ともに非常に堅牢なものが必要となる。この点を十分に考慮した上で施工に当たることが重要だ。

壁面に用いる丸鋼は直径36㎜（飼養個体のサイズにより40㎜）以上とし、タテ100㎜（飼養個体のサイズにより150㎜）×ヨコ30㎜平方の間隔とする。これを下回る場合、格子を変形、破壊される恐れがある。

天井面は丸棒鋼材による格子とし、屋外飼育の場合にはH鋼などを使用してデッキプレートを溶接、または吊りボルトを使用して固定する。

当然ながら出入口も堅牢な仕様とする。霊長目の扉のように両面太鼓張りではなく（鋼板の厚みによるが衝撃による破損の可能性が高い）、壁面と同じく丸鋼による格子とする。また、施錠は必ず２箇所以上とすること。

300
500
600
単位（cm）

本種はどれほど人に慣れようとも非常に危険である。獣舎の中に入り、直接飼育個体と接触することはたとえ生後１歳未満の個体であっても極力避けるべきである。それは飼育管理者個人のためだけではなく家族、あるいは社会的な責任からも敬遠すべきだといえる。そのためにも設備は重厚、かつ合理的なものでなくてはならない。

まず獣舎のサイズは奥行500cm×幅600cm×高さ300cmがボーダーラインで、これ以上のものを必ず用意すること。そして使用する格子は直径36㎜以上、30㎜×100㎜平方間隔か、直径40㎜以上、30㎜×150㎜平方間隔が理想である。これを多少下回る構造であったとしても脱走されることはないが、格子が大きく捻じ曲げられ、升目が変形することにより、格子の間から飼育個体の攻撃を受けやすくなることも考えられる。その結果、管理者が爪や牙によって負傷するなどの大きな事故につながる可能性があるため避けなくてはならない。そして各格子の接合は必ず左右の２点以上は必要であり、できれば左右上下の４点が溶接されていることが理想的であるといえるだろう。

天井面は直径36㎜の丸棒鋼材を30㎜×150㎜平方間隔の格子状に組み、H鋼など十分な強度を持つ材料に同様の溶接にて接合すること。なお、この天井部分の梁となるH鋼は獣舎の幅や柱、基礎と密接な関係を持つため、建築士と十分検討されたうえで決定することが重要となる。

飼育温度の目安	－５～30℃
飼育獣舎の目安	600×500×300（cm）以上
餌やり頻度の目安	毎日

獣舎構造の詳細

獣舎各所の詳細について

ヒグマの飼養では天井、壁面のそれぞれに強度を持たせるために細心の注意が必要となる。

獣舎内に設置するシェルターの壁はコンクリートで施工。内部に直径12.7㎜の鉄筋を150㎜間隔で格子状に入れる。

屋根にデッキプレートなどを使用した場合、必ずしもシェルターに天井面を設ける必要はない。なお屋外での飼養の場合、開口部は必ず東から南の間とすること。

水場もコンクリートで施工する。

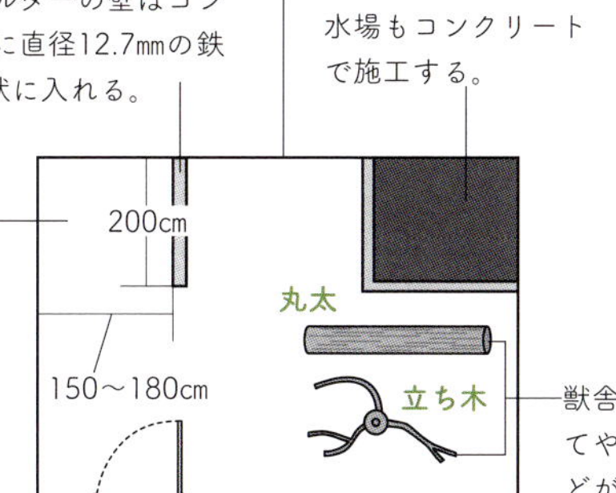

獣舎内には立ち木や丸太など、運動のための遊具を設置してやると良いだろう。立ち木については倒壊による負傷などがないよう、地面に深く埋めて固定すること。

獣舎背面の仕様

獣舎背面はコンクリート壁とすることでより大きな強度が期待できる。内部には12.7㎜の鉄筋を15㎜間隔で格子状に組む。

コンクリート壁は、獣舎壁面の格子と差筋アンカーで接合する。

200cm

天井面の仕様について

屋外飼養の際には天井面の仕様にも配慮が必要となる。左図は獣舎内から天井面を垂直に見上げた様子。天井面は1　丸鋼による格子、2　H鋼、3　デッキプレートという3層の仕様とする。

溶接と吊りボルトを併用

格子とH鋼は溶接、H鋼とデッキプレートは吊りボルトによる固定とすることで強度を出すことができる。

天井面の格子にH鋼を溶接した上、デッキプレートなどを溶接、または吊りボルトで固定する。

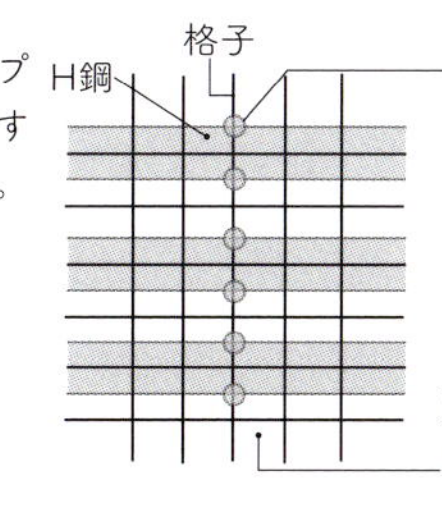

格子とH鋼を溶接する際、必ず2点以上の箇所を止めること。1箇所だけの溶接とした場合、衝撃により剥離する恐れがあるためだ。

天井面の最上層にはデッキプレートを乗せる。

育者により限られた空間で生活する飼育動物において、彼らはできる限り快適な環境を提供される権利がある。その1つ目として挙げられるのは、風雨による支障を緩和するための屋根、壁、シェルターである。まず屋根は天井面に取り付けた格子の上にデッキプレートを利用して施工するのがよい。もし天井面に格子を取り付けず、デッキプレートを直接取り付けるのであれば、飼育個体のサイズを考慮した上で十分なデッキプレートの強度をもたせ、溶接とボルトによりH鋼にしっかりと固定しなくてはならない。

また、風雨を避けるための格子以外の壁面（獣舎の背面など）はコンクリートを使い、その厚みは210㎜以上が最低条件で、200㎝間隔に控え壁を備える必要がある。またそれらの内部に配する鉄筋は直径12.7㎜、150㎜間隔の格子状に組めばよいだろう。このコンクリート壁と格子部分あるいは扉部分の接合は差筋が必要であるため、建築士と前もって打ち合わせが必要となる。

このコンクリート壁と同様の構造で長さ200㎝、幅150〜180㎝、高さ150㎝程度のシェルターを獣舎内に設置するとよい。なお、このシェルターの開口部は東から西に向けて設置する必要があり獣舎をデッキプレートで覆う場合には、必ずしもシェルターに天井は必要ない。壁面の設置だけでも飼育個体のプレッシャー軽減には十分な効果がある。

餌やりの際の注意点

ヒグマの給餌について

ヒグマは雑食性で飼育下でも食性の範囲は広いが、栄養バランスを考えると野菜や果物などの植物を中心に与える。肉を与えても良いが、その割合は全体の割合としてはごくわずかにした方が良いだろう。

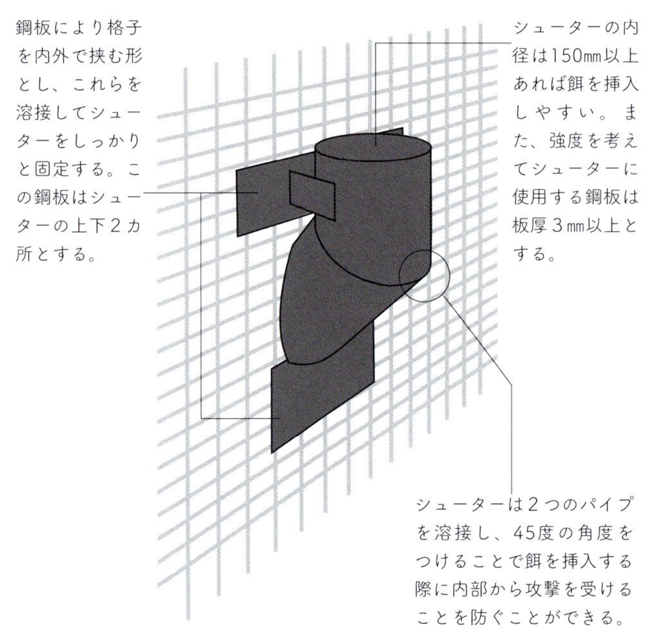

肉・人工飼料はごく少なく

植物を主食とすることで肥満や内臓疾患などを予防する。肉類の割合は10%以下に抑えること。

上記のほか、ドッグフードなどを与えても良いが、人工飼料も割合としては少ない方が良いだろう。

本種に与える餌は根菜、葉物、果実などの植物が中心となる。もし米などの穀類を与える場合には、蒸気で加熱したうえローラーなどで挽くことにより圧縮調理された、いわゆる「圧扁飼料」とするか、炊飯器などで炊いたものを利用するとよいだろう。なぜならそのままでは消化不良となるか、栄養分を十分吸収できない可能性があるためである。

この他、肉類を餌のローテーションに加える場合には少量の鶏肉がよく、その割合は全体の10%以下でも構わない。また肉類の代用としてドッグフードを与えるのも良いだろう。なお、これらの餌はシューターを介して与えることで給餌の際の事故を予防できる。

シューターは厚み3mm以上、内径15cmで中央30cmの鋼製パイプに45度の角度をつけ、上下とも同じ仕様のパイプをしっかり溶接した物を獣舎外部より内部に貫通させ使用するのが安全である。

シューターの注意事項としては、パイプの内径が大きすぎると飼育個体が前脚を外に出せてしまい、なおかつ自由に動かせてしまうので危険を招くことになる。また、強度についてはシューターそのものだけでなく、その取り付け（しっかりとした溶接）にも十分に配慮する必要がある。本種だけではなくクマ類の力は凄まじく、ネコ科の動物の比ではないため、シューター、シェルターだけではなく、獣舎に造作される扉についても同様に頑丈なものが必要だ。

主な症状と治療法

本種は前駆物質よりタウリンを合成する能力をもつため、特に餌に必須栄養素としてのタウリンを含ませる必要はない。しかし心臓の傷害、繁殖力の低下、視力・聴覚の低下等に懸念が見られるようであれば、獣医師と検討のうえ、タウリンを多く含む餌（魚類やイカなど）を与えるとよいだろう。

また本種はあまりにも植物を中心とした食生活となることが多く、ビタミンB_{12}（コバラミン）の欠乏を招くおそれがある。その結果、ヘモグロビンが正常に合成できないため貧血を起こし、食欲不振や倦怠感を示すこともある。

これは多くのケースで日頃の動物性飼料が不足している時にみられるもので、魚肉等の動物性飼料やドッグフードの増量により回避できる。ただし、緊急を要する場合にはビタミンB_{12}（コバラミン）のサプリメントを餌に添加するか、本生体の食欲がなく上手く給餌できない場合には、水を24時間ほど断ち確実にコバラミンを混入した水を飲ますとよい。もしそれでも投薬がうまくいかないようであれば、獣医師による皮下や腹腔内へのビタミンB_{12}（コバラミン）の投与を検討する必要がある。

この項で紹介した内容で飼育ができる主な種

ヒグマの仲間はクマ属でも最も体が大きくなるため、衝撃に耐えうる強さを要する。野生下では主にユーラシア大陸、北大陸に棲息している。

エゾヒグマ
Ursus arctos yesoensis
ハイイログマ
Ursus arctos horribilis
コディアックヒグマ
Ursus arctos middendorffi
ヨーロッパヒグマ
Ursus arctos arctos

環境省が定めた飼育施設の基準

・獣舎の形態

鉄おり（鉄製のおり）
鉄筋コンクリートによる擁壁

・獣舎の規格（仕様）等

鉄おり

1. 直径22㎜以上の鉄筋を50㎜以下の間隔で配置すること。
2. 鉄おりは、その一部を厚さ150㎜以上の鉄筋コンクリート壁又は鉄筋コンクリートブロック壁に代えることができる。
3. 壁内には、直径９㎜以上の鉄筋を200㎜以下の間隔で縦横に配置すること。

鉄おりによる擁壁

1. 直径19㎜以上の鉄筋を50㎜以下の間隔で配置すること。
2. 鉄おりは、その一部を鉄筋コンクリートに代えることができる。
3. 床は、コンクリートとする等動物の掘削力を考慮すること。

鉄筋コンクリートによる擁壁

1. 擁壁内には直径９㎜以上の鉄筋を200㎜以下の間隔で縦横に配置すること。
2. 擁壁は、厚さ150㎜以上、高さ４m以上とすること。
3. 床は、コンクリートとする等動物の掘削力を考慮すること。
4. 必要に応じて空堀、忍び返し又は電気牧柵を設けること。

・出入り口等

内戸：内開き戸、上げ戸又は引き戸
外戸：外開き戸、上げ戸又は引き戸

・錠

内戸及び外戸の錠は、それぞれ２箇所以上とすること。又、施錠部に動物が触れない構造とすること。

・間隔設備

人止めさくとおりとの間隔：１m以上
高さ：1.5m以上

・その他

擁壁の壁面は平滑とし、内側５m以内には、動物の脱出を助ける樹木、構造物等がないこと。

Panthera leo

ライオン

Lion

DATA

分類	食肉目ネコ科ヒョウ属	寿命の目安	20年程度
分布域	中央アフリカから南の内陸部	主な餌	野生下ではげっ歯類、レイヨウなど
生息域	サバンナ、草原地帯のほか山地にも生息	繁殖について	繁殖期は不定。4～5年程度で性成熟。

野生下では「プライド」を形成

A：ネコ科の動物の多くは単独で生活をしているが、ライオンは「プライド」と呼ばれる群れを作り、狩りも群れで行う。なお、狩りを行うのはメスライオンのみ。B：プライド（群れ）を率いるのは成熟したオスライオン。吠えでコミュニケーションを取り、統率する。C：イエネコと同じような肉球をもつライオンの足。野生下では爪は自然に削られるが、飼育下では手入れが必要となる。

ネコ科の生物としてはアジア及びロシア東部に生息するトラ*Pantherea tigris*と並び大きな体をもち、最大体長は200～250cm程度にもなる。

かつては北米やヨーロッパ、アラビア半島などにも生息していたことがわかっているが、現在ではアフリカ及びアジア（インド）の種のみとなっている。なお、アフリカ内陸部に生息するライオンは遺伝的には６亜種に分類され、インドライオンと合わせて７種のライオンが亜種認定されている。

雄のみが肩から頭、胸にかけてタテガミをもつ姿がよく知られているが、ネコ科ではこうした雌雄による形態の違いをもつ種は非常に少ない。また、単独行動をする種の多いネコ科の生物では珍しく２～３頭から10頭程度の群れ（プライドと呼ばれる）で生活する。群れ同士は縄張りを持ち、その範囲内では尿などによるマーキングをして他の群れの個体を除外する性質をもつ。野生下においては、多くは夜間に活動し、昼間は木陰などで休んでいる。

近年は密猟や生息地の開発により個体数が減少し、国際自然保護連合（IUCN）により絶滅危惧Ⅱ類（絶滅の危険が増大している種）に指定されている。

飼育のポイントとなる3つの事項

ライオン飼養の必須事項

①予防接種を受けること

イヌやネコなどの感染症で、ライオンが罹患する種が少なくない。予防接種を受けておくことに加え、疾病時に受診が可能な動物病院との繋がりが重要となる。

②インプリンティング

幼体の頃から他の動物とともに飼養することで、その後の管理が格段に楽になる。また成体から飼養を開始する際には、それまでの管理方法について購入元に確認し、把握しておくことが重要だ。

③獣舎の構造

ライオンなど大型の食肉目では、飼養個体に直接触れずに管理できる獣舎の仕様が必須となる。

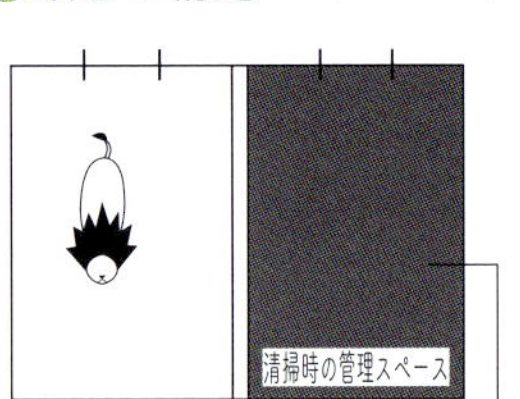

清掃など非常時に飼養個体を移動させるスペース。通常の飼養スペースと同程度の広さとする。

獣舎の清掃の際に必要なスペース（スクイズケージ）を獣舎内に設け、外側から獣舎内部の扉を開閉できる機構とする。

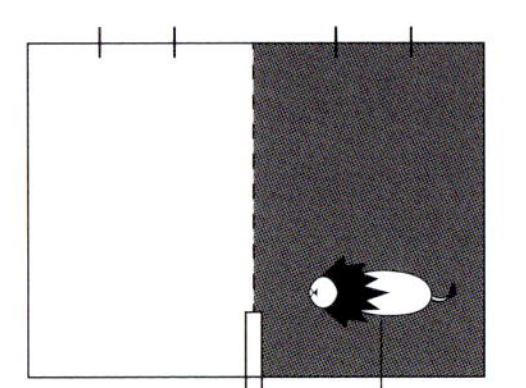

飼養個体が自ら移動することを目指したい。そのため、非常時のスペースはできるだけストレスのない環境とする必要がある。寝わらを敷くなど、飼養個体の不安を取り除く工夫が必要だ。

獣舎内部の扉を開いた際、ライオンがスクイズケージに移動するよう、餌などを使って誘導する。繰り返しおこなうことで、餌がなくともライオンが移動するようにトレーニングする。

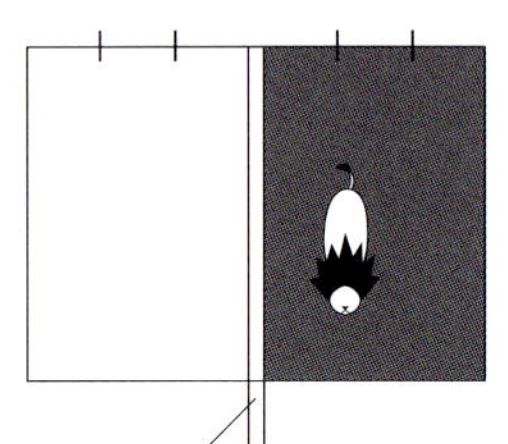

飼養個体の移動の際、獣舎内の扉を開閉できる取っ手には南京錠などで施錠できる仕様が必須となる。

ライオンが管理スペースに移動したタイミングで獣舎内部の扉を閉じる。この時、必ず扉に2箇所以上施錠できる機構としておくこと。過去には未施錠による事故が起きていることを忘れてはならない。

種の飼育において重要なポイントは、次の3つである。まず第一に予防接種。第二にインプリンティング[*1]。そして第三に獣舎の構造である。

第一に挙げた予防接種だが、本種は猫パルボウイルス（猫汎白血球減少症・猫伝染性腸炎）[*2]等の猫類の病気のほか、犬ジステンバーに[*3]も感染することがある。そのため、これらの疾病に対応するワクチンの接種が必要となる。また、インプリンティング期間を利用することは、本種の飼育にあたり大きなカギを握る。

インプリンティングについては飼育する個体が母ライオンに育てられたものか、それとも人工哺乳によるかが重要なポイントだ。もし母ライオンに育てられたものなら、母ライオンと同時に父親や兄弟など他のライオンとの接触、人間との接触があったのかどうかも把握しておく必要がある。さらに人工哺乳の場合、ヒト以外の生き物と接していたのか、あるいは他のライオンと接触しながら生活してきたかどうかも重要だ。これらは成長過程における彼らの飼育管理に大きく影響を与えることになるためである。

飼育温度の目安	10〜30℃
飼育獣舎の目安	600×500×300（cm）以上
餌やり頻度の目安	週に4〜6回

＊1：ごく幼少期に行った行動が、そののち長い期間に渡り習性となって現れる現象。
＊2：ウイルス性の疾病で下痢や嘔吐などを引き起こし、重篤な場合には命を落とすことも。
＊3：ウイルスが体内に入った際の発症率が高いことで知られる。初期には発熱が起こり、その後、発熱や咳、下痢や嘔吐などの症状が起こる。最終的には痙攣などの神経症状が起こり、死に至るケースも少なくない。

飼育獣舎の環境づくり

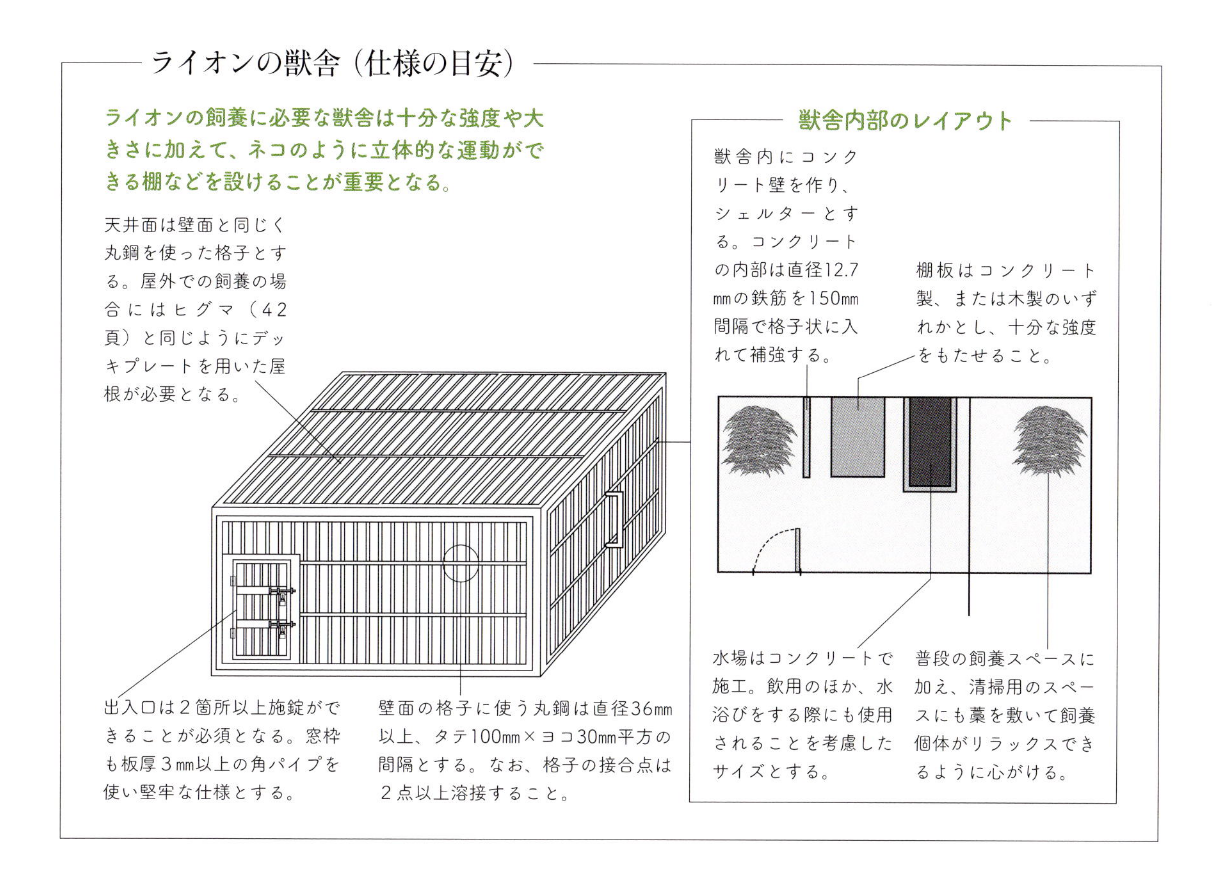

母ライオンに育てられた個体であれば、最初から間接飼育にすることが望ましい。その際、必須となる学習トレーニングは、比較的狭い檻（スクイズケージ）に自ら進んで入ることだ。個体がスクイズケージに入った後、檻の壁面を狭めて保定し、多少の治療、診察ぐらいであれば暴れることなく受けられるようにする。

これを学習させるには、餌によりスクイズケージに誘導することから始め、餌や日数を十分使い檻の壁面が動くこと、壁面が体に触れ徐々に締め付けられることをゆっくり教えてゆくとよい。なおこのトレーニングの際、生体をいかに緊張させずに教えてゆけるかが、学習速度を大きく変える。

一方、人工哺乳で育てられた個体であれば、先の「スクイズケージに自ら入る」という学習トレーニングはもちろん、３歳ぐらいまでならトレーナーの知識と技術しだいでは飼育管理者が直接保定し、簡単な治療を受けさせる程度のレベルに慣らすこともできる。とはいえ、その技術は誰でもができるというものではなく、１つ間違えれば家族、近隣や社会に対して大きな迷惑をかけることとなる。

こうしたことを考えるとやはり本種の飼育においては人工哺乳で育てた個体であっても、直接的な管理は避けた方がよいだろう。

学習トレーニングの方法

飼養個体のトレーニング

成体から飼養する際にはもちろん、幼体からの飼養でも最初期には管理者と飼養環境に慣れさせるためのトレーニングが必要となる。最も重要なのは間接飼育のために、スクイズケージへ自ら移動するようにさせるためのトレーニングだ。

誘導トレーニングのポイント

①餌によりスクイズケージに移動

人工授乳ではなく、母ライオンに育てられた個体の飼養では、自らスクイズケージへ移動するようにトレーニングすることが必須となる。その際、最初に行うのは餌によるトレーニングだ。

②壁の動きと接触への耐性

扉を開閉する際の音や動き、さらに状況によって起こる体に扉（壁）が接触することへの耐性をつける。いかに飼育個体をリラックスさせることができるか、が大きなポイントとなる。

人工授乳で育てられた子ライオンの飼養

野性下で捕獲した個体ではなく、飼育下で産まれた子ライオンなど、人工授乳で育った子ライオンでは比較的飼養・管理の手間が楽になるケースが多い。トレーニングの手順としては野生化での捕獲個体と変わらない。トレーニングにより慣れた個体でも筋力や体力は十分ヒトにとって脅威となりうる。飼養管理には十分な注意を要することは肝に命じておくべきだ。

愛玩動物と一緒に育てる

子ライオンからの飼養の際、イヌやネコなどの愛玩動物と同じ空間で暮らすことでそれらの動物の性質を真似ることが多い。子ライオンから飼養できるようであれば、3歳まで目安にイヌやネコと同じ空間で育てると良いだろう。

人工哺乳で育てられた個体のなかでも、幼獣の頃に人間だけと生活していたのか、或いは兄弟など他のライオンとも接触しながら生活してきたのか、もしくは犬など異なる種の生物とも接してきたのかは大きく飼育管理に影響する。

たとえば人間とだけ生活していたとなれば、成獣になり他のライオンとペアを組ませようとしてもなかなかうまくいかず、その結果は繁殖率に影響するため、1頭だけを終生飼育することを目標とした方がよい。その一方で他のライオンと接してきた個体であれば、ペアリングも比較的うまくゆくことが多く繁殖率を下げることはない。そのほか犬など異なる種の生物と生活してきた場合、本種はその動物の行動を強く学ぶ傾向がある。これは飼い猫では比較的よく使われる「コピーキャット*」と呼ばれる習性であり、成長過程での経験や、ともに過ごし育った親や兄弟などのほか、他種の動物が行う行動までも受け継ぐように模倣学習されるというものだ。

本種がこうしたコピーキャットで学ぶ大きなものの1つに、「同種間のコミュニケーション」がある。ここでいう「同種」はインプリンティングの対象となった動物である。つまり哺乳した人間や一緒に育った動物を、同種として学習するということだ。そのため、ライオンを見ずに育った個体では繁殖やペアリングに影響を与えるケースもある。

このように本種をはじめとしたネコ科の動物の飼育は、従事者の技量次第で、危険な存在になるか、素晴らしい友になるかの鍵を握っている。

＊幼体時に親である成体を真似る習性で、しばしば違う種の親子でも見られる。

主な症状と治療法

本種をはじめとする大型の猛獣の健康管理では、獣舎の構造が大きな鍵を握る。たとえば飼育個体に脱走されることが無い構造でありながらも日常の観察が容易であり、スクイズケージの設置や非常時に収容する獣舎の建設、またそれらに必要な建具部分の強度と機能性が十分でなければ、十分な診察、治療は不可能となる。

本種への投薬は、餌に忍ばせて与えれば大抵はうまくいく。しかし、もし食欲がなくこうした方法が困難な場合には、檻越しに皮下に投薬することもできる。それは本種が人によく懐き、(飼育管理者のトレーニング期間、質にもよるが) スクイズケージの内部、あるいは檻に体をもたれかけてくるような誘導も可能なためである。

餌については健康管理の目安として、本種のメスの一回の餌の量は2.5～4kg。オスは3～8kgの鶏などの肉類を与えるとよいだろう。ただし、餌の量は飼育環境や飼育個体のサイズ、年齢によりかなりの差が生じるため、個体別の給餌データを日頃より取っておくとよいだろう。

飲用の水場は固定式で、清潔を保てるものがよく、場合によっては飲水に混入することで投薬することも、念頭に置いた構造としなければならない。また、動物園などで本種の幼獣と触れ合うイベントなどを行なっているところもみられるが、必須となる予防接種が全て終了し、抗体価が十分に上がったことを確認するまでは飼育個体と人畜との接触は避けなければならない。

この項で紹介した内容で飼育ができる主な種

ライオンには数種の亜種が認定されている。インド北西部に棲むインドライオンを除く種は全てアフリカ大陸が原産地。生態に顕著な違いはなく、同様の獣舎構造で飼育ができる。

バーバリライオン
Panthera leo leo
アンゴラライオン
Panthera leo bleyenberghi
クルーガーライオン
Panthera leo krugeri
インドライオン
Panthera leo persica

環境省が定めた飼育施設の基準

- **獣舎の形態**
  鉄おり
- **獣舎の規格（仕様）等**
  鉄おり
  1. 直径13㎜以上の鉄筋を120㎜以下の間隔で配置すること。
  2. 鉄おりは、その一部を厚さ150㎜以上の鉄筋コンクリート壁又は鉄筋コンクリートブロック壁に代えることができる。
  3. 壁内には、直径9㎜以上の鉄筋を300㎜以下の間隔で縦横に配置すること。
  4. 床はコンクリートとし、又は鉄おりの鉄筋を1m以上地中に埋め込むこと。
- **出入り口等**
  内戸：内開き戸、上げ戸又は引き戸
  外戸：外開き戸、上げ戸又は引き戸
- **錠**
  内戸及び外戸の錠は、それぞれ2箇所以上とすること。また、施錠部に動物が触れない構造とすること。
- **間隔設備**
  人止めさくとおりとの間隔：1m以上
  高さ：1.5m以上

Leptailurus serval

サーバルキャット

Serval

DATA

分類	食肉目ネコ科サーバル属	寿命の目安	20年程度
分布域	アフリカ大陸南部	主な餌	小型哺乳類、小型爬虫類、鳥など
生息域	サバンナ、草原、湿地など	繁殖について	繁殖期は不定。。2～3年程度で性成熟。

優れた跳躍力、聴力を誇る

A：後肢の筋肉が発達しており、餌の鳥などを捕食する際に２ｍ近くジャンプすることもある。B：１度の出産で２〜３匹の子を産み、子育てはメスが単独で行う。C：大きく丸い耳をもち、優れた聴力を誇る。土中や藪の微かな音も聞き分けるという。

アフリカ中〜南部に生息し、17の亜種が認定されている。一般名（和名・英名）に使われている「サーバル（Serval）」はスペイン語で「猟犬」を意味する。

後肢による跳躍力が非常に優れており、獲物となる鳥類などに向かって時には２ｍ以上もジャンプすることがある。外見的特徴で最も目立つのは大きな耳で、ごく小さな音を聞き分けて獲物に忍び寄るほか、土中の生物が出す音も把握できる。サバンナや周辺の低木地帯を活動域としているほか、水辺や湿地帯でもしばしば見られる。獲物を追う際や敵から逃げる際のスピードは非常に速く、時に時速70〜80km程度のスピードで走ることもある。

夜間に単独行動しウサギやネズミ、モグラなどといった小動物のほか、果実などの植物を食べることもある。臆病な性格と同時に非常に気が荒く、人に慣れにくい個体も少なくない。

非常に美しい毛皮をもつことから狩猟の対象となり、原産地のアフリカ大陸南部では数を減らしている動物の１つである。

飼育獣舎の環境づくり

サーバルキャットの獣舎（仕様の目安）

壁面や天井面の格子に用いる丸鋼の太さなど、同サイズのネコ科と比較してより堅牢な仕様が必要となる。

丸鋼は直径6㎜を最低サイズとし、タテ90㎜×ヨコ30㎜の間隔で組む。また溶接は2点以上とし、強固な接合とする。

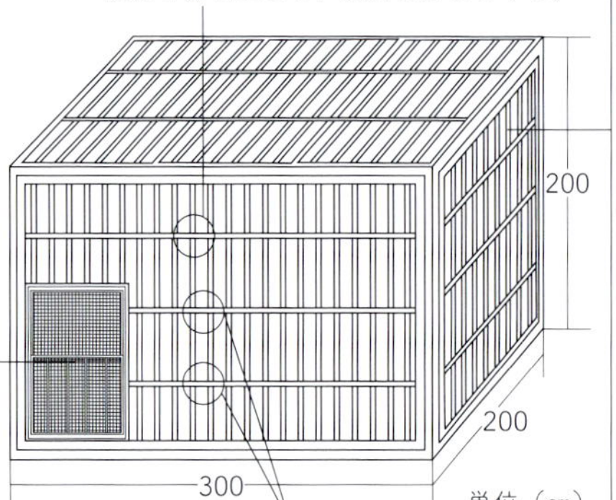

200
200
300
単位（cm）

本種は非常に動きが敏捷なため、万が一の脱走を考えて扉を蝶番式よりもギロチン式・スライド式のように上下に開閉するものとする。

獣舎内のレイアウト

獣舎内の隅には排水用のドレーンを設ける。これにより清掃管理が格段に楽になる。

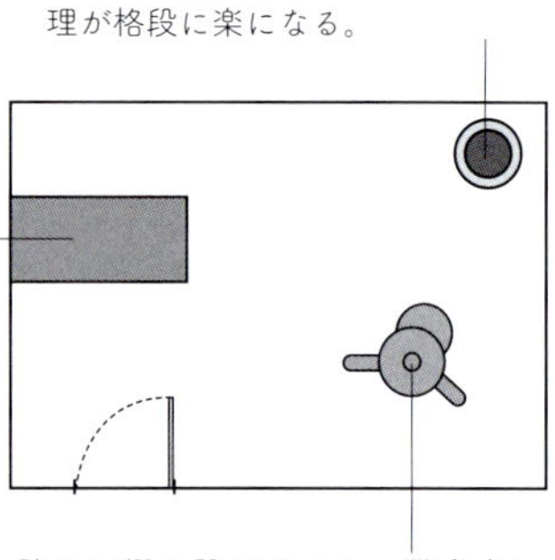

獣舎内には木製、あるいはコンクリート製の棚を設置する。なお、この棚は獣舎のサイズにより数カ所に設置すると良い。

壁面に棚を設けるほか、獣舎内にキャットタワーを設置するのも良い。本種もネコ科の動物に多い特徴である樹に登るなどの運動を好む。

獣舎の壁面外側には床面から100cmごとに厚さ1.6㎜・一辺40㎜の角パイプを設置する。壁面の格子と角パイプの接合方法は溶接、またはボルトによる固定とする。

飼育獣舎は本種の高い運動能力を活かせる構造が理想的だ。例えば獣舎内の壁面には1～2段の棚を数カ所取り付けることや、いわゆるキャットタワーを取り付けることなどである。この場合の棚のサイズは、幅50～100cm、奥行35～50cmの範囲のものを数カ所に取り付ける。この際、取り付け方に注意が必要で、飼育個体が不審をもつような「ぐらつき」や「脱落（破損による落下）」の無いよう、しっかりと固定すること。また、立体的な行動も行う本種の生態を考えると、キャットタワーはあまり複雑な構造のものではなく、2～3段程度の単純な物の方が、理想的だといえる。

こうした空間エンリッチメントはしっかりと固定されることが重要で、それにより長期にわたって使用が可能となる。また、給水は徐々に慣らすことでウォーターボトルから飲水させることもできる。その点では飼育獣舎内を清潔に保ちやすい種といえるが、本種の本能的な行動を考えると、自ら水に触れることができる方が空間エンリッチメントへとつながる。

なお、本種が水を飲む際にウォーターボトルを破壊することは考えにくいが、筋力を考えると念のため丈夫なものを設置した方がよいだろう。

飼育温度の目安	5～30℃
飼育獣舎の目安	300×200×200（cm）以上
餌やり頻度の目安	毎日

獣舎入り口の扉について

扉はギロチン式またはスライド式

動きの素早いサーバルキャットでは脱走防止のため、出入口の扉に工夫が必要となる。扉の仕様は下記に紹介した「ギロチン式」のほか、扉を左右どちらかにスライドして開く「スライド式」も有効だ。

出入口の扉も壁面と同じく丸鋼による格子とする。扉上部の可動部に柱を入れることにより、取っ手の役割を果たすと同時に強度を保つこともできる。

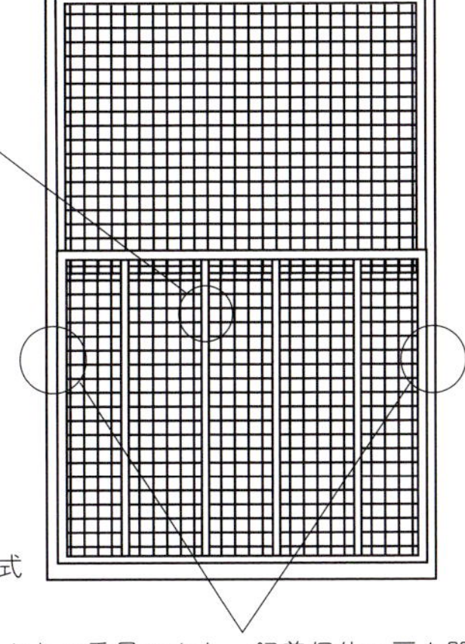

ギロチン式

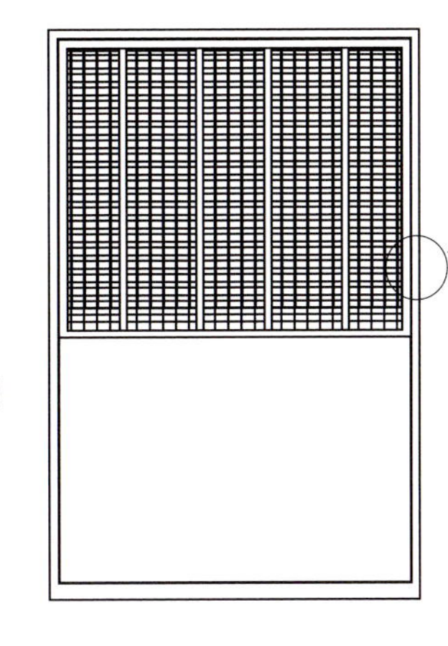

窓枠にも角パイプを使用して補強を図る。角パイプの板厚は1.6㎜程度以上あれば十分な強度を保てる。

この仕様であれば扉はかなりの重量となり、飼養個体に扉を開けられる心配はないだろうと思われるが、万が一の事故を考え、扉を閉めた状態で左右2カ所にワイヤーあるいは南京錠で施錠することを忘れてはならない。

侮れない獣舎の経年劣化

大型動物を屋外飼養する場合、自然現象や飼養個体の生理現象などにより獣舎の傷みが進むことがある。こうした獣舎の経年劣化は脱走につながる重大事態に発展することも考えられるため、定期的に獣舎の状態を確認することが重要だ。

獣舎の定期点検のポイント

・開閉扉下部の戸車（スライド式扉の場合）
・壁面、天井面の丸鋼の腐蝕・錆びの程度
・獣舎内にドレーンを設置する場合、つまりがないかなど

本種の飼育にあたり使用されるべき獣舎は、同サイズのイヌ科（Canidae）の動物ほどの強度は必要ない。ただし、本種のもつ運動器官・機能・生理現象による破損（咬筋力、腕力、糞尿等）および飼育環境から受ける強風・雨・塩害などの被害により、脱走されることの無い素材と構造が求められる。

例えば格子は直径６㎜以上の丸鋼を使用し30㎜×90㎜平方間隔に組み、100㎝ごとに厚さ1.6㎜、一辺40㎜の角パイプを溶接あるいはボルトにて固定する。これによりゆとりのある強度を確保でき、多頭飼育の際にも問題なく対応が可能になるだろう。

各格子の接合は左右２点の溶接が必須で、天井面にも同様の素材寸法の格子を取り付けなければならない。扉はギロチン式或いはスライド式が使いやすいが、もしこれらに滑車を取り付ける場合は、毎日のメンテナンスに支障が起こりにくい大きめのサイズを選ぶとよいだろう。

なおギロチン式の扉の両脇に取り付けるステンレス製の戸車は、中程度の物を使用すればよいが、スライド式の扉の下部に取り付ける戸車は、砂利など異物の混入に強い、大きめのものを使用する方がよいだろう。戸車の劣化により、開閉がスムーズにいかないと事故につながることも考えられるためだ。

常動運動とその原因、注意点

常同行動を起こさないために

サーバルキャットを初めとしたネコ科の動物が同じ行動を繰り返し行う「常同行動」を示す時がある。多くは肉体的・精神的抑圧が原因の場合が多い。こうした異常行動を起こさないための注意点を紹介する。

キャットタワーに取り付ける棚の幅は、飼養個体のサイズにより50～100cm、奥行35～50cmのいずれかとする。

キャットタワーは倒壊や傾くことの無いよう、ボルト等を使用して床面にしっかりと固定すること。

こうした行動には要注意

サーバルキャットで多く見られる常同行動には下記のようなものがある。いずれも長く繰り返すようだと常同行動の疑いがある。

・獣舎内の同じ場を所徘徊
・グルーミング（毛づくろい）
・鳴き声を上げる
・餌ではない木片や寝藁などを食べてしまう

常同行動は何らかの抑圧の表れ

常同行動の原因にはさまざまなことが考えられるが、本能的な行動を阻害されるなど何らかのストレスが原因となっていることが多い。獣医師への相談とともに右のような環境がないかを確認してみる必要がある。なお、獣舎は成長とともに個体のサイズに合った大きさのものが必要となる。新たな飼養獣舎の導入の際には保健所や動物保護センターへの申請・書類手続きが必要となるため、早めに準備する必要がある。

常同行動の原因は

常同行動を繰り返す場合、まずは下記のような点を確認してみることだ。

・獣舎の大きさが足りない（狭い）
・他の個体（種）の獣舎がすぐそばにある
・運動不足（獣舎内の運動器具が足りない）
・獣舎内のレイアウトを頻繁に変える

本種にも常同行動（一見意味を持たないかのように思われる、単純な動作を何度も繰り返す行動）と呼ばれる異常行動が見られることがある。こうした行動に対して、棚やキャットタワーのような運動具或いは寝具の改善が効果的なケースがある。これは飼育個体の精神的ストレスを軽減させる効果があるためだ。

もっとも臨床動物心理学による解釈では、常同行動の多くは何らかの行動や刺激、またはそれらに対する反応や行動が阻害されていること、つまり日常的なストレスに対する代償的な行動である可能性が高いと考えられている。

こうしたことを考えると、必ずしも常同行動を人為的に（無理に）やめさせることが飼育個体にとってプラスになるとは限らない。常同行動がマイナスの影響を及ぼすのは、あくまでも心身に悪影響を与えていることが明らかな場合に限るということを念頭に置いておく必要があるだろう。

餌やりの際の注意点

育下における本種は同じネコ科（Felidae）の動物と比べてより腎臓に疾患を発症しやすいため、水分の不足には特に注意する必要がある。またウズラなど鳥類の肉だけを与え続けるよりも、日頃よりキャットフードを食べるようトレーニングするとよい。

本種は元々タンパク質を熱源としても多用するなど、タンパク質への依存の度合いが大きいため、腎臓に疾患を抱えた場合でもできるだけタンパク質を与えていきたいところではある。しかしキャットフードを与えることにより、タンパク質への依存を抑えつつ栄養バランスを確保し、健康の維持に役立てることができるだろう。

また本種のエサには、栄養素として「タウリン」が含まれていることが非常に重要である。そのためには魚類や頭足類、甲殻類などを餌として与える必要がある。これはネコ科の動物がタウリンの不足により心筋症を生じる恐れがあるためだ。彼らはイヌ科（Canidae）の動物と異なり、含硫アミノ酸からタウリンを合成することができないのである。

この項で紹介した内容で飼育ができる主な種

17の亜種がアフリカ大陸の中部～南部に生息。運動能力が高く頑健な獣舎を要する。飼育にあたっての方法については大きな差異はない。いずれも一般的な和名は「サーバル（又はサーバルキャット）」とされる。

和名：サーバル（以下同）

Leptailurus serval beirae
Leptailurus serval brachyurus
Leptailurus serval hamiltoni
Leptailurus serval kempi

環境省が定めた飼育施設の基準

・獣舎の形態

鉄おり

・獣舎の規格（仕様）等

鉄おり

1. 直径４mm以上、網目32mm以下の菱形金網を使用すること。
2. 金網おりはその一部を厚さ３mm以上の鉄板又は厚さ150mm以上の鉄筋コンクリート若しくは鉄筋コンクリートブロック壁に代えることができる。
3. 床はコンクリートとする等中型以下のねこ類の掘削力を考慮すること。

・出入り口等

内戸：内開き戸、上げ戸又は引き戸

外戸：外開き戸、上げ戸又は引き戸

・錠

内戸及び外戸の錠は、それぞれ２箇所以上とすること。また、施錠部に動物が触れない構造とすること。

・間隔設備

人止めさくとおりとの間隔：１m以上

高さ：1.5m以上

Canis lupus lupus

オオカミ

Gray wolf

DATA

分類	食肉目イヌ科イヌ属
分布域	ユーラシア大陸から西アジアと北米大陸北部
生息域	針葉樹林、草原から山地まで広域に分布
寿命の目安	10年程度だが飼育下ではそれ以上の場合も
主な餌	小型哺乳類からシカ等の大型動物まで
繁殖について	繁殖期は11～4月頃まで。2～3年程度で性成熟

10頭前後の群れ「パック」で行動

A：オオカミ（ハイイロオオカミ）の群れは「パック」と呼ばれる。１つのパックは10頭前後の個体からなる。B：「遠吠え」でコミュニケーションを取るオオカミ。時に10km近く離れた場所にいる仲間に届くこともあるという。C：餌の少ない場所では群れの中で取り合いになることもある。

オオカミと呼ばれる動物には北半球に広く生息するハイイロオオカミ*Canis lupus*や北アメリカのシンリンオオカミCanis lupus occidentalis、北極圏周辺に生息するホッキョクオオカミなど多くの亜種が区分され、非常に多様性のある動物であることが知られている。

オオカミは通常10頭前後の群れで暮らす社会性動物で、「パック」と呼ばれる１つの群れは体の大きな雄のリーダーが統率している。イヌ科（Canidae）の生物としては最大で体長（頭胴長）160cm、体重80kgほどにもなる。また、非常に大食であることが知られており、シンリンオオカミの雄では１度の食事で９kgもの肉を食べることもある。餌とする生物はウサギやマーモットなどの小動物からイノシシやキツネ、時には巨大なヘラジカを群れで襲って食べることもある。

群れの中の個体同士は「遠吠え」と呼ばれる鳴き声でコミュニケーションをとっており、他の群れの個体との区別などが行われている。遠吠えは非常に遠くまで響きわたり、10km近く離れた個体ともコミュニケーションを交わすことができる。

飼育獣舎の環境づくり

オオカミの獣舎（仕様の目安）

オオカミは身体能力が高く、天井面はデッキプレート、獣舎背面は控え壁を備えたコンクリート製とする。また獣舎の外から扉の開閉が可能な「間接飼育」のできる機構が必要となる。

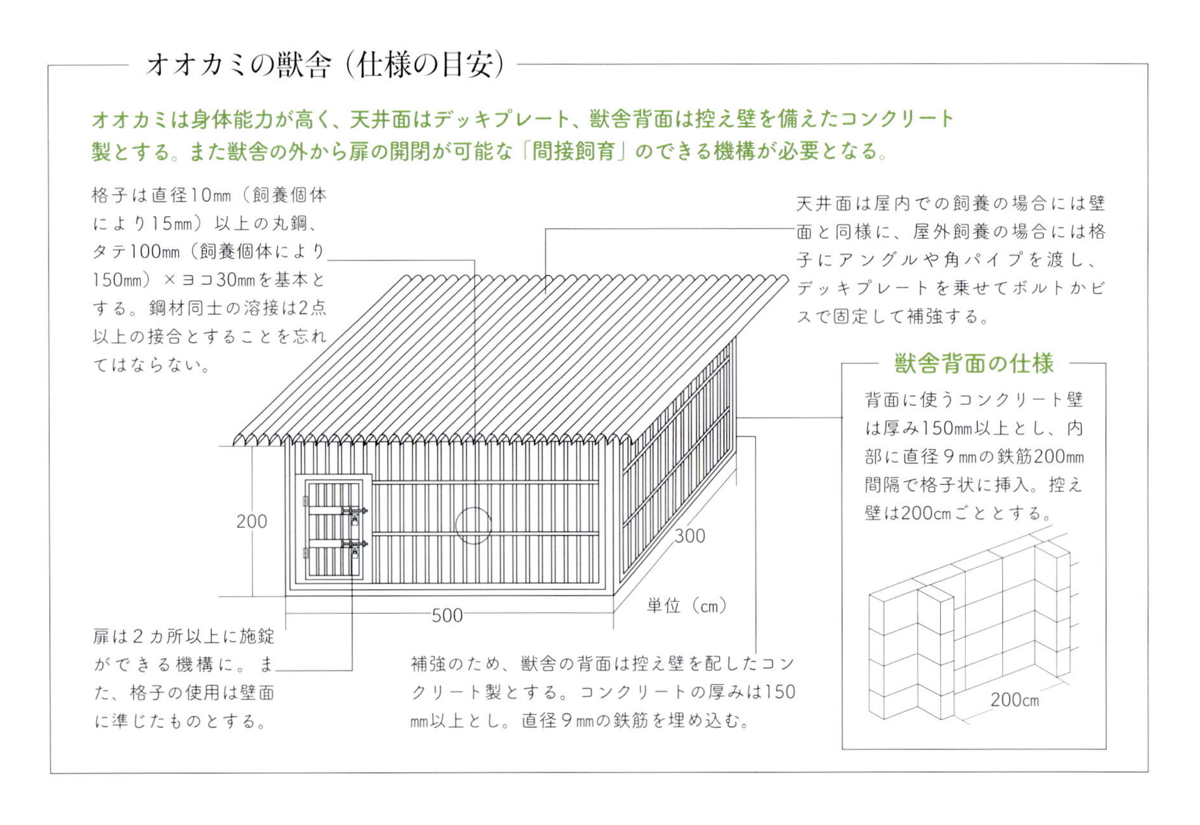

アゴが強いうえ門歯、犬歯、臼歯が素晴らしく発達しているため、飼育個体による攻撃を受けぬよう十分な強度をもった設備が必要となる。

獣舎に使う格子は鋼材製で直径10㎜以上、30㎜×100㎜の平方間隔か、直径15㎜以上、30㎜×150㎜平方間隔を目安とする。またそれぞれの格子の接合は１点ではなく、最低でも左右の２点以上が溶接されていることが理想である。

天井面は直径10㎜の鋼材製で30㎜×150㎜平方間隔の格子、あるいはデッキプレートがよい。本種の運動能力から推測すると、アングルや角パイプなどの鋼材をボルトあるいはビスを使い固定すれば脱走されることはない。

壁面に使われる格子以外の構造（獣舎の背面など）については、厚み150㎜以上、控え壁200㎝間隔のコンクリート製がよい。この場合は直径９㎜の鉄筋を、200㎜間隔の格子状にコンクリート内部の中心に組み、強度をもたせることが必須となる。またコンクリート製の壁の代用として、重量ブロックを使用するのもよいだろう。この場合はブロック一段置きに直径９㎜の横筋、１スパンおきに縦筋を差す必要がある。

飼育温度の目安	−３～30℃
飼育獣舎の目安	500×300×200（㎝）以上
餌やり頻度の目安	毎日～週に４回

間接飼育の注意点

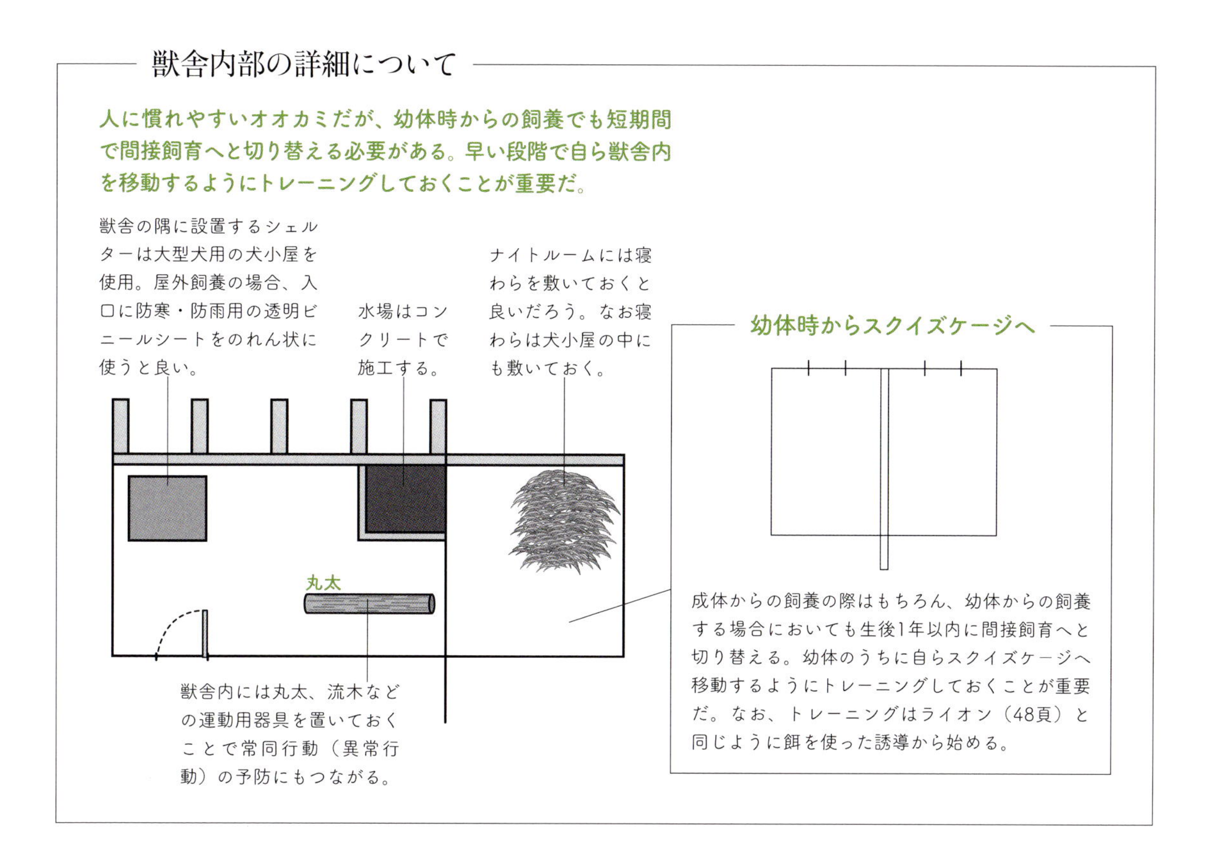

間接的な飼育が必要であり、獣舎内への侵入はいかに人に慣れた個体であっても生後1年以内に中止しなくてはならない。また、人工哺乳されたような極端に人に慣れた個体であっても飼育管理者が変更となる場合（ショップから購入するなど）には、生後10カ月を超えるまでには完全に間接飼育に切り替える必要があるだろう。

なぜなら人工哺乳された本種はヒトに対して恐怖心をもたないことから、積極的に近づいてくるなどし、かえって危険につながるケースがあるためだ。こうしたことを念頭に入れたうえ、生体の脱走を防ぐためには扉の位置や形状が重要であり、普段の管理用獣舎と非展示収容獣舎を作る必要がある。

この２つの獣舎は隣接（または１つの獣舎内に仕切り（セパレーター）を設置）している必要があり、それぞれに外部からの操作により開閉できる扉を取り付けなくてはならない。この扉は十分な強度を考えて厚み3.2㎜ほどの鉄板、50㎜程の角パイプを下地として制作されたものとする。ただし、スムーズな日頃のメンテナンスを行うためには、その上下に必要に応じた強度のある戸車を使用しなくてはならない。

この戸車の素材については、ステンレス製のものを使うのがよい。なぜなら扉が非常に重いため、華奢な戸車では割れてしまうからだ。

特に下面に取り付けられる戸車は扉の重みだけでなく、敷居内に砂利が混入し、それをひくか、または巻き込んでしまうことで容易に破損してしまう可能性がある。

餌やりの際の注意点

長期飼養のための餌やり

野生下では豊富な運動量を誇るオオカミだが、飼育下では運動不足や栄養過多により内臓疾患などを起こすケースも少なくない。ここでは長期飼育のための餌やりのポイントについて紹介する。

2種の餌が健全飼養のポイント

健全な飼養、成長を考慮し、幼体のうちから鶏肉、プレミアムドッグフードの双方に嗜好を慣らしておくことが重要だ。

給餌はドッグフード（プレミアムドッグフード）と鶏肉を併用することが望ましい。これらをバランスよく与えることで発情不順や腎臓への負などの懸念材料を軽減することができるためだ。

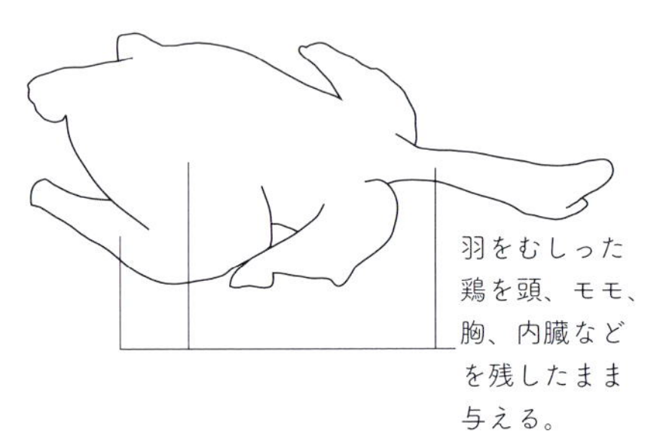

1日に与える量は700～1500ｇを基本とし、飼養個体のサイズにより増減させると良い。

餌はドッグフードを主体としても十分に育ち、生涯を全うできるが、肉類を餌の主体として与える場合には、羽毛を取り除き、頭、モモ、胸、内臓などが付いた未処理の鶏を1日に約700～1500ｇ与えるとよいだろう。

ただし飼育個体の体調によっては、内臓を抜き取り、余分な脂肪を処理するなどの調餌をすませた鶏を主材とし、未処理の鶏は週に1～2回程度与える方が、コンディションをよく保てる場合も多い。普段から飼育個体の体調を逐次チェックしながら調餌、給餌をするとよいだろう。

なお、肉類のみに頼る飼育は雌の発情に影響を与えるため、正常な発情と異なった周期や頻度がみられることがある。このような場合、もっとも容易な解決手段は餌にドッグフードを使うことだ。

すなわち鶏を約400～800ｇに抑え、ドッグフードを300～700ｇ程度とすればよい。なおドッグフードを主体として与えるのであれば、「プレミアムフード」と呼ばれるものから選び与えること。なぜなら通常のドッグフードでは本生体の健全な飼育管理に必要となるカロリーやタンパク質、脂肪、オルニチン、ビタミン類等の必須栄養素が不足することが懸念されるためである。

またオオカミでも高齢の個体では高たんぱく質の餌は腎臓に負担がかかるため、肉を押さえてドッグフードの割合を増やす必要がある。そのためにもドッグフードを食べるよう、若いうちから慣れさせておくとよいだろう。

主な症状と治療法

先に記したようにオオカミは老個体になると、高タンパク質の餌は腎臓に負担がかかってしまう。これを防ぐには餌にドッグフードを配合し、炭水化物からエネルギーを生成させるとよいだろう。

ただし品質の悪いドッグフードを与えた場合、炭水化物の消化・吸収率が悪い可能性が高く、時に痩せ細ってしまうことがあるので注意が必要だ。もともと本種はタンパク質をエネルギーとして利用することに非常に長けており、デンプンをブドウ糖に分解するアミラーゼをコードする遺伝子（AMY2B）が少ない。そのため本種の必須栄養素に炭水化物は含まれないが、それでも老化と共に長年使い続けた腎臓や肝臓への負担は大きくなる。そのため「プレミアムドッグフード」と呼ばれる種類の犬用人工飼料や、ゆでるなどの加熱調理した炭水化物（イモ類など）を、鶏などの肉類とともに調餌することにより老個体をサポートする必要がある。

また本種は犬と同じく犬フィラリアに感染することがあるため、獣医師による定期的な診断、および感染が確認された場合には駆虫が必要とされる。その場合に処方される薬としてはイベルメクチンより、ミルベマイシンオキシムを主成分として投薬してもらうように頼むとよいだろう。

この項で紹介した内容で飼育ができる主な種

タイリクオオカミ*Canis lupus*はヨーロッパ、北米大陸など北半球を中心に13の亜種が認定されている。野生下では10頭前後の群れで生活するが、必ずしも多頭飼育を行う必要はない。

シベリアオオカミ
Canis lupus albus
ホッキョクオオカミ
Canis lupus arctos
ヨーロッパオオカミ
Canis lupus lupus
ネブラスカオオカミ
Canis lupus nubilus

環境省が定めた飼育施設の基準

・獣舎の形態
溶接金網おり

・獣舎の規格（仕様）等
鉄おり
1．直径５㎜以上、網目50㎜×50㎜以下の溶接金網を使用すること。
2．金網おりはその一部を厚さ３㎜以上の鉄板又は厚さ150㎜以上の鉄筋コンクリート壁若しくは鉄筋コンクリートブロック壁に代えることができる。
3．床はコンクリートとする等動物のねこ類の掘削力を考慮すること。

・出入り口等
内戸：内開き戸、上げ戸又は引き戸
外戸：外開き戸、上げ戸又は引き戸

・錠
内戸及び外戸の錠は、それぞれ２箇所以上とすること。また、施錠部に動物が触れない構造とすること。

・間隔設備
人止めさくとおりとの間隔：１m以上
高さ：1.5m以上

Column ❶

飼育規制を強化させる重大事故

危険動物の所有・飼育の規制強化には必ず痛ましい事件・事故が関わっている。管理者は責任ある飼育管理をしなければならない。

日本において「特定動物」という言葉が公に出たのは意外に古く、1973（昭和48）年のことだ。この年「動物愛護法（動物の愛護及び管理に関する法律）」の中に、「人の生命、身体等に危害を加えるおそれのある危険な動物」を「特定動物」とする旨が法律第105号第26条第1項に記された。

その後、現在のように特定動物の飼育・保管の規制が（各地域で若干の差はあるものの）全国一律となったのはそれからずっと遡り2005年（平成17）年である。動物愛護管理に基づき、現在の日本で特定動物を飼育するためには本書（6頁～）で紹介した手続きを行なわなくてはならない。

では海外ではどうだろうか。イギリスでは「危険野生動物法」によって飼育についての規制が定められているほか、アメリカでは州ごとに動物愛護に関する法律が定められているなど、各国で規制の内容は異なる。

アメリカではかつて危険な外来動物を規制する法律のない州があった。同国北東部にあるオハイオ州だ。現在のオハイオ州ではヒトに危害を加えるような性質をもつ外来動物を飼育するためには、高額な損害賠償補償額を支払うなど厳しい条件が設けられているが、こうした規制が施行されるきっかけとなった事件があった。

それは2011（平成23）年10月、オハイオ州郊外の農村で動物飼育場を経営していたテリー・トンプソンTerry Thompsonがライオンやベンガルトラ、ハイイログマなどの獣舎の檻を開き、銃で自殺するという事件だった。この時、トンプソンの飼育していた危険動物が脱走し、計56頭のうち49頭が射殺される事態となっている。

それまで危険動物の飼育に対して寛容だったオハイオ州当局だったが、大々的に報道されたこの事件に対し世論が反応し、動かざるを得なくなった。事件の翌年、2012（平成24）年6月に当時の州知事だったジョン・ケーシックJohn Richard Kasichが、外来種の危険な動物の新規所有を全面的に禁ずる州法案に署名。これ以降、ライオンやクマ、大型の爬虫類などの危険動物を飼育する際には厳しい規則が定められた。

日本の特定動物に対する全国一律規制も、トラによる死亡事故が要因となったとされる。一つ間違えると重大事故に発展する特定動物を飼うということは、管理者本人が危害を受けるだけではなく、飼育についての規制にも影響を与え、それ以降、飼育することが絶望的となる可能性もあるということを十分に承知しておかなければならない。その上で責任をもった管理が必要だということを肝に命じて置く必要があるだろう。

2011(平成23)年10月、オハイオ州で起きた猛獣脱走事件。動物飼育場で飼育されていたライオンやベンガルトラなど計56頭が脱走、うち49頭が射殺された。これ以降同州で危険野生動物を飼育する際には厳しい条件を守らなければならなくなった。

世界の危険動物飼育者たち

**世界各国で危険動物の飼育についての規則・罰則は異なる。
それらを遵守し、危険動物とのコミュニケーションを楽しんでいる人たちもいる。**

コディアックヒグマ*Ursus arctos middendorffi*と戯れるジム・コワルクジクJim Kowalczik。同氏はアメリカ・ニューヨークの動物保護施設・オーファントワイルドアニマルセンターOrphaned Wildlife Centerの創設者でもある。

アメリカ・フロリダ州に住むアルバート・キリアン(Allbert Killian)はこれまでに100回以上毒ヘビに咬まれてきたという。時に救急病院に搬送されることもあったそうだが、現在でもアスプコブラ*Naja haje*、インドコブラ*Naja naja*など60匹もの毒ヘビと暮らしている。

シリア・ダマスカスのハッサン・シュワイカニHassan Shwaykani。自宅にある農場で多数のハイエナを飼育している。写真の2頭はシマハイエナ*Hyaena hyaena*。

第3部

たか目

鋭い嘴と足の爪、握力がヒトにとって大きな脅威となる。
また、翼開長の大きな種が多く、
十分な大きさのケージを用意しないとストレスにより
様々な問題が生じることを留意しておきたい。

Accipitriformes

イヌワシ

Golden eagle

DATA

分類	ワシタカ目ワシタカ科イヌワシ属	寿命の目安	25～30年程度
分布域	ユーラシア大陸、アジア北東部、北米大陸	主な餌	小型哺乳類、爬虫類、鳥類。屍肉も
生息域	高地の森林、草原など	繁殖について	飼育条件・地域により異なる

高い飛翔能力が大きな特徴

A：餌の中心となるのはノウサギなどの小動物だが、稀に比較的大きな鳥類を捕食する姿も見られる。B：高い飛翔能力をもち、「滑翔」と呼ばれる羽を羽ばたかずに飛ぶ割合が多い。C：嘴は全体に黄色味を帯びているが、先端はやや黒ずむのが特徴。

北米大陸のほか、ヨーロッパ、アフリカ北部など広域に生息する。国内でも北海道から九州まで広い範囲の山岳地帯で見られる。翼開長は200cmにも及ぶ大型の猛禽で、降下速度は時速240kmにも及ぶ。外見的な特徴としては後頭部の金茶色がよく目立ち、これが英名の「Golden eagle」の元となっている。また虹彩は淡黄褐色または淡橙色、嘴の先は黒ずんだ色をしている。なお、成鳥の外見では雌雄による差は見られない。

通常はつがいで行動し、生涯パートナーを代えない個体が多い。また１つのつがいは50～60㎢（あるいは100㎢以上とされることもある）に及ぶ縄張りをもつとされる。

リスなどの小型哺乳類や鳥類（キジやヤマドリなど）、爬虫類（ヘビなど）、虫などを鋭い爪で捉えて捕食するほか、動物の死骸（腐肉）を餌とする姿も見受けられる。

生息地である山岳地帯の岩棚や樹上に巣を作り、冬場の繁殖期に２～４個程度の卵を産む。日本国内では生息域の環境変化などにより繁殖率が低下、それに伴い個体数が減少傾向にあり、1965（昭和40）年に天然記念物に指定されている。

飼育禽舎の環境づくり

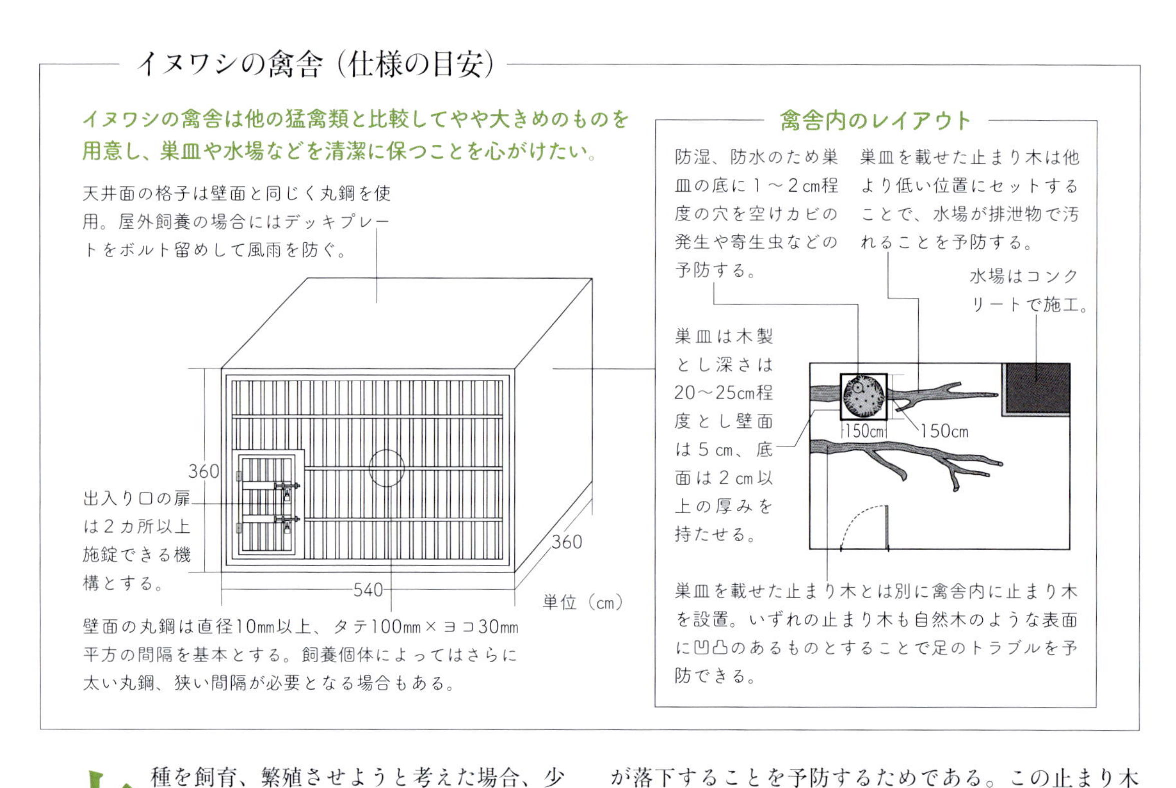

本種を飼育、繁殖させせようと考えた場合、少なくともタテ720cm×ヨコ360cm×高さ360cm以上は広さのある禽舎を用意したい。広い禽舎が必要なわけは、巣皿や水場などに糞などの排泄物が入らないよう、止まり木や餌棚の高さ、それぞれを設置する間隔、設置する角度などに配慮する必要があるためだ。

まず、周囲をコンクリートで施工した水場を禽舎内の4つの隅のうちのどこかに設置する。水場は飼育個体のサイズと比較して十分なサイズとすること。なお、水場の付近の止まり木は低めであり、長さは右端から左水場手前までとする。なお、この止まり木は床面から低い位置にセットするとよい。これは水場に排泄物が落下することを予防するためである。この止まり木をセットした付近に、底面から200～250cmの場所に巣皿を取り付ける。※禽舎内のレイアウは上記の図を参照。

止まり木はこの他にもう1つ設置したい。こちらは先の止まり木と平行とし、やや水場と離して取り付けるのがよく、巣皿よりは50～100cmほど低い場所に取り付けるのがよいだろう。

なお、巣皿の一辺は150cm、深さは20～25cm程度で、壁面は5cm、底面は2cm程度以上の厚みのある頑丈なものを使用する。また巣皿の素材は木製で、水が溜まったり、湿度が上がり過ぎたりしないよう、底面に1～2cm程度の穴を多数開けること。

飼育温度の目安	－3～30℃
飼育禽舎の目安	W540×D360×H360（cm）以上
餌やり頻度の目安	一日一回

猛禽の警戒心を解くために

ストレスの少ない飼養のために

本種だけでなく、猛禽類は時に外的ストレスによってパニック状態に陥ることがある。その原因・傾向とパニックの元となる物質「ノルアドレナリン」を知ることで、こうしたトラブルを未然に防ぐことができる。

パニック状態に陥るキーワード

どのようなことに猛禽がストレスを感じるか、これまでにパニック状態の引き金となった事象には右のようなものが挙げられる。これらを絶対に避けるか、あるいは慣らすことで猛禽の飼養は格段に楽になるはずだ。

- 風になびくシートや扉の開閉など、上下左右に大きく動くもの。
- 帽子（形状に驚いた様子）
- 自動車（巨大かつ速度のあものに驚いたものと思われる）
- オートバイ（脅威となった理由は自動車と同じだと思われる）

ストレスに関わる「ノルアドレナリン」

猛禽が脅威を感じる際には「ノルアドレナリン」という物質が分泌されることがわかっている。これは猛禽に限ったものではなく、われわれヒトを含めた霊長類もストレス・憂鬱を感じる際にも分泌されるホルモンである。猛禽においてもノルアドレナリンの分泌を抑えることでパニック状態を未然に防止することができる。

ノルアドレナリン抑制のために

イヌワシのノルアドレナリン分泌を抑えるためには次のような措置が効果的だと考えられる。

- 餌となる小動物、シルエットを隠す
- 鷹箱など輸送の際に使用する禽舎に収納する
- 大きな音を立てるもの、動きの早いものを飼養禽舎のそばから離す

本種をはじめ、多くの猛禽はわれわれ人間の感覚からは想像のできないものに警戒心や違和感をもつことがある。これまでに風になびくシートや開け閉めされる扉、帽子、車、バイクなどに対して警戒心や違和感をもった個体がいた。

こうした個体をできるだけプレッシャーなく飼育しようとした場合、彼らの行動から判断して「何に対して警戒心を抱くのか」をできるだけ早く知り、それらを遠ざけるか、あるいは慣らすなどする必要がある。

このように猛禽が対象物に警戒心を抱き、暴れたり逃げ出したりするのはなぜなのだろう。カンムリクマタカの項（96頁）では本能的なプレッシャーの原因となる事項について解説している。

一方、猛禽類の暴れる、逃げ出すなどの行動のしくみを「臨床動物行動学」で詳しく説明すると、脳内あるいは交感神経からノルアドレナリンを分泌することと関係している。つまり、ノルアドレナリンの分泌を抑えることでパニックを抑えることができるという訳である。なお、ノルアドレナリンは不安や恐怖といったマイナスの要素だけではなく、餌を見つけた際などにも分泌される。飼育管理者はこうした点を考慮しておく必要がある。

イヌワシの調教について

イヌワシの調教の基本

本種をはじめとした猛禽では基本的な調教の手順を把握しておくことは必須となる。下記に必ず必要となる調教の基礎ポイント2点を紹介する。

猛禽調教の基礎ポイント

① 環境に慣れさせる

飼育個体がパニックに陥るような状況をできるだけ作り出さないこと。前頁に記したような状況の他に、飼育禽舎のそばで大きな音を出したり、飼育個体のそばで素早い動きをしたりすることもストレスになるケースがあるので注意が必要だ。これにより環境に慣れさせ、調教者との信頼関係を形作ることが調教の第一歩となる。

② 渡り・飛翔訓練

次に「渡り」という飛翔訓練を行う。最初のうちはナイロンなどによる「忍縄」を飼育個体に結び、目標物に止まらせたのちに調教者の腕に呼び戻す。飼育個体との信頼関係が築けたのちは、忍縄を解いても自ら戻るように訓練を行う。このトレーニングには概ね1年程度要する場合が多い。

飛翔訓練の初期は忍縄を使い、飛翔距離を制限する。徐々に飛翔距離を伸ばし、最終的には忍縄を外したフリーフライトができるのが理想だ。

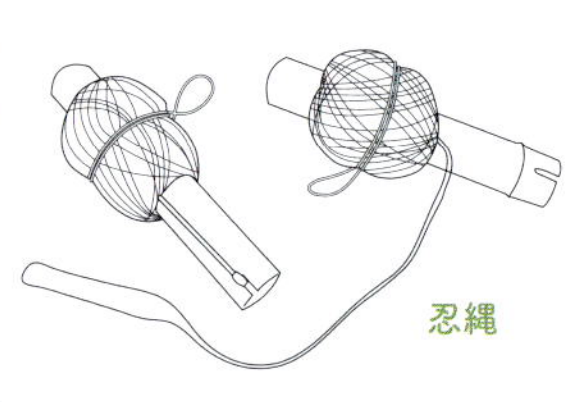

ノルアドレナリンは餌でも分泌される

調教では餌を上手に使うことも重要だ。猛禽が興奮状態になる要因であるノルアドレナリンは不安や恐怖によるものだけではなく、餌を見つけた時にも分泌されることを考慮しておく必要があるだろう。

給餌のタイミング

タイミングよく給餌をすることで調教の効率を上げることができるだろう。逆に不適切なタイミングで餌を見せてしまうとノルアドレナリンを分泌し、調教効率の悪化へとつながる。

猛禽の飼育では、彼らを「調教する」ことは避けられない作業である。調教と一口に言ってもさまざまなレベルがあるが、少なくとも基礎を押えていなければ、飼育することはできないと考えてよいだろう。

これと同時に、猛禽の調教は人間に対する教育、あるいはトレーニングとは大きく異なることを忘れてはならない。人間を対象としたトレーニングの理論や理屈では、うまくいかないことがほとんどだ。

人と猛禽の調教、トレーニングが異なるのはそれぞれの脳が刺激に対して異なる反応をするためだ。例えば、野性下における猛禽の餌として一般的なウサギを見たとき、人はオキシトシンという「可愛い」という感情を抱く物質を脳から分泌させる。これに対し、猛禽の脳はウサギを見ると狩猟や捕食の感性が働くノルアドレナリンを分泌する。

このように、人と猛禽では外的な刺激に対する反応が異なるため、行動も必然的に変わるということを理解した上で飼育・調教を行う必要がある。

なお、イヌワシを含む猛禽の調教の基本は1. 飼育環境に慣れさせること、および2.「渡り」などの飛翔訓練が中心となる。

主な症状と治療法

夏季に目の縁やロウ膜に非常に肉質感のあるイボ状の病変が見られることがある。これは本種だけでなく、ハクトウワシ*Haliaeetus leucocephalus*やオオワシ*Haliaeetus pelagicus*のような寒冷地に分布する猛禽に比較的多く見られる症状だ。

しかし同時にオナガイヌワシ*Aquila audax*などのオセアニアに生息するもの、マレーワシミミズク*Bubo sumatranus*などの東南アジアの赤道付近に生息するもの、あるいはメガネフクロウ*Pulsatrix perspicillata*のように南米に生息するものなどでも同じような病変を発症することがある。もっともこれらは見た目の症状が似たように見えるだけで、同じウィルスあるいは同じ細菌によるものではないと考えるべきだろう。ただし、多くの場合において、媒介者となるのは蚊などの吸血性の昆虫と考えられ、鳥ポックスウイルス感染症の場合もある。

猛禽のうちでもハヤブサ類には、こうした病変の治療にハト用ポックスワクチンを使用するのが有効である。同じようにワシタカ類にも有効かと思われるが、形態的には多くの類似点をもつハヤブサ類とワシタカ類でも、系統分類では遠縁である。そのため、この症状に罹患したワシタカ類へハト用ポックスワクチンを利用することには慎重さが必要だ。なおこうしたイボ状の病変は、比較的若い個体や輸入・輸送から1～2年後の夏季にみられるか、あるいは他の疾病によって体調を崩した個体にみられる。

治療には獣医師の診断が必要だが、フィブロニルの噴霧、塗布とともにビタミンA・B郡を投与すると予防となり、病変の進んだ個体でも（慢性化していなければ）同様の投薬を2～3週間空けて行い、これを2～3回繰り返すことで快方に向かうことが多い。

もっともこれらの薬品の分量は慎重に計測する必要があり、実際に治療を行なう際には獣医師に任せた方がよい。

この項で紹介した内容で飼育ができる主な種

イヌワシには6種の亜種が認められている。国内では野生種は天然記念物に指定されている。そのほか本項で紹介した手法で飼育できるイヌワシ属（*Aquila*）の主な種には下記の3種などがいる。

カタシロワシ
Aquila heliaca
カラフトワシ
Aquila clanga
ソウゲンワシ
Aquila nipalensis

環境省が定めた飼育施設の基準

・禽舎の形態
金網おり（菱形金網）

・禽舎の規格（仕様）等
直径3.2㎜以上、網目25㎜以下の菱形金網を使用すること。

・出入り口等
内戸：内開き戸、上げ戸又は引き戸
外戸：外開き戸、上げ戸又は引き戸

・錠
内戸及び外戸の錠は、それぞれ1箇所以上とすること。また、施錠部に動物が触れない構造とすること。

・間隔設備
人止めさくとおりとの間隔：1m以上
高さ：1.5m以上

コシジロイヌワシ

Verreaux's Eagle

DATA

分類	ワシタカ目ワシタカ科イヌワシ属	寿命の目安	未詳
分布域	アフリカ大陸北東部～南部	主な餌	小型哺乳類、鳥類
生息域	山岳地帯の岩場、渓谷など。	繁殖について	繁殖期は不定。

Aquilaでも特徴的な漆黒の風貌

A：原産地はアフリカ南部。断崖に巣を作り、つがいで雛を育てる。B：小型の哺乳類を中心に鳥類、小型爬虫類と食性は広い。滑翔しながら獲物を探し、急降下して餌を捕らえる。C：全身の羽がほぼ黒で、同じイヌワシ属のイヌワシAquila chrysaetos（68頁）とは風貌が異なる。嘴は黄色で先端が灰白色。

成鳥では全身がほぼ黒色、翼の間からV字に見える腰の白い部分と嘴の先の白灰色、目の周りとろう膜が黄色であるなど、特徴的な外見をしている。ただし幼鳥では頭部が白、全身が濃茶色の羽と、成鳥とは全く違う姿をしている。なお、成鳥の雌雄での外見差はない。アフリカ大陸東部、南部およびアラビア半島周辺を生息域とする。

1つのつがいの行動範囲は600㎢以上にも及ぶとされ、協力して狩りを行う姿もたびたび目撃されている。野生下での餌はハイラックス（イワダヌキ）がほとんどで、そのほかにリスやウサギ、ディクディク（ウシ科・レイヨウの1種）やリクガメなどを捕食する。繁殖期は個体によりさまざまで、高地の岩棚や樹上に巣を作り、1〜2個の卵を産む。40〜46日程度で孵化したのち、およそ半年で親離れをする。

IUCN（国際自然保護連合）の保全状況では「Least Concern（低危険種）」とされているが、ペットとして流通する機会は極めて稀で、入手は困難な種である。そのこともあり飼育時の注意点や特徴など、情報があまり表に出てこない種の1つと言える。

飼育禽舎の環境づくり

コシジロイヌワシの禽舎（仕様の目安）

本種をはじめ、猛禽類では高さのある禽舎が必要となる。また握力は想像以上に強いため、壁面・天井面は丸鋼を使った格子とする。

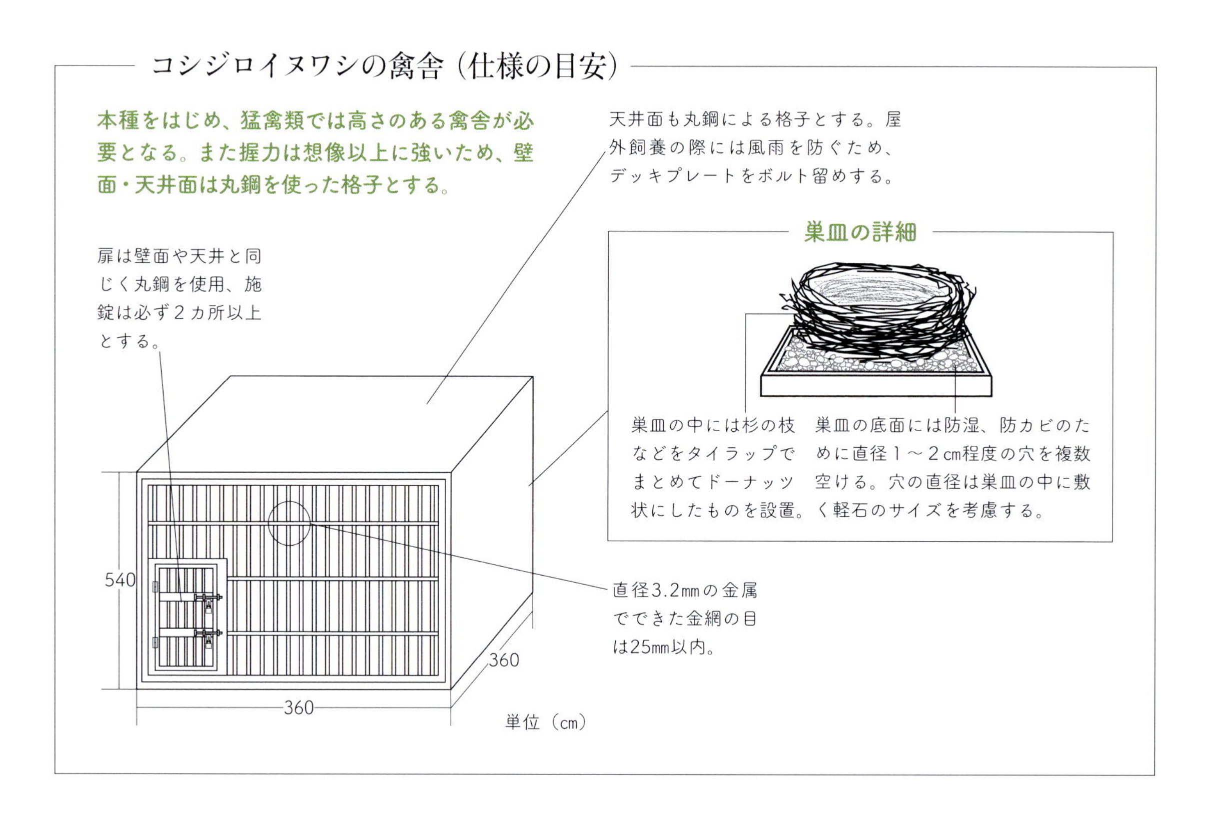

本種の営巣のための巣皿は一辺約150cmの正方形のものを用意したい。またこの巣皿の縁は厚さ約５cm、高さ約20～25cmぐらいのものが必須となる。これは巣皿の中に保温性のある直径２cm程度の軽石などを５～10cmぐらいの厚みに引き、さらにその上に杉などの木の枝をドーナツ状に束ねて入れておく必要があるためだ。

このドーナツ状に束ねる木の枝はタイラップ*や麻縄を使い、ある程度の整形を施してから巣皿の中に入れておくこと。こうすることで初めて営巣にあたる若い生体が巣作りに戸惑うことなく営巣することができる。巣皿全体の素材は木製が適しているが、プラスチックやビニール素材の大きな籠で代用することもできる。

こうした代用の籠の場合には必要ないが、木製の巣皿を使う場合の床面は厚み２cm以上の丈夫な木材を選び、さらに床面に直径１～２cmの穴を開けなくてはならない。この穴は巣皿内に水がたまらないようにし、さらにはカビの発生や過剰に湿度が上がることを予防するためのもので、必要に応じて穴の数は複数必要になる。なお、この穴は、巣皿内に敷く軽石が落ちないサイズにすること。

飼育温度の目安	－１～30℃
飼育禽舎の目安	W540×D360×H300（cm）以上
餌やり頻度の目安	一日一回

＊ダンボールなどの荷物やケーブルを止めるための樹脂製のバンドで「結束バンド」とも呼ばれる。

猛禽の発するシグナル

猛禽の行動（シグナル）の意味は

本種をはじめとした猛禽の発するシグナルがどのような意味を示しているのかについて、代表的なものを紹介する。

1. とっさに飛び立つ
危険から回避するための行動。不安や恐怖の度合いにより逃避する距離や場所、飛翔時間、飛翔スピードが変化する。

2. 周りをキョロキョロと見回す
ストレスを受け、いつでも飛び立てるようにしている状態。ストレスの対象から回避できる場所を資格で探している。

3. 直立した状態で前方を見つめる
情報を入手した時に起こす。何ものかの存在を確認したが、危険なものかそうでないかの判断がついていない時に起こす。

4. 頭部を上下左右、または回転して周囲を確認
一部では外敵の捜索の際にも見られるが、多くは獲物を探し、確認する際に行う。警戒時にも信号をキャッチした相手が獲物である可能性を探っている。

5. 頭部の羽を逆だてる
威嚇行動と考えられる。こうした威嚇は飛び立って回避することができない場合に見られるもので、尾羽を広げる、口（嘴）を開くなどの行動を合わせて行うことも多い。

数多くの猛禽を飼育した経験者であっても、彼らが無口であり人との会話はできないと考えているケースが多いのは残念である。猛禽類は他の動物に対してと同じく、人間に対しても多くのシグナルを送っている。猛禽が無口に見えるのは、人間の方こそが他の動物に対する協調性や解読力などのコミュニケーション能力を欠いてしまっているためなのかもしれない。

ここではコシジロイヌワシをはじめとした猛禽の主な「シグナル」５つを紹介した。飼育管理者はこれらのシグナルを常日頃感知し、飼育個体の精神状態を把握しておく必要がある。

主な症状と治療法

羽毛を膨らませるようなしぐさを頻繁に行う際には何らかの理由により体調を崩している可能性が高い。またこのような状態の際、同時に目をつぶっている時間が長いとき、体がふらふらと安定して止り木に止まっていられないなどの場合にはかなり状態を崩している場合があるため、至急専門医に診察を依頼する必要がある。

羽毛を膨らませる行動により効率的な体温維持（保温）ができるため、健康状態の良い時でも行うことがある。しかし、その場合には体の揺れなどは出ないため、日常の頻繁な観察によって疾病か、あるいは保温のためかが判断できる。

これらはいずれも体温の維持に関連した行動だと考えられる。

「羽毛を膨らませる行動」保温と疾病（体調不良）の判断

本種が体を膨らませる行動には保温を目的とした場合のほか、体調不良が疑われることがある。それぞれの違いを下記に示した。

保温の際の行動	体調不良と考えられる行動
・体を膨らませた際、体を揺らす・動かすなどしない ・体を膨らませた際、足を上げる・首を縮めるなどする	・長時間目をつぶっている ・止まり木に止まっている際に体が揺れる、ふらつくなどする

Haliaeetus leucocephalus

ハクトウワシ

Bald eagle

DATA

分類	ワシタカ目ワシタカ科ウミワシ属	寿命の目安	20～25年
分布域	北米大陸	主な餌	魚類を中心に水鳥や爬虫類など
生息域	魚類の豊富な海岸、湖岸など	繁殖について	繁殖期はアメリカ南部で秋口から春にかけて、アメリカ北部では春から夏。

沿岸部を主な生息域とする「白頭鷲」

A：翼長は２ｍ前後。飛行スピードは非常に速く、140km/hにも及ぶとされる。B：沿岸部を主な生息域としている。鋭い爪で魚類を捕食する姿がしばしば目撃される。C：「白頭」の故障の通り、肩から上の羽が白い。また成鳥の嘴はほぼ黄色一色。

北米大陸全域にわたり生息、魚類を主食としており海岸や湖沼、河川の周辺などの水辺を生活域としている。樹上や崖などに木の枝を集めた巣を作るが、その大きさは鳥類最大ともいわれ、幅２ｍ、重さ１ｔにも及ぶ。また、全長100cm、翼開長は200cmにもなる大型の猛禽で雌の方が雄よりも大きくなる。

一般名につけられた「白頭（ハクトウ）」は、成鳥の首から頭にかけて白い羽で覆われていることによるが、幼鳥ではこうした白い羽はなく、全身が褐色で成長とともに「白頭」の姿に変わってゆく。

ハクトウワシは生涯同じパートナーとつがいで暮らし、北米大陸北部の個体では４～８月、南部の個体は10～翌４月に繁殖期を迎える。卵は通常２個産む。

1950年代には餌となる魚が化学物質によって汚染されるなどしたため個体数が激減したが、その後、保護活動が行われ現在では個体数は回復傾向にある。

古くはネイティヴアメリカン（インディアン）から崇拝されてきたほか、アメリカ大陸のほぼ全域で見られることから、アメリカの国鳥に指定されている。

飼育禽舎の環境づくり

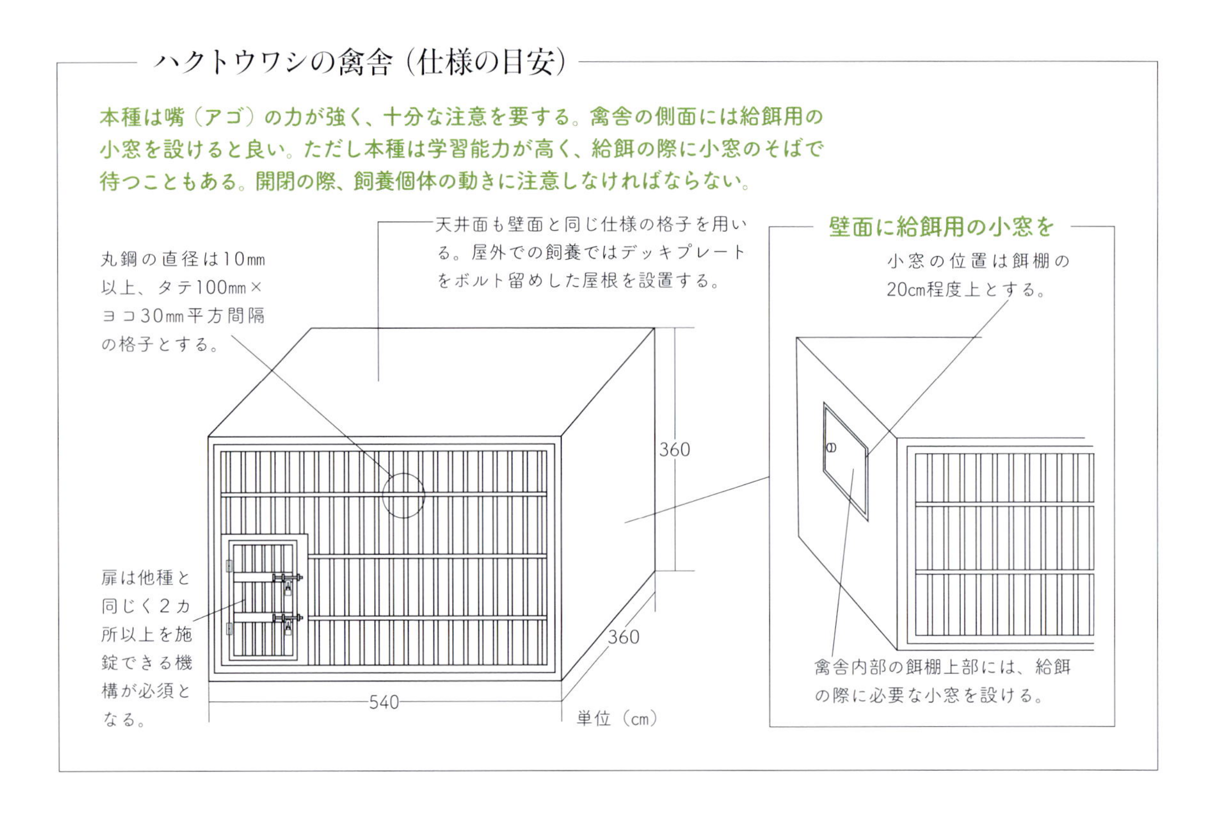

ヨーロッパでは七面鳥の雛を餌としている地域も多く見られるが、本国で飼育する場合の餌としては入手のしやすさなどを考えるとウズラが最も適している。餌の量は雄・雌ともに頭、翼、足、内臓を取るなどの調餌をしたウズラを1日あたり360～630ｇというのが基本となる。ただし、禽舎にペアで飼育している場合には1kg以上のウズラを与える必要がある。

またペアでの飼育時は、禽舎の中に45cm四方の餌棚を作りその上に餌を置くようにする。ペアの折り合いが悪いなど、採餌の際にトラブルを生じる恐れがある場合には、餌棚を禽舎の中の離れた場所にもう１つ設置すること。なお、当然の事ながらこの餌棚には飼育個体が飛び乗るため、破損することないような頑丈な作りとしなければならない。

そのほか餌棚の20cm程度上の壁には、給餌の際に必要な小窓を作る必要がある。この小窓から餌のウズラを餌棚に落としてやるというわけだ。ただ、しばらくすると飼育個体は学習によりこの小窓から毎回餌が出てくることを覚えるため小窓の前で待ち伏せしていた飼育個体に足や嘴で攻撃されることのないよう、給餌の際には十分な注意を要する。

飼育温度の目安	－３～30℃
飼育禽舎の目安	W540×D360×H360（cm）以上
餌やり頻度の目安	一日一回

保定の際の注意点

ハクトウワシの保定

本種の飼養では普段、保定を必要とする機会は多くないが、検診や治療の際には保定が必要となる場合がある。本種のように大きく成長する猛禽の保定にはいくつかのポイントがある。

保定の手順と注意事項

保定はできるだけ２人以上で行うことが望ましい。
ここではその手順の詳細について紹介する。

① 両足を押さえ、地面に腹面が来るようにしてそっと伏せる

必ず両足を一度に押さえること。片足だけだと無理な力がかかり、負傷の原因となることがある。また、必要以上に大きな音を出したり、大きな動きをしたりすると飼養個体がパニックになることもあるので注意が必要だ。

② 翼を傷つけないようにして両翼を押さえる

羽ばたきに注意し、無理な力がかからないように配慮する。

③ 利き手で頭部を固定する

嘴（アゴ）による攻撃に注意しながら手ぬぐいやバスタオルなど頭部を覆い隠せるものを使って固定すると安全だ。一連の保定作業は、慣れないうちは2人以上で行う方が無難だといえるだろう。

頭部の温度上昇に弱い猛禽類

猛禽全般に言えることだが、本種は特に高温に弱い。特に頭部が高温にさらされると短時間で命を落とすことも考えられる。特に気温の上がる夏季には屋外や密閉した室内での保定は避けなければならない。

夏季の保定での注意事項

・気温の上がる時間帯の保定は避ける
・必ず空調の効いた室内で保定を行う
・保定の際に長時間頭部を覆うことは避ける

足や嘴（アゴ）の力が非常に強く、保定の際には十分気をつける必要がある。手順としては、１まず両足を押さえ、地面に腹面が来るようにしてそっと伏せる。２翼を傷つけないようにして両翼を押さえる。３利き手で頭部を固定する。以上の３行程が基本となる。

その後、診察や治療などの処置が必要な場合にはバスタオルなどを体に巻きつけることで翼を広げたり羽ばたくことのないようにするとよいだろう。

もっともてっとり早く嘴（アゴ）の危険を避けるためには、一人で作業を行うのではなく誰かに頭部を持って（押えて）おいてもらうか、バスタオルなどで頭部をくるんでしまうことだ。ただし、この時に頭部の温度が高くなりすぎないように、くれぐれも注意すること。本種は高温状態での保定に非常に弱く、特に頭部や体を覆われることで高温になり短時間で命を落とすこともある。

気温の上がる夏季の作業では、フィールドなどの特殊な環境下でない限り、空調施設の整った涼しい場所で保定を行うべきである。

猛禽のストレスを軽減するために

警戒心の強いハクトウワシ

ハクトウワシは猛禽類の中でもとりわけ警戒心が非常に強く、またストレスにより様々な異常行動をとることがある。

ハクトウワシに見られるプレッシャーにより引き起こされる行動

主なプレッシャーによる負傷例

- 金網や壁に激突して頸椎や頭部、翼を負傷する
- 体温が上昇しうつぶせになる
- 足革で擦れふ蹠の角質化が進む

プレッシャー軽減のための処置

- 飼養禽舎のそばで大きな音を立てない
- 飼養個体のそばでは素早く動かない
- 飼養個体にあった広さの禽舎とし、止まり木を設置する

猛禽に多い「足」のトラブル

飼養下の猛禽類で多いのが足のトラブルだ。これは野生個体と違って運動量が少なく、止まり木の同じ箇所にとどまっていることで足の血行障害などを起こすことが多いためである。これを予防するためには禽舎の大きさをできるだけ大きくすること、禽舎内の止まり木をできるだけ多く設置することだ。

「ふ蹠」のトラブル予防策

- 禽舎の大きさを広くして運動量を増やす
- 禽舎内に複数の止まり木を設置し複数の止まり木を利用できるようにする。

足の裏が腫れる「バンブルフット」

足に起きるトラブルで特に多いのが外傷や血行障害により足の指や裏が腫れる「バンブルフット」。重篤な症状になると完治が難しい疾病でもあり、早期に発症を知ることが重要だ。

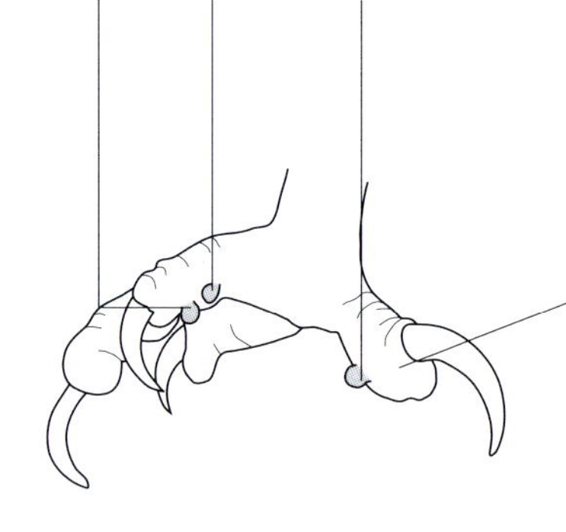

症状が進むと歩行が困難になることもある。初期は吹き出物のような状態で分かりづらいが、患部は赤く変色したり熱を持つことがある。症状の疑いがある場合には早めに獣医師の診察を受けることだ。

本種は飼育下においては人やその他の異物に対し、強い警戒心を抱く傾向が強い。こうした個体と上手に付きあっていくためには、彼らができるだけ驚かないよう、プレッシャーをかけないように接する必要がある。

もし警戒心の強い彼らを驚かせてしまうと、敬遠体制（プレッシャー）の対象であるヒトと距離を取ろうとして暴れ、金網や壁に激突して頸椎や頭部、翼を損傷したりしてしまう。また、リードなどでつないである場合でも暴れまわったあげくに地面にうつ伏せになり、特に体温の上昇が著しい夏季には心拍数が過度に上昇して血流に障害が出る。そして、ひどい時にはそのまま死亡することもある。

そのほかにも、翼・尾羽が傷み、ふ蹠の足革にこすれている部分が厚みを増して角質化が進み、ひどい時には削れ落ちてしまうこともある。さらに、こうした外傷は感染症の発症にもつながる恐れがある。

このようなトラブルを防ぐためにも、飼育管理者は可能な限り彼らのストレスを軽減させる環境をつくり出す必要がある。

主な症状と治療法

猛禽全般にみられるものだが、外傷による細菌感染、あるいは血行障害を原因として足の裏や指が腫れるバンブルフット（趾瘤症）と呼ばれる症状が本種でも少なくない。この症状のそもそもの原因はいつも同じ場所にとどまっていることにある。それにより足の裏の同じ箇所がこすれて外傷を負い、そこから細菌感染が起こるのである。また、時には自らの鉤爪が足裏に突き刺さり、細菌感染を起こすケースもある。

こうした症状の治療では、まず患部の状況を観察することが重要だ。かつて患部である足の裏に木の破片など、外傷の原因となる異物が残留して症状が慢性化したケースもあった。

治療には専門医の診断を要する。多くの場合、まずは排膿（膿を出す）が必要で、最小限の切開を行う必要も出てくるだろう。その上で、５％以下に希釈したポピドンヨードや0.2％以下に希釈したアクリノール液で患部を洗浄・消毒し抗菌薬（多くはニューキノロン系かセフェム系を使用）を切開した内部に注入すると良い。

この項で紹介した内容で飼育ができる主な種

ウミワシ属は８種が認められており、いずれも翼開長が200cmを越す大型の猛禽だ。野生下では魚類を主食としている種が多い。本項で紹介した飼育法を流用できる種として下記の３種を紹介する。

オオワシ
Haliaeetus pelagicus
サンショクウミワシ
Haliaeetus vocifer
シロハラウミワシ
Haliaeetus leucogaster
オジロワシ
Haliaeetus albicilla

環境省が定めた飼育施設の基準

・禽舎の形態
金網おり（菱形金網）

・禽舎の規格（仕様）等
直径3.2㎜以上、網目25㎜以下の菱形金網を使用すること。

・出入り口等
内戸：内開き戸、上げ戸又は引き戸
外戸：外開き戸、上げ戸又は引き戸

・錠
内戸及び外戸の錠は、それぞれ１箇所以上とすること。また、施錠部に動物が触れない構造とすること。

・間隔設備
人止めさくとおりとの間隔：１m以上
高さ：1.5 m以上

マダラハゲワシ

Rueppell's Griffon Vulture

DATA

分類	ワシタカ目ワシタカ科ウミワシ属	寿命の目安	25～30年
分布域	アフリカ大陸内陸部（中央アフリカ）	主な餌	大型動物の屍肉
生息域	サバンナ地帯	繁殖について	未詳

長い首をもつサバンナの掃除屋

A：20羽程度の群れで暮らし、大型動物の屍肉を主食としている。B：翼長は250㎝を越すことがある巨大な鳥で飛翔能力も高い。およそ6,000mもの高度まで飛翔するともいわれる。C：長い首を構成する骨の数はヒトの2倍にも及ぶ。その首はバッファローなどの屍肉を、骨の隅々まで漁る際に重宝する。

アフリカ中央部の内陸に生息するマダラハゲワシは翼開長が250cm以上にもなる。また長い首が特徴で、その首はヒト*Homo sapiens*の2倍もの数の骨でできている。なお全身を褐色の羽が覆い、その羽の先が白いことから全体として斑点に見えるために「マダラハゲワシ」の一般名（和名）がある。

生息域のサバンナで肉食獣のブチハイエナ*Crocuta crocuta*などと争って、動物の死体（腐肉）を餌としている。1度に食べる肉の量は1kgを越えるとも言われるほどの大食漢。ただし、小動物など生きた餌を襲うことはほとんどない。

通常、群れで生活しており、行動範囲は100㎢以上と非常に広い。また非常に高いところまで飛翔することが知られており、1973（昭和48）年には西アフリカ・コートジボワール上空で飛行中の旅客機と衝突した事故があった。その高度は11,300mもの高さだったという。この例は極端にしても、通常6,000〜8,000m程度の高さを飛翔することはよくあり、「キリマンジャロよりも高く飛ぶ鳥」と表現されることもある。

飼育禽舎の環境づくり

マダラハゲワシの禽舎（仕様の目安）

原産地では高所を飛行する姿が見られる本種だが、同時に餌となる腐肉の周りを徘徊することも多い。床面積の大きな禽舎を用意することが重要だ。

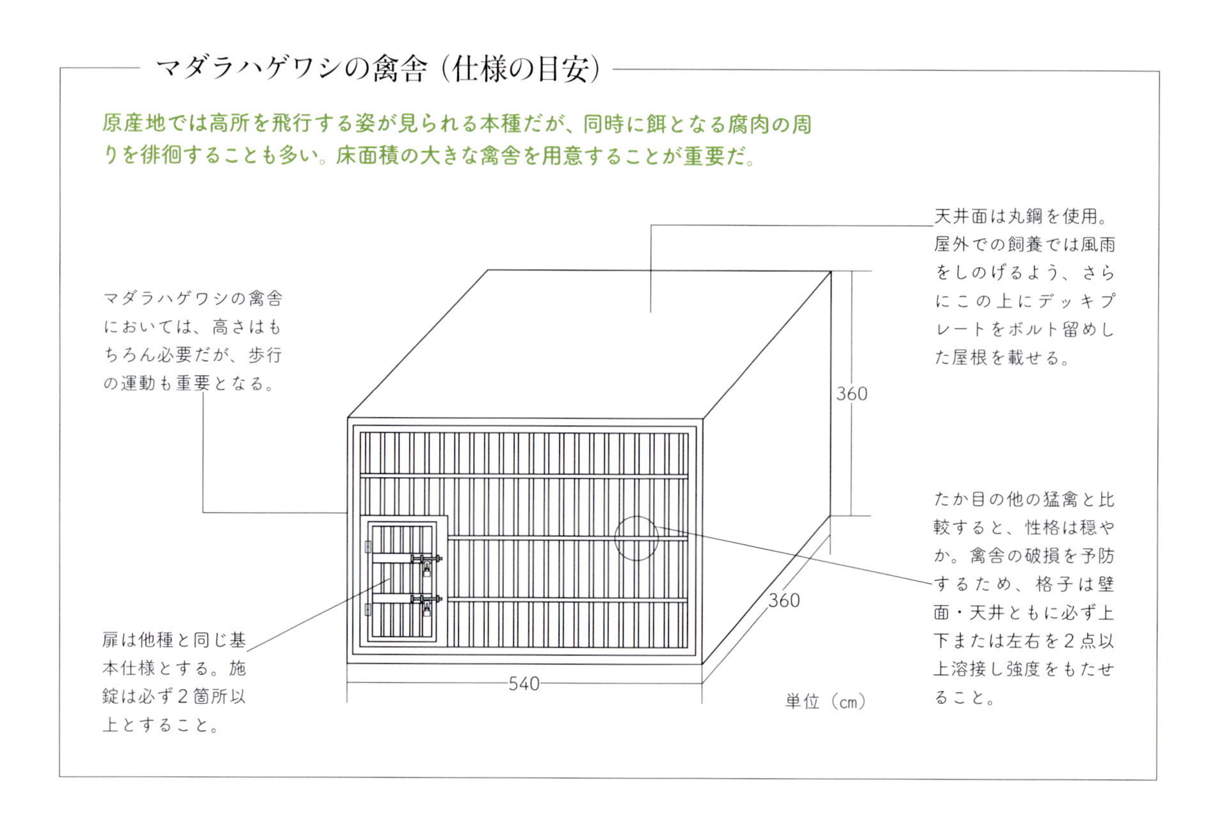

本種は同じハゲワシ属（*Gyps*）のコシジロハゲワシ*Gyps africanus*と比較すると性質が穏やかで、人に対して攻撃することも少ないが、首の長さがある分、手に乗せた場合にはしばしば非常な危険を伴う可能性も考えられる。通常の猛禽では考えにくいことだが、本種では首が長いため、調教者の耳や目、鼻などを強力な嘴の射程範囲内に収めることができるのだ。

こうした危険を回避するためには、ゴーグルやイヤーカバーを使用するか、飼育個体を乗せた腕を斜め上方に上げて嘴から一定の距離をとるなどしなければならない。

また、本種の調教を最も安全に行う方法は、飼育個体を拳に戻すのではなく、調教者の足元、つまり地面に戻すことである。こうした調教の方法は岩棚などに巣を作る本種の生態から考えると極めて合理的な方法だ。そもそも本種はシロガシラハゲワシ*Trigonoceps occipitalis*やコシジロハゲワシと比べると渡り[*1]、振替[*2]などの調教の際に拳に戻しづらいという特徴がある。飼育個体を地面に呼び戻したのちには、標的表示することで誘導し、禽舎へ安全に収納することができる。

飼育温度の目安	0～30℃
飼育禽舎の目安	W540×D540×H360（cm）以上
餌やり頻度の目安	一日一回

＊１：忍縄と呼ばれる縄でつながずに自由に飛ばせ、管理者（調教者）の元へ戻す訓練。
＊２：人の拳から別の人の拳へ飛ばす訓練。当然ながら２人以上による訓練が必要となる。

トレーニングのポイント

飼養個体を管理する2つのトレーニング

飼養個体を管理するトレーニング方法としては下記に挙げる2点が考えられる。本種のような大型の猛禽を扱う場合、早い段階でこれらのいずれかのトレーニングにより行動を制限することが必要となる。

トレーニング①

身体的誘導法

暴れるなどの問題行動を起こした際に地面に強打する、あるいは身動きが取れなくなるなど物理的なプレッシャーを加える方法。問題行動を起こさない場合にはそれらのプレッシャーはかけない。神経質な個体の場合、学習させるまでに少し時間がかかることもある。

トレーニング②

追跡型誘導法

餌など飼養個体の行動を導く標的で誘導しながら行動を制限し、徐々に標的がなくとも自ら行動するように仕向ける。猛禽の他、食肉目の大型動物におけるトレーニングなどでも比較的よく用いられる方法で、技術次第で短期間で学習させることができる。

シロエリハゲワシ属を腕に乗せる

本種は他の猛禽と比べると首が長く、腕に乗せる際には頭部を攻撃されない工夫が必要となる。

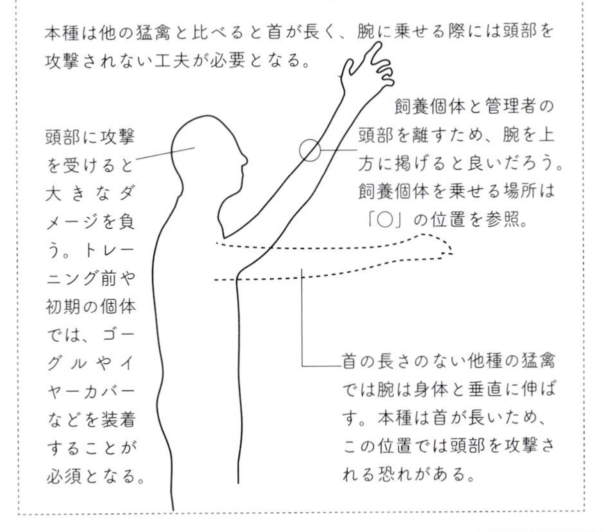

安全な調教訓練のために

体が大きく力の強い本種のトレーニングを安全に行うため、渡り、振替の際に直接腕ではなく、管理者の近くの地面に戻るように訓練を行う。

トレーニングに注意を要する種

野生下の本種は岩棚や樹上に営巣する。こうした性質をもつ種については本種と同じように渡り、振替の際に地面に着地させる方法が有効だ。

同様な特徴をもつ主な種：シロエリハゲワシ、ケープハゲワシなど

頭や翼、ふ蹠から下の足、消化器を含む内臓、および余分な羽と脂肪を除いたウズラを餌とする。野生下ではシロエリハゲワシ属がスカベンジャー*であるため、鳥類ほかの臓器が餌として適しているものと勘違いされることも少なくない。しかし、飼育個体の良好な健康状態を保持するためには他の大型猛禽類と同じく、内臓のほか頭や羽を除いた調餌済のウズラを中心に与えてゆく方がよい。

ヨーロッパではシチメンチョウの雛を与えている地域が多く、良い成果を納めているようだ。しかし、日本ではニワトリの雛しか入手できずタンパク質やカルシウム、ビタミン類などの栄養バランスが非常に悪い。そのため、主食として与えるのには適していない。ニワトリの雛を本種に与えるなら「補助的な餌として」に限るべきで、雄・雌問わず1個体につき500〜900g前後を1カ月に2回程度の割合で与える。

調餌済のウズラは1羽につき1日500〜800gほどが適量で、繁殖のためにペアで飼育している場合には、1日平均1.5g程度を目安に給餌する。なお、ペアで飼育している際、餌の取り合いが頻繁に起きるようなら、飼料を数カ所に分ける配慮が必要となる。

＊生きた動物を襲って食べるのではなく、死んだ動物の腐肉を食べる動物のこと。

Torgos tracheliotos

ミミヒダハゲワシ

Lappet-faced vulture

DATA

分類	ワシタカ目ワシタカ科 ミミヒダハゲワシ属
分布域	アフリカ大陸内陸部に広域に分布
生息域	サバンナおよび周辺の低木地帯
寿命の目安	25～30年
主な餌	大型動物の屍肉
繁殖について	未詳

屍肉のほか生きた動物を襲うことも

A：屍肉に集まるミミヒダハゲワシ。こうしたシーンでは群れで見られることがあるが、基本的には単独生活を送る。B：成鳥では翼長250cmにもなる。また体重は10kgを越すことも。C：他の猛禽と同じく屍肉を主食とするが弱った生体を襲こともある。鋭い嘴による攻撃はヒトにも十分脅威となりうる。

アフリカ大陸最大の猛禽と言われ、翼開長は最大で300cm近くにもなる。他のハゲワシが死肉（腐肉）を食べるのに対し、ミミヒダハゲワシはその巨体と鋭い爪、嘴を活かして生きた動物を襲うこともある。

「ミミヒダ」の名前は頭部に「肉垂」と呼ばれる皮膚の露出した箇所があることによるもの。英名に付けられた「Lappet faced」も「顔の垂れ下がった」というような意味をもつ。なおこのように皮膚が露出した箇所があるのは、餌の腐肉を食べる際に頭部周辺の羽に血や肉片などの汚れがつき、それにより感染症を起こすことから身を守るために進化したものだという説がある。

また他のハゲワシが集団で生活するのに対し、雌雄1匹同士のつがいで生涯生活するのも本種の特徴の1つ。サバンナ周辺の樹上に営巣し、1つのつがいあたり1つの卵を産む。そして、雌雄が交代で卵を守るという性質をもつ。その際、他のつがいの巣のそばに営巣、産卵するようなことはなく、それぞれの個体が離れた場所を生活域としている。

飼育禽舎の環境づくり

ミミヒダハゲワシの禽舎（仕様の目安）

ミミヒダハゲワシは猛禽の中でも特に噛む力、握力が強い。こうした身体能力の高さを考慮し、禽舎の仕様は格子ほか、堅牢な造りとしなければならない。

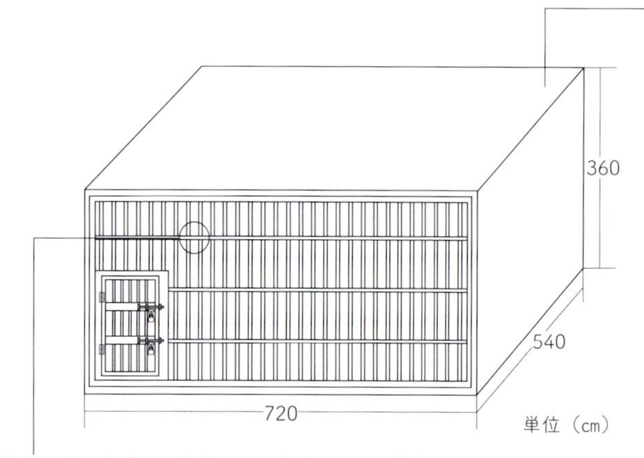

格子を折り曲げたり破壊されたりすることを防ぐ仕様が不可欠で、丸鋼の直径は10㎜以上、タテ100㎜×ヨコ30㎜平方間隔を最低条件と考えたい。

水場の仕様の注意点

- 本種は高温に弱いため、気温の上がる夏季には水場に浸かる姿もしばしば見られる。
- 水場を好む本種の飼養では禽舎内が不衛生になることも少なくない。床面に排水ドレンを設け、こまめな清掃を心がける必要がある。
- 水場の水は飼養個体の飲料用も兼ねており、常に清潔に保つことが重要となる。

本種はよく水に浸かるため、禽舎に全身が浸かれるほどの面積の広い水場を設ける必要がある。なお、その頻度は気温の高い日ほど多くなる傾向があることを覚えておきたい。

また、水場に溜めた水は彼らの飲料水としても使われるため、できるだけ清潔なものでなくてはならない。そのためには、水場には排水や給水の設備も必要になる。禽舎製作の際、これらの施工も必要となる。

排水管にはとりわけゴミや落ち葉が詰まりやすいことから、直径50㎜以上のドレン（管）を使用すると良いだろう。これより細いドレンを使用すると排水管が詰まることが多くなり、その都度禽舎内に飼育管理者が入室しなければならなくなる。これは飼育個体にとって大きなプレッシャーとなる。ちなみに本種をはじめとした大型の猛禽類は日本の水道水に含まれる塩素などの薬品に強い。このため、水道水をそのまま彼らの飲料水として使用することができる。

なお、禽舎に餌棚を設置する際、水場に食べ残しが落ちるような位置に取り付けないように注意したい。これも水場を清潔に保つためには重要なことだ。

飼育温度の目安	0～30℃
飼育禽舎の目安	W720×D540×H360（cm）以上
餌やり頻度の目安	一日一回

保定と調教の注意点

ミミヒダハゲワシの調教

高い身体能力を有する本種では、重大事故を防ぐための念入りな調教が必要となる。また管理者自身が攻撃を受けないための工夫も必要となる。

調教の際に留意すべき3つの事項

① **両足の足革をしっかりと握ること**

調教が進むに連れ、腕に乗せた際に問題行動を起こさなくなるが、初期には特にしっかりと足皮を握り身動きができないようにすることが重要だ。

② **調教者の顔と飼養個体の嘴との距離を十分にとること**

本種は特に噛む力が非常に強いため、嘴による攻撃には十分に気をつける必要がある。頭部と飼養個体の距離を保つことで重大事故を予防する。

③ **飼養育個体を載せていない手にも手袋を着用すること**

飼養個体の動き次第では乗せていない方の手で防御などをしなければならないことも考えられる。そのため、反対の手にも必ず手袋を装着することが重要。

フリーフライトは不可

大型かつ高い身体能力をもつ本種の飼養では管理者以外への危険についても十分な配慮が必要となる。フリーフライトは不可、施設内での管理にも注意しなければならない。

室内の飛翔でも強度のある忍縄を

非常に力が強いことを考えると、室内での飛翔の際に装着する忍縄にはナイロン製・3㎜以上のロープを用いること。

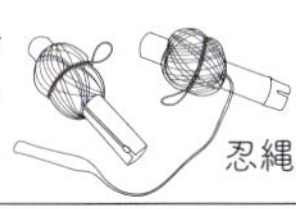

ハゲワシ類は攻撃時に鋭い鉤爪を使い、足指で握る攻撃はしないとも言われているが、本種のほかクロハゲワシ*Aegypius monachus*、ミミカザリハゲワシ*Sarcogyps calvus*、シロガシラハゲワシ*Trigonoceps occipitalis*、ズキンハゲワシ*Necrosyrtes monachus*、エジプトハゲワシ*Neophron percnopterus*、ヤシハゲワシ*Gypohierax angolensis*、ヒゲワシ*Gypaetus* barbatusなどは鉤爪が鋭いだけでなく、握りもかなり強いため十分に注意する必要がある。

また本種の噛む力はハクトウワシ*Haliaeetus leucocephalus*（80頁）よりも強く、握る力はイヌワシ*Aquila chrysaetos*（70頁）に匹敵する。こうしたことから、特に想定外の動きをすることもある調教の初期には両足の足革をしっかりと握り、調教者の顔と、飼育個体や嘴との距離を十分にとることが重要だ。さらに場合によっては飼育個体を乗せていない方の手にも手袋を装着する必要がある。

このような本種の噛む力、握る力の強さを考えると、調教者だけではなく第三者に対する安全性も十分に確保しなければならない。また、長距離の飛翔を苦としない本種ではフリーフライトは避けるべきで、飼育施設内での調教においても登山用のナイロン製3㎜以上のロープを忍縄として使用する配慮が必須となる。

飼養管理のキーポイント

難易度の高い本種の飼養のポイント

本種は猛禽類の中でも特に飼養の難易度が高い。その理由の1つは強靭な肉体をもつことであり、もう1つは足回りのトラブルが多く発生するためである。ここではそれらの特徴を踏まえた仕様管理のポイントを紹介する。

ミミヒダハゲワシに多い足のトラブル

① 足革によりふ蹠が擦り剥けてしまう

足革のサイズを現状よりも若干ゆとりのあるサイズとすると良いだろう。なお、足革の素材はグローブに使用する皮革を使う。こうした皮革素材はレザークラフトの素材を販売しているメーカーで切り売りしている。

② 寒さによる血行不全

禽舎内の止まり木に人工芝を巻く、餌棚の素材をコンクリートから木製に造り変えるなどにより緩和できる。症状が進行すると指先が欠損してしまうこともあるため侮れない。

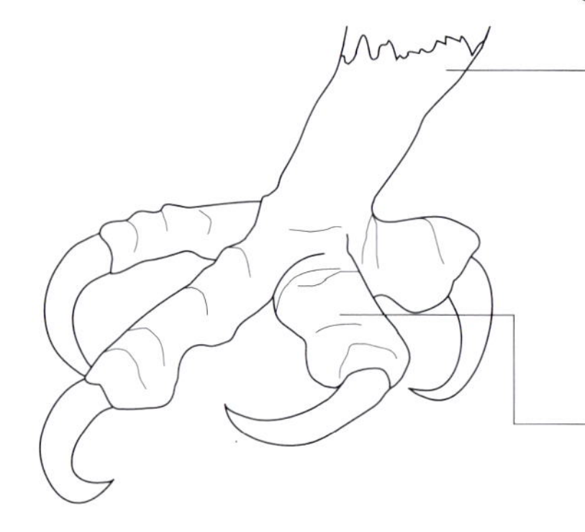

足革のサイズが合っていないことで擦過傷などが起こることがある。足革と足の間に数mm程度の隙間ができるくらいに余裕をもたせることで、症状を緩和できるケースが多い。

冬～春にかけて多いのが寒さによる血行不全で、重篤な場合には指が欠損することもある。早期発見のため、管理者が日頃状態を確認することが大切で、ふ蹠が赤みを帯びてきた場合などには禽舎内の環境を再考する必要がある。

性質を考慮した禽舎の仕様に

食物連鎖の頂点にいる本種だが、その移動方法は主に飛翔に頼っており、地上を歩行することは得意とは言えない。そのため、禽舎の高さを抑えることで攻撃性を抑えることができる場合がある。そのほか、本種の性質を考えた際の禽舎製作の留意点は右の通りである。

性質を考慮した禽舎の留意点

- 運動不足解消のために底面積の広い禽舎とする。
- 禽舎の高さは低くし、飛翔による問題行動をできるだけ抑える
- 禽舎内に設置する止まり木は１カ所ないし２カ所とし、他の種よりも少なくする。

本種を含む猛禽類は食物連鎖の頂点にいる。なかでも本種およびクロハゲワシ*Aegypius monachus*はハゲワシ類の中でも特に強靭な肉体をもつ種である。とはいえ、同じように食物連鎖の頂点に立つライオンやトラなどの肉食獣と異なり、体の構造は地上での活動に適しているとは言い難い。彼らの体はあくまで「飛んで逃げること」を優先したつくりになっているのである。

こうした習性から、飼育下でも「飛んで逃げること」を目的に暴れまわることを常に念頭におく。

足革の装着、症例と対応策

ハゲワシとコンドルは、大きくは同じタカ目(Accipitriformes)に分類されているものの、さらに細かい分類ではタカ亜目(Accipitres)とコンドル亜目(Cathartae)とに区分されている。そのため、実はそれほど近い系統にある動物群ではないのだが、形態的には類似点が多く、したがって身体的トラブルや疾病も同じような部位に発生する傾向がある。ここではその中でも特に問題とされることの多い2つの症例を紹介する。

まず1つ目に多いのは飼育個体をつないでいる中で、ふ蹠が擦り剥けてしまうトラブルだ。これは使用している足革のサイズが合っていない場合や、足革の素材が硬すぎる場合に起こるケースが多い。

これを防ぐためには、まず足革をそれまでより少しだけゆとりのあるサイズにすることだ。さらに素材は滑らかで強度のある(野球の)グローブ製作用の革を使うとよいだろう。そのほか、装着後にはできる限り足革を濡らさないことも重要だ。足革は水分を含むと硬質化が進み、猛禽の足にかかる負担がより大きくなるのである。

足革の素材には革ではなく、ナイロンなど化学繊維の紐を編み上げたものを使う場合もあるが、その場合には月日が経過することで硬くならない素材を選ばなくてはならない。

2つ目に多いトラブルとしては、寒さによる血行不全があり、指先が徐々に欠損してしまうこともある。これを防ぐためには、飼育個体を地表より高い場所につなぎ、止まり木に人工芝を巻く。また、餌棚をコンクリートや岩などではなく、木製にすることで寒さを緩和することもできる。

この項で紹介した内容で飼育ができる主な種

ミミヒダハゲワシは本種1種のみがミミヒダハゲワシ属に分類されている。同様の飼育方法で管理できる主として2種を挙げた。

クロハゲワシ
Aegypius monachus

ヒゲワシ
Gypaetus barbatus

環境省が定めた飼育施設の基準

・禽舎の形態
金網おり(菱形金網)

・禽舎の規格(仕様)等
直径3.2㎜以上、網目25㎜以下の菱形金網を使用すること。

・出入り口等
内戸:内開き戸、上げ戸又は引き戸
外戸:外開き戸、上げ戸又は引き戸

・錠
内戸及び外戸の錠は、それぞれ1箇所以上とすること。また、施錠部に動物が触れない構造とすること。

・間隔設備
人止めさくとおりとの間隔:1m以上
高さ:1.5m以上

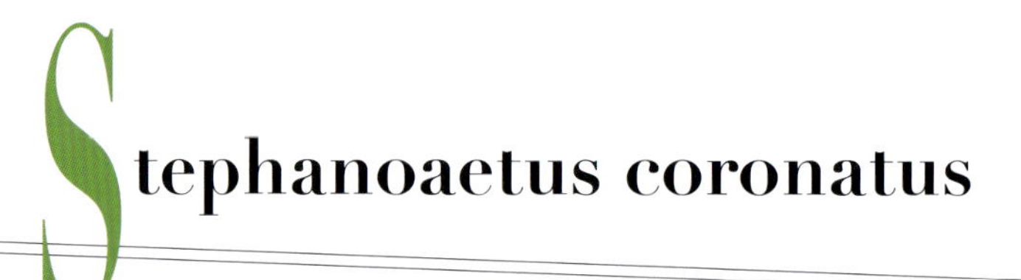

Stephanoaetus coronatus

カンムリクマタカ

Crowned Eagle

DATA

分類	ワシタカ目ワシタカ科クマタカ属	寿命の目安	10～15年
分布域	アフリカ大陸中部～南部	主な餌	サルやレイヨウ、ハイラックスなど中型動物
生息域	熱帯雨林	繁殖について	未詳

霊長目をも襲う最強クラスのハンター

A：後頭部に黒い冠羽をもち、嘴も黒ずんでいる。B：非常に強い握力を持っており、小型の霊長目のほか、時にはマントヒヒを餌食とすることもあるという。また、過去にはヒトが襲われる被害も記録されている。

アフリカ南部の熱帯雨林に生息するカンムリクマタカは全長80～90cm、翼開長は200cm程度で、頭上の冠羽が大きく、よく目立つことからその名がある。

非常に強い握力をもつ鳥として知られ、その力は100kgにも及ぶとされる。主にアビシニアコロブス*Colobus guereza*（オナガザル科の霊長類）やハイラックス（イワダヌキ）、レイヨウの仲間（ウシ科の偶蹄類）など自分より大きな中型動物を餌としているほか、若いマンドリル*Mandrillus sphinx*が襲われた記録もある。

さらに過去にはヒト*homo sapiens*の子が餌の霊長類と間違われて本種に襲われた事故も起きている。こうしたことから、本種が地球上で最強の猛禽だとする人も少なくない。飼育の際にはくれぐれも堅牢な設備を用意し、有識者のアドバイスを十分に受けた上で臨むことを心がけるべきである。

営巣は20mほどの樹上で行われ、5～6カ月ほどの長い期間をかける。ただし、一度作られた巣は親鳥から子へ何代にも渡って受け継がれ、長い期間使用されることも多い。時に半世紀以上にも渡って使われているカンムリクマタカの巣が見つかることもある。

飼育禽舎の環境づくり

カンムリクマタカの禽舎（仕様の目安）

野生下では霊長目を餌とすることもある本種の握力は非常に強い。そのため、禽舎の格子や扉の仕様には細心の注意を払う必要がある。

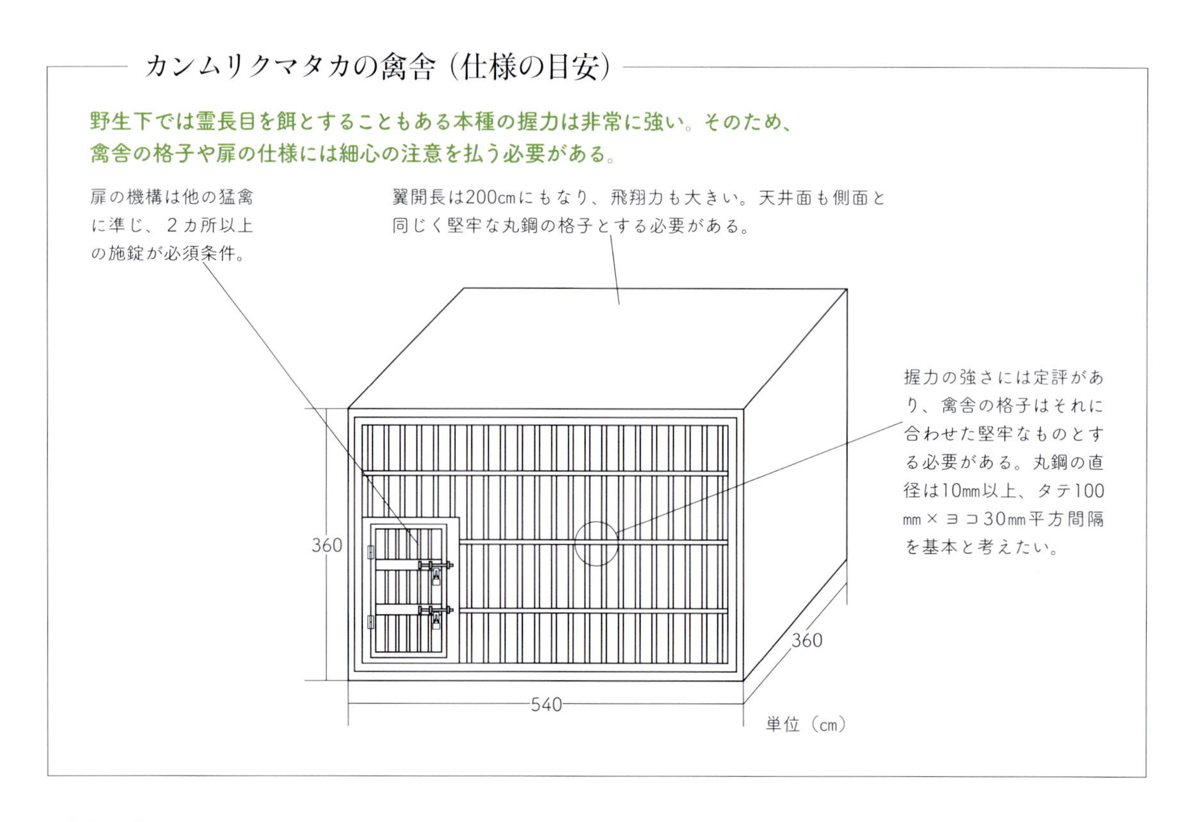

趾（あしゆび）の力は猛禽の中でも上位に値する。そのため、堅牢な禽舎が必要なことはもちろん、保定の際には細心の注意が必要になる。

はじめに両脚を押さえて腹ばいにし、傷つかないよう慎重に両翼を握る。この時、両翼は両脚と一まとめで（同じ手で）握ること。

本種は趾による「握る力」だけではなく、「脚を曲げ伸ばしする力」も非常に強いことを覚えておきたい。また、ふ蹠のサイズが太く、やや短めであることも頭に入れておく必要がある。

次に体にタオルを巻くなどして翼を開くことを防ぎ、頭部にはフードを装着させる。これは本種がイヌワシ*Aquila chrysaetos*やカタジロワシ*Aquila heliaca*のようなイヌワシ属と比べると嘴による攻撃の割合が高く、なおかつその攻撃力が高いためだ。

ここまで作業が進めば、あとはよほど油断をしなければ事故を招くようなことはないだろう。ただし、万全を期すために、女性や未成年者などの体力のない者が単独で保定作業を行うことは避けるべきだ。またそれ以外の成人男性であっても、単独での作業は避け、必ず2人以上の立会いのもと、室内で作業にあたるべきである。

飼育温度の目安	0～30℃
飼育禽舎の目安	W540×D360×H360（cm）以上
餌やり頻度の目安	一日一回

猛禽のプレッシャーの原因は

カンムリクマタカのプレッシャーとなる事象

飼育下の個体では外的ストレスに対する反応は「逃亡」という形で示すことが多い。それによりパニック状態になることもある。本種の飼養下で、下記のような事象はなるべく避けるべきである。

1. 急に発せられる大きな音
野生下では安全だと判断できる場所まで飛び去ることで危険を回避する。しかし飼養禽舎の中では遠くへ飛び去ることはできず、暴れるなどの危険な行動へとつながる。

2. 他者の素早い動き
ヒトや他種の生物が素早く禽舎に近づくなどした場合、彼らも飛び去ろうとする。しかし禽舎内の限られた空間では格子に激突するなどし、負傷することとなる。

3. 背後からの接近
猛禽類は獲物を効率的に捕えるために視覚を発達させた。具体的には目が正面に固定され、両眼視できる範囲が広くなったのである。しかしその分、後方に死角が生じるため、他者が後ろから近づいてくることを嫌う。

4. 他種の生物が近くに接近
中型以上の猛禽類ではネコほどのサイズであれば返り討ちにする種もいる。しかし、ほとんどの猛禽はネコやイヌなどの生物を恐れる。

5. 棒などの長いもの
猛禽も鳥類の1種であり、普段は枝などの長い物体に止まっていることが多いが、こうした長いものが近くで動くことに対しては脅威を感じるようだ。

カンムリクマタカの保定
本種は「握る力」に加え、足を曲げ伸ばしする力も非常に強い。そのため、保定にあたっては細心の注意が必要だ。

1　はじめに両脚を抑えて腹ばいにする
2　傷つかないように慎重に両翼を握る
3　タオルを体に巻き、頭にフードをかぶせる

※なお単独での保定は避け、必ず2人以上の立会いのもと、屋内で作業に当たらなければならない。

種は野生下では食物連鎖の頂点に君臨しているが、何らかの理由で危機を感じた際、反撃するよりも対象から逃げることに重点を置いている。これは本種に限らず、猛禽全般の特徴である。ではどのような時に彼らは危機を感じるのか。主な例を上記に挙げた。

餌やりの注意点と拒食

オスとメスで体のサイズがかなり異なるため、餌の量もそれ相応に変える必要がある。まず、オスはやや小柄な傾向があるため、調餌済みのウズラを1日あたり300〜500g程度与える。一方、サイズの大きなメスには1日あたり500〜720gとする。

餌の量は性別の違いのほか、季節や飼育個体の状態によっても変える必要があるが、時にはそのコントロールがうまくいかず、拒食を起こして極度に痩せてしまうケースもある。拒食の原因は無理なウエイトのコントロールのほか、ペアで禽舎に飼育している場合にもしばしば見られる。つまり、体の小さなオスがメスのプレッシャーにより餌を食べられないことなどである。

雌雄の餌やりの違いと拒食時の対応

雄への給餌	雌への給餌
肉を叩き、消化しやすくしたうずらを1日あたり350〜500g与える	雌と同様の調餌を施したうずらを1日あたり500〜720g与える

拒食の措置（軽度の場合）
雌雄を同じ禽舎で飼育することにより虚飾を起こすケースが多く見られるため、まずは雌雄を隔離し、室温調整などにより飼養個体を温めた上で餌を与える。この時、餌はウズラの筋肉のみを与えると良いだろう。

拒食の措置（重度の場合）
飼育個体を鷹箱に入れて保温し、ウズラやスズメ、ハトなどの筋肉を1切れ3〜10g程度に細かくした上で叩いて温める。これをビタミンB群と場合によりビタミンA、そして5％以下のブドウ糖に浸して与える。なお、最初に与えた餌が「そ嚢」から完全になくなったのを確認してから次の餌を与えること。

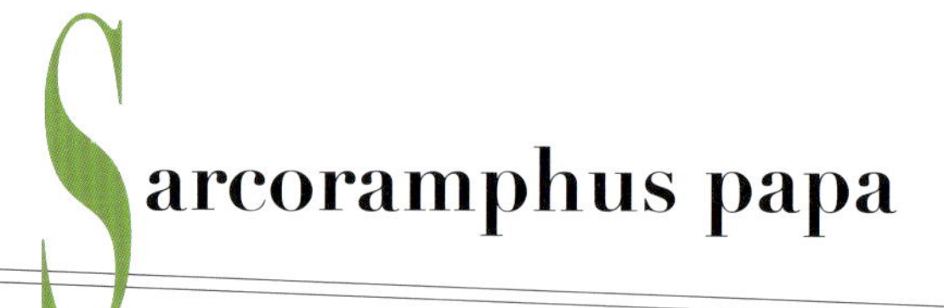

トキイロコンドル

King vulture

DATA

分類	ワシタカ目コンドル科 トキイロコンドル属	寿命の目安	30年程度
分布域	メキシコ～南米大陸	主な餌	大型動物の屍肉
生息域	熱帯雨林と周辺の草原地帯	繁殖について	未詳

頭部の色合いは成長とともに

A：翼を広げたところを背面から見ると黒（風切羽、尾羽）と白（その他）のはっきりした体色がわかる。B：体長は70〜80cm、翼長は150cm前後と、他のコンドル科の種と比較するとやや小柄。C：明るいオレンジの肉垂と下方に反った赤い嘴をもつ。こうした頭部の特徴的な色合いは幼鳥時には見られず、成長とともに変化してゆく。

赤、紫、黄、黒…と様々な色で構成された頭部。他の鳥にはない独特な色合いで、その外見は一度見たら忘れられないような強烈なインパクトがある。もっとも、こうした色彩は成鳥特有のもので、幼鳥のうちは全身が黒褐色の地味な色をしている。生息地は南米大陸東部の熱帯多雨林で、森林伐採などの影響で個体数は減少の一途をたどり、現在ではかなり個体数が少なくなっている。

大型動物の厚い皮も噛み切れる短い嘴は、餌としている動物の死体（腐肉）をついばむのに適しているが、時に小動物や魚など生きた生物を襲って食べることもある。

他の猛禽類と異なり営巣場所は樹上高い場所ではなく、木の低い位置にある洞や木陰に巣を作る性質をもつ。卵は一度の産卵につき１つで、雌雄が交代で卵を温める。また、孵化した幼鳥の世話も雌雄が共に協力して行う。

英名の「King vulture（コンドル王）」の由来については、同じ地域に生息するクロコンドルやヒメコンドルなどから餌を奪う性質によるという説の他に、古代、マヤ文明において神の遣いの鳥とされたことからという説もある。

飼育禽舎の環境づくり

トキイロコンドルの禽舎（仕様の目安）

コンドル類の中では比較的体が大きくない本種だが、噛む力は他種と同様に強い。禽舎に使う丸鋼の接合点は必ず2点以上とし、剥離や破損に備える。

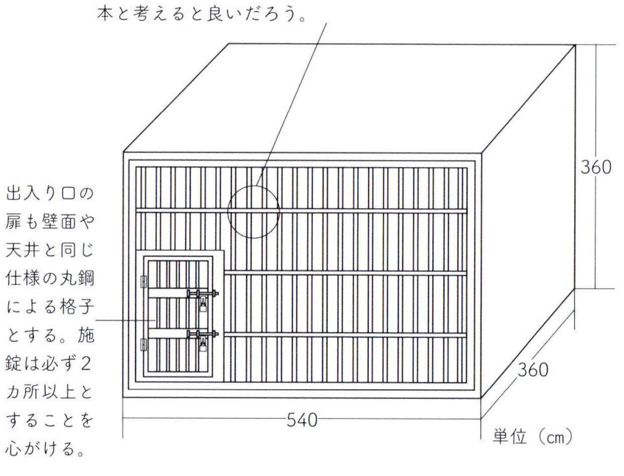

本種も他のコンドル類と同じく噛む力が強く、鋭い嘴を持つ。アゴの力は頭部のサイズや骨格から想像されるものよりもはるかに大きく、危険であることは間違いない。しかしコンドル類は全般に飼育によるストレスに強く、人にもよく慣れる性質をもつ。それだけに毎日の飼育管理は、飼育個体とのコミュニケーションによる信頼関係の構築が中心となる。

「高等動物」と呼ばれる進化した動物では全般にいえることだが、学習したことがそのまま行動に生かされる。本種もその例にもれず、学習と日常の行動が強く結びついている。

これまでにたびたび動物園の飼育担当者から、本種について「調教をしなくても飼うことができる」という話を聞いてきた。また「自然の姿を展示したいので当園では動物を調教しない」と断言する関係者とも話をしたことがある。

彼らが何を言いたいかはわかるが、専門施設の関係者という立場を考えると納得しかねる部分もある。なぜなら野生動物（野生種）が人工の禽舎の中でさしたる問題もなく暮らせるということは、それ自体が調教だからだ。

飼育温度の目安	0～30℃
飼育禽舎の目安	W540×D360×H360（cm）以上
餌やり頻度の目安	一日一回

給餌の際のポイント

トキイロコンドルの給餌

栄養面や嗜好性を考えた時、トキイロコンドルをはじめとしたコンドル類の餌としては、ウズラが最も適している。ここでは給餌の量と手順を紹介する。

給餌のポイント

① 餌として与えるウズラは消火器を含む内臓、頭部、脂肪、翼（羽）、足を除去する。

そのまま与えても問題はないが消化、栄養バランスを考えた際にこうした加工処理を施した方がよりベターだと考えられる。

② 餌の量は雄：360～600ｇ／日、雌：300～450ｇ／日。

雄、雌で体のサイズが異なる。飼養個体の肥満防止のためにはこの量を目安とするのが良いだろう。

③ 月に１～３日程度、ウズラの代わりにヒヨコを与える。給餌量は雄雌ともに400～600ｇ／日。

栄養バランスを考慮し、ウズラのほかにヒヨコを給餌ローテーションに加える。成体であるニワトリは脂肪分が多いことなどから望ましくない。

内臓、頭部、脂肪、翼（羽）、足を除去したウズラの肉を与える。より消化しやすくするためには肉を叩く、温めるなどすると良いだろう。

長期飼養のため肥満には注意

餌のウズラは必ず調餌処理する必要がある。特に脂肪を残したまま与えると肥満を招く恐れがあるためだ。またニワトリは脂肪分が多いため、恒常的に与えることは避けたい。ただし幼体（ヒヨコ）であれば脂肪分は多くないため、給餌ローテーションに含めても良いだろう。

コンドル類の拒食について

コンドル類では飼養開始から１週間程度は餌を食べないことがよくある。原因の多くは環境の変化や輸送のプレッシャーによるもので、しばらく時間を経過すれば拒食は解消されることが多い。

本種をはじめとしたコンドル類が禽舎の中で餌を食べるとしたら、それ自体がすでに環境に慣れた証といえるだろう。まして、人為的に繁殖されたものではない野生の個体が初めから人の手を加えた餌を食べるということはまずあり得ないと思っておいた方が良い。

本種の給餌にあたり、まず当然のこととして知っておくべきことがある。猛禽は餌を食べなければいつかは死んでしまう。そのため、彼らが自ら餌を食べるようなトレーニングは不可欠だ。しかし（もちろん飼育の経験がなく、こうしたことを知らなければ分からなくて当たり前だが）捕獲され、輸入された猛禽が餌を与えれば最初からスムーズに餌を食べると考えている人が意外に多い。もちろん種や個体による差はあるが、多くの場合はそうはいかない。

これまでの経験からすれば英語で「ペレグリンファルコン」と呼ばれる、市場に比較的頻繁に流通する小型の猛禽が輸入された際、一週間程餌を食べないのはごく当たり前のことだ。そして本種をはじめとしたコンドル類もまた同じだと考えられる。では、なぜ飼育初期の彼らは餌を食べないのか。また、どうしたら食べるようになるのだろう。

感染症など、分かりやすい理由が見当たらない場合、餌を食べない要因は「神経性無食欲症」、つまり何らかの心理的プレッシャーが原因となっている可能性が高い。

この場合のプレッシャーの要因は人との接触が主たるものだが、他に「輸送によるもの」「新しい環境」などが原因となっているケースもある。これらはしばらく時間を置くことで解消できるだろう。

飼育禽舎内の設置物について

止まり木、水入れの注意点

禽舎内には止まり木、水入れを設置。それぞれは本種の生態に合わせたものが必要となる。特に止まり木は形状により足周辺のトラブルを引き起こす可能性があるので要注意だ。

足革の注意点

① 厚さと耐久性を備えたグローブ用の皮革を

足革には、厚さと耐久性が高い野球のグローブ用の皮革を使用する。この生地はレザークラフト用品店などで入手できる。

② ハトメを飲み込んだ場合

足革だけでなく固定用の金属部品（ハトメ）をも食いちぎって飲み込んでしまうことがある。こうした場合は外部からマッサージすることにより口腔内まで押し戻して取り除く。

水入れは飲用に特化

本種は水中に体を沈めることは少ないため、それほど深い水深は必要ない。禽舎内に設置する水入れは深さ３㎝以上を目安とすると良いだろう。

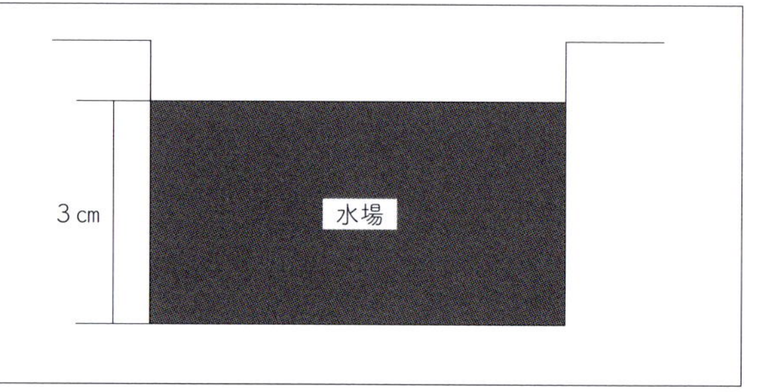

餌は消化器を含む内蔵、頭部、脂肪、翼、足などを除去したウズラを与える。餌の量は１日あたり雄なら360〜600ｇ、雌なら300〜450ｇを目安とする。また１カ月に１〜３回ほど、ウズラの代わりとして400〜600ｇ程度のヒヨコを与えるとよい。これはウズラだけだとビタミンAなど、一部の必須栄養素が不足する心配があるためだ。

ウズラとヒヨコとをバランスよくローテーションすることで肥満や臓器疾患など、給餌を原因としたトラブルを予防することができるだろう。

止まり木は直径７〜10㎝ほどの太さのものを高さ130㎝付近、200㎝付近にそれぞれ１本ずつ設置するとよいだろう。なお、これら２本の止まり木の間隔は最低でも180㎝以上離し、壁からも120㎝ほど離して設置すること。

飲み水は表面積の広い容器を用意し、水深も３㎝以上は必要だろう。止り木の太さは直径７〜10㎝ほどのものを高さ1.3m付近に一本、２m付近に一本。そしてこの２本の止り木の間隔は1.8m以上は開けるべきであり、壁からも1.2mほど間隔をあけて設置することで、優れた環境エンリッチメントを作り出すことができる。

なお、この止まり木は麺棒のような均一の太さに加工されたものではなく、表面の隆起等に統一性の無いものを選ぶことが重要である。これは生体の足の裏の同一箇所に負担がかかりすぎないようにするためで、これにより血行障害や細菌感染の予防につなげることができる。

足革の装着とトラブル

大型・小型を問わず、コンドル類はふ蹠から下、つまり１ふ蹠、２足指、３爪のトラブルが多く、足革（ジェス）を装着する際には十分な注意が必要だ。

小型種であれば、水濡れに強いカンガルー革を使用した足革を使うことができる。これは革靴を作る際に使われるものだ。ただし厚めの丈夫なもの、噛みちぎられる心配のないものを選ぶことが重要だ。本種を始めとしたコンドルはなめした皮でさえ食べてしまうことがあるためである。

大型種に至っては野球のグローブを作る際に使われる、かなり厚さのある革を使う必要がある。もっともそれでさえ噛みちぎる個体がいるため、くれぐれも注意が必要だ。

なおコンドル類は噛みちぎった足皮（ジェス）を食べてしまう際、取り付けに使用された金属（ハトメ）を同時に飲み込んでしまうことがある。多くの場合には、翌日中に吐き戻すため心配ないが、素嚢に異物が確認できるようであれば、マッサージによって喉から口腔内まで押し戻し、取り出すことができるだろう。

この項で紹介した内容で飼育ができる主な種

本種も一属一種でトキイロコンドル属（*Sarcoramphus*）に分類。比較的近縁なコンドル科のいくつかの種では同様の飼育法で管理が可能だ。

クロコンドル
Coragyps atratus

ヒメコンドル
Cathartes aura

環境省が定めた飼育施設の基準

・禽舎の形態
金網おり（菱形金網）

・禽舎の規格（仕様）等
直径3.2㎜以上、網目25㎜以下の菱形金網を使用すること。

・出入り口等
内戸：内開き戸、上げ戸又は引き戸
外戸：外開き戸、上げ戸又は引き戸

・錠
内戸及び外戸の錠は、それぞれ１箇所以上とすること。また、施錠部に動物が触れない構造とすること。

・間隔設備
人止めさくとおりとの間隔：１m以上
高さ：1.5m以上

Vultur gryphus

アンデスコンドル

Andean Condor

DATA

分類	ワシタカ目コンドル科コンドル属	寿命の目安	50～60年
分布域	南米大陸西部～南部	主な餌	大型動物の屍肉
生息域	山岳地帯を中心に海岸付近にも生息	繁殖について	繁殖期は未詳。5～6年で性成熟

アンデスの高地に住む巨大な鳥

A：標高3,000m以上の高地に生息、優れた嗅覚・視覚をもち、上空から餌となる動物の腐肉を探す。B：翼長は３m近くにもなる巨大な鳥だが、生きた動物を襲うことはない。C：オスは頭部に鶏冠状の肉ヒダがあることで区別できる。

「世界最大の猛禽」と呼ばれ、開翼長は300cmにもなる。生活域は標高3,000m以上の高地で、活動範囲は広く１日に200km以上を移動することも少なくない。ただし、羽を羽ばたいて飛行することは得意ではなく、上昇気流を掴みやすいように羽の前後の幅が広いのが身体的特徴の１つだ。

巣は高山の断崖に作り、１度の産卵で１～２個、長辺が10cmほどで重さ280ｇ程度の卵を産む。50～60日で孵化した雛は約半年かけて飛行、巣離れする。成鳥になってからも集団で暮らし、嘴を使ったつつき合いなどでコミュニケーションを図っている。

餌の多くは他のコンドル科の鳥と同じように死んだ動物の肉（腐肉）だが、そうした獲物が少ない状況では家畜など、生きた動物を襲うこともある。ただし、他の猛禽と異なり足の握力がそれほど強くないため、主に爪よりも嘴を使って攻撃する。

腐肉をあさる際、感染症などの原因となる細菌がつかないように、首から上には羽毛が生えていない。これは雌雄ともに見られる特徴だが、オスでは頭部に突起様の鶏冠ができるため、性別を判断することは難しくない。

飼育禽舎の環境づくり

アンデスコンドルの禽舎（仕様の目安）

体が非常に大きくなる本種の飼養に必要な禽舎は、非常に堅牢なものとしなければならない。特に格子の接合や、禽舎内部に設置する巣棚の仕様には十分な配慮が必要となる。

禽舎内部の北あるいは西、東などから北西に向けて、床面から200～250cm付近に巣棚を設置する。この巣棚は一端が角と接する場所とすること。長さは400cm、幅150～180cmの巨大なものが必要となる。素材はコンクリート製とし差し筋により格子と接合し強度をもたせる。

扉は猛禽の他種と同じく、2カ所以上の施錠を必須とする。

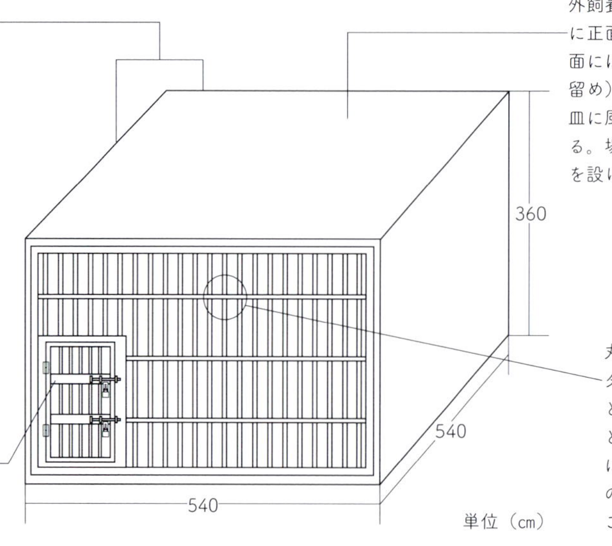

外飼養の場合、南西から東の間に正面を向けるようにし、天井面にはデッキプレート（ボルト留め）などで屋根を設置して巣皿に風雨が当たらないようにする。場合により正面にも風よけを設ける。

丸鋼の直径は10mm以上、タテ100mm×ヨコ30mm平方とし、接合も強固にすること。2点以上を最低条件に、可能であれば上下左右の接合点4箇所を溶接することが望ましい。

舎の大きさの目安は本種が止まり木の上で翼を広げた際、両端がぶつかることがない程度と考えたい。これは繁殖期に本種が無理なく交尾を行うために必要なスペースの基準でもある。

また禽舎の正面は南西から東の間とする。そして北西部分の角に、一辺が角と接する形で長さ400cm、幅150～180cmの棚を設置する。なお、巣棚は禽舎の構造を考えると地上から200～250cm程度の場所に設置することが望ましい。これは管理上の利便性も考慮した高さだ（これ以上高い位置では管理が難しい）。高い岩場などに営巣する本種において、できるだけ禽舎の上部に巣棚を設置する方が良いが、管理の難易についても考慮する必要がある。

巣棚の上には全体を覆うことができるサイズの屋根を取り付けるほか、禽舎の両サイドや正面には風除けの壁を設置すること。禽舎のサイズを考えると屋外飼育が予想される。

止まり木は太いものを使用する。そして、複雑な形状にしたり、入り組んだ取り付けをしたりしてはならない。この止まり木は生体が巣棚へ登るステップとしての役割もある。その点を考慮して場所を選択する必要がある。また、個体のサイズに合った太さとすることが重要だ。

飼育温度の目安	0～30℃
飼育禽舎の目安	W540×D540×H360（cm）以上
餌やり頻度の目安	1日1回

保定と給餌の注意点

給餌の際にも危険が伴う

噛む力の強い本種で特に気をつけたいのが、給餌の際である。調教により従順化した個体でも誤って事故につながるケースがある。下記に給餌の際の留意事項を挙げた。

① 手に握る餌の大きさ

餌の量を小さくし、一度に食べられないサイズとすることで噛みつきによる事故を予防する。

② 餌と飼養個体を乗せる位置との角度

必ず十分な距離を保つこと。また飼養個体と正対すると攻撃を避けにくい。常に管理者の頭部が飼養個体と正対しないように注意。

③ 餌を握る力と握り方（指の開き方）

指の開き方によっては、飼養個体が指にかじりつく事故が起きる。逆に手を完全に開いてしまうと手のひらを嘴で攻撃されることになる。飼養個体が餌を咥えやすい程度に指を開くこと。

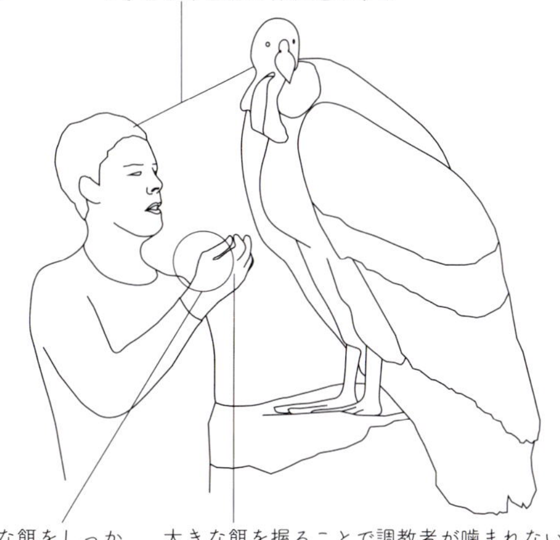

トレーニング次第で給餌が容易なコンドルも

猛禽はおろかコンドル類の中でも特に巨大化するのがアンデスコンドルだ。しかし、コンドルの中には調教次第では比較的安全に給餌を行うことができる種もいる。右にあげたような種はそうした入門者向けのコンドルといえるだろう。もっとも、入門向けとはいえ顎の力は決して侮れない。禽舎サイズ、扱いの際に細心の注意を怠ってはならない。

入門者にもオススメのコンドル類

下記は体が比較的小さく、初めてコンドルを飼養する場合でも比較的、事故の少ない種といえるだろう。

- ・クロコンドル*Coragyps atratus*
- ・ヒメコンドル*Cathartes aura*
- ・キガシラコンドル*Cathartes burrovianus*

本種は人の指を噛みちぎるほどアゴの力が強いとされるが、これまでの経験からするとよほど細い指でなければちぎれるようなことはない。私自身もこれまで指に噛みつかれたことがあるが、ちぎれてはいない。むしろ飼育管理にいくつかのポイントがある。

まずは給餌についてのポイントだ。小型のクロコンドル*Coragyps atratus*やヒメコンドル*Cathartes aura*であれば、毎日のトレーニング次第で手から危なげなく餌を与えることもできるが、本種はこれらに比べると格段に大きくなる。したがって噛まれた場合には相当な痛みを生じ、指はともかく、皮膚くらいであれば噛みちぎられることもある。調教の際には調教者が十分に慣れるまで、革手袋を装着したうえで餌を与えるか、トングを使うなどの配慮が欠かせない。

また、本種を腕に乗せた際、調教者の顔に攻撃してくることがある。この時、飼育個体を乗せた腕の方の手に十分な大きさの餌を握り、長時間かけて少しずつかじらせることで、調教者の顔から気をそらせることができる。その際に注意すべき点は１手に握る餌の大きさ（一気に食べられない大きな餌）、２餌と本種を乗せる位置との角度（攻撃をかわせる位置に据えること）、３餌を握る力と握り方（指の開き方）の３点である。

餌の量と種類、与え方

アンデスコンドルの給餌

給餌のプロセスで知っておくべき点を下記に紹介する。なお、これらは南半球を原産地とする大型猛禽の多くで流用可能なポイントだ。

給餌のポイント2点

① **餌は小型の鳥類を与える。**

種類はウズラが入手しやすく、栄養バランスも優れている。内臓、頭部、脂肪、翼（羽）、足などを除去して与える。

② **給餌量は雄が630〜900g、雌が540〜810gとする。**

この数字を基本に、飼養個体の大きさや季節（気温の寒暖による代謝量を考慮）などにより餌の量を決定する。

ウズラは調餌処理をして与える。なお本種は魚類の嗜好性が高いが、ビタミンA不足となる場合が多く、サプリメントを添加して与える必要がある。

長寿なアンデスコンドル

アンデスコンドルは非常に寿命が長いことで知られ、平均では50年程度、時に60年以上も生きる個体もいる。飼養の際にはこうした寿命も考慮し、飼養が難しくなった場合の引き取り手を見つけておかなければならない。

たか目の主な寿命

・イヌワシ：約50年
・オオワシ：約20〜25年
・トキイロコンドル：約30年
・カンムリクマタカ：約15年

餌は他の猛禽類と同じようにウズラなど小型の鳥類を中心とする。魚類を与えてもよいのだが大きな利点はなく、ビタミンAの添加が必要になるなど、かえって手間になることも少なくない。

ウズラは与える前に頭や羽、内臓を除く調餌処理を行い、一度に与える量の目安は雄が630〜900g、雌が540〜810gとする。ただし季節や温度、気候、その時の体調により与える餌の量は変化する。例えば鳥屋（換羽）の時期にはより多くの餌を必要とするほか、気温の低い時期には保温のためのカロリー消費によりやはり多くの餌が必要だ。ほかにも雨天時や強風など荒天が予想される日の前後にも普段より多くの餌を与える必要がある。

なお、体調が悪いと考えられる際にも同じく多めの餌を与える必要があるが、コンドル類は治療のために必要な保定の前に餌を与えると吐き戻すことがあるため、さらに体調を悪化させる原因となるケースも考えられる。もちろん状況を見て、ということになるが、触診など、検査・診察が必要なことが事前に分かっている場合には、48時間前より給餌を中断することが必要な場合もある。

寄生虫の予防と駆虫

コンドル類には外部寄生虫が非常につきやすく、野生個体を捕獲した場合ではほとんど例外なく寄生虫に感染しているものと考えた方がよいだろう。一方、人為的に繁殖された個体であればそれほど寄生虫の感染に気を使う必要はないものの、長期間の禽舎内飼育や不衛生な環境で飼育した個体では寄生虫がついているケースもある。

飼育個体での感染媒介者は、カラスなどの野鳥だ。彼らが飼育個体の食べ残しを目当てに飛来を繰り返すことで、外部寄生虫が禽舎に蔓延することにつながっているケースが多い。

もっとも本種はこうした寄生虫の感染症には比較的強く、発病につながることは多くないが、何らかの影響により体調を崩した際には、感染症の発症リスクは高くなる。こうした場合に投薬による駆虫ができないわけではないが、こうした事後処理はできるだけ避けたい。それよりも外部寄生虫の侵入を防ぐ普段の予防措置が第一で、獣医師の指示に従い、飼育個体にフィプロニル（害虫駆除剤）を使うなど、日頃、禽舎のメンテナンスを心がけることが大切だ。

この項で紹介した内容で飼育ができる主な種

コンドル属（*Vultur*）は本種1種のみで形成する。非常に大型で特徴的な生態から飼育法も汎用性は薄いが比較的近い種としてカリフォルニアコンドル*Gymnogyps californianus*を挙げた。

カリフォルニアコンドル
Gymnogyps californianus

環境省が定めた飼育施設の基準

・禽舎の形態
金網おり（菱形金網）

・禽舎の規格（仕様）等
直径3.2㎜以上、網目25㎜以下の菱形金網を使用すること。

・出入り口等
内戸：内開き戸、上げ戸又は引き戸
外戸：外開き戸、上げ戸又は引き戸

・錠
内戸及び外戸の錠は、それぞれ1箇所以上とすること。また、施錠部に動物が触れない構造とすること。

・間隔設備
人止めさくとおりとの間隔：1ｍ以上
高さ：1.5ｍ以上

Column❷

危険な無脊椎動物

特定動物は、一定の手続き(6頁~)をして飼育許可を得れば愛玩用に飼育できる。しかし特定外来生物の愛玩飼育は絶望的だ。

生物の飼育に関連した規制が含まれる法律には、「動物愛護管理法」の他に「外来生物法」がある。この法律に基づいて定められた特定外来生物は、研究機関などによる研究目的を除いては飼育することができない。特定外来生物の全てのリストは本書6頁に記したリンク先をご参照いただきたいが、その中には本書で紹介した「特定動物」と異なり、哺乳類や鳥類、爬虫類といった脊椎動物の他に昆虫やクモ、サソリといった無脊椎動物も含まれている。

つまり無脊椎動物のうち毒をもつなどして危険とみなされ、特定外来生物のリストに入った種は愛玩を目的とした飼育はできないということだ。

特定外来生物に含まれている種は海外で死亡例が確認されているサソリやクモや、死亡例はなくとも毒を注入された際に重篤な事態を招く猛毒種が多いが、サソリの仲間などではそれほど毒が強くない種もリストに入っている(キョクトウサソリ科の一部など)。

特定動物のリストについても言えることだが、個体により性格が異なることなどを考えるとどの種がヒトにとって危険で、どの種が危険ではないかについての判断は難しい。管理飼育者としては万が一にも事故のないよう取り扱いに注意し、新たに規制が広がらないように自主管理をすることが重要だ。

昆虫・クモ・サソリの特定外来生物

タテハチョウ科 Nymphalidae
ゴマダラチョウ属(*Hestina*)
アカボシゴマダラ *Hestina assimillis*
*ただしアカボシゴマダラ奄美亜種 *Hestina assimillis shirakii* は除く。

カミキリムシ科 Cerambycidae
ジャコウカミキリ属(*Aromia*)
クビアカツヤカミキリ *Aromia bungii*

クワガタムシ科 Lucanidae
マルバネクワガタ属 *Neolucanus*
アングラートゥスマルバネクワガタ *Neolucanus angulatus*
バラデバマルバネクワガタ *Neolucanus baladeva*
ギガンテウスマルバネクワガタ *Neolucanus giganteus*
カツラマルバネクワガタ *Neolucanus katsuraorum*
マエダマルバネクワガタ *Neolucanus maedai*
マキシムスマルバネクワガタ *Neolucanus maximus*
ペラルマトゥスマルバネクワガタ *Neolucanus perarmatus*
サンダースマルバネクワガタ *Neolucanus saundersii*
タナカマルバネクワガタ *Neolucanus tanakai*
ウォーターハウスマルバネクワガタ *Neolucanus waterhousei*

コガネムシ科 Scarabaeidae
ケロトヌス属(*Cheirotonus*)(テナガコガネ属)
ケロトヌス属(テナガコガネ属)全種
*ヤンバルテナガコガネ(*C.jambar*)を除く
エウキルス属(*Euchirus*)(クモテナガコガネ属)
エウキルス属(クモテナガコガネ属)全種
プロポマクルス属(*Propomacrus*)(ヒメテナガコガネ属)
プロポマクルス属(ヒメテナガコガネ属)全種

ミツバチ科 Apidae
ボンブス属(*Bombus*)(マルハナバチ属)
セイヨウオオマルハナバチ *Bombus terrestris*

アリ科 Formicidae
ソレノプスィス属(*Solenopsis*)(トフシアリ属)
ヒアリ *Solenopsis invicta*
アカカミアリ *Solenopsis geminata*
リネピテマ属(*Linepithema*)(アルゼンチンアリ属)
アルゼンチンアリ *Linepithema humile*
ワンスマニア属(*Wasmannia*)
コカミアリ *Wasmannia auropunctata*

ベスパ属(*Vespa*)
ツマアカスズメバチ *Vespa velutine*
キョクトウサソリ科 Buthidae
キョクトウサソリ科の全属

ジョウゴグモ科 Hexathelidae
アトラクス属 *Atrax*
アトラクス属の全種
ハドロニュケ属 *Hadronyche*
ハドロニュケ属の全種

イトグモ科 Loxoscelidae
ロクソスケレス属(*Loxosceles*)(イトグモ属)
和名なし *Loxosceles reclusa*
和名なし *Loxosceles laeta*
和名なし *Loxosceles gaucho*

ヒメグモ科 Theridiidae
ラトロデクトゥス属(*latrodectus*)(ゴケグモ属)
ラトロデクトゥス属(ゴケグモ属)の全種

（上）インド、中東からアフリカ北部にかけて棲息するイエローファットテールスコーピオン*Androctonus australis*は、世界で最も毒の強いサソリの1つとされる。2003（平成15）年に岡山県で脱走事件が起こり、これが本種を含むキョクトウサソリ科（Buthidae）全種が特定外来生物に指定された原因になったともいわれる。
（右下）2017（平成29）年、全国6都道府県で見つかり、話題に登ったヒアリ*Solenopsis invicta*。中国、南北アメリカ、オーストラリア周辺が原産地で、日本へは中国から移入されたという。
（左下）強力な神経毒α-ラロトキシンをもつセアカゴケグモ*Latrodectus hasseltii*。過去にオーストラリアで本種の咬傷による死亡事故が記録されている。「ゴケグモ」の和名は交尾後にメスがオスを捕食するケースが多いことから付けられたもの。

第4部

かめ目

特定動物に指定されている「かめ目」の種は
ワニガメMacrochelys temminckiiの1種のみ。
強力なアゴと鋭い爪が最大の特徴で、最大甲長は100㎝近く、
体重100㎏を超える大型のカメだ。

Testudines

Macrochelys temminckii

ワニガメ

Alligator snapping turtle

DATA

分類	カメ目カミツキガメ科ワニガメ属	寿命の目安	50年程度
分布域	北米大陸南東部	主な餌	魚類の他、両生類、爬虫類や鳥類など
生息域	河川、湖沼	繁殖について	繁殖期は4～6月。15年程度で性成熟

強力な顎と対照的な「ルアーリング」

A：舌の一部にあるピンク色の突起物を無脊椎動物のように見せて餌の魚をおびき寄せる「ルアーリング」。B：採餌の際に必ずルアーリングを行うという訳ではない。他のカメと同様に泳ぎは巧みで、餌を追い回す姿もしばしば見られる。C：顎の力は非常に強力で、過去には指を噛み切られる事故も起きている。管理にあたっては細心の注意が不可欠だ。

北米大陸南東部に生息、甲長は最大で80cm、体重は100kg以上にまで成長し、淡水性のカメとしては世界最大種である。もっともこのように巨大化するのは雄のみで、雌はずっと小さく成体であっても甲長のサイズは30cm前後にまでしかならない。

トゲの様に尖った甲羅や大きな顎、長く伸びた爪という姿はまるで恐竜のようだが、事実、本種は原始的な身体的特徴を持つ。中でも側面の肋甲板と縁甲板の間にある「上縁甲板」は現存する他のカメ類にはなく、中生代のものと考えられているカメ類の化石に見ることができるものだ。

非常に特徴的な餌の取り方をすることが知られ、しばしば舌をミミズなどの無脊椎動物に見立ててルアーリング（疑似餌のように餌を誘う）し、寄ってきた小魚などを瞬時に飲み込むことがある。ほとんど完全な水棲種だが、産卵の際、雌は陸上に上がり、水辺からかなり離れた場所まで移動、一度に10個程度の卵を産む。

日本の外来生物法では「*要注意外来生物」として危険視されているが、原産地では食用やペット用として乱獲され数を減らし、保護対象としている州もある。

＊環境省によれば「要注意外来生物」は「生態系に悪影響を及ぼしうる種で、利用に関わる個人や事業者等に適切な取り扱いについて理解と協力を期待するもの」だという。本書６頁に紹介した「特定外来生物」とは異なるので注意が必要だが（「要注意外来生物」は愛玩飼育も可能）、今後この特定外来生物に指定される可能性もある。

飼育ケージの環境づくり

ワニガメのケージ（仕様の目安）

本種は予想以上に壁面を這い上がる力が強く、また壁や底面を掻く性質があることを頭に入れておきたい。

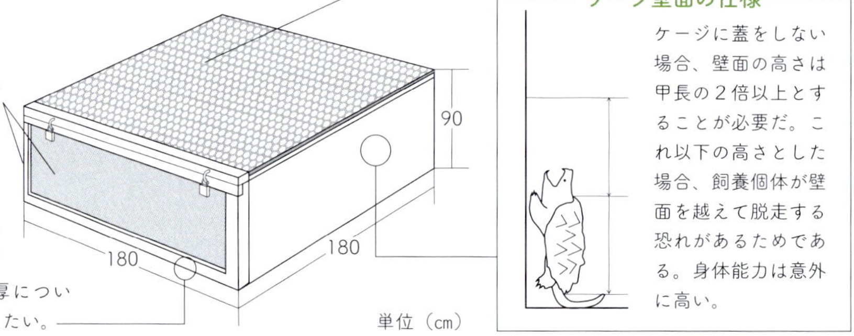

天井面の素材は厚さ３㎜以上のパンチングメタル、またはアクリル製のパンチボードが望ましい。ただしアクリル製のパンチボードは入手が困難なため、樹脂製であれば塩化ビニール製、厚さ５㎜以上のものを使用する。なお、５㎜の穴12㎜ピッチで防湿穴を空けること。

壁面は10～15㎜厚のアクリル板を使用。ガラス板は飼養個体が鼻先をぶつけて負傷する恐れがある。

本種の中には飼養水槽の底面を爪で掻く個体がおり、それにより破損の可能性もある。底面の板厚についても10㎜を最低限と考えたい。

90

180

180

単位（cm）

ケージ壁面の仕様

ケージに蓋をしない場合、壁面の高さは甲長の２倍以上とすることが必要だ。これ以下の高さとした場合、飼養個体が壁面を越えて脱走する恐れがあるためである。身体能力は意外に高い。

ワニガメに使用する飼育ケースを製作する際のアクリル板の厚みは10㎜、甲長45cmを超える個体に関しては13㎜、50cmを超える場合には15㎜は欲しいところだ。ただしこのアクリル板の厚みは、水深40cm以下の場合とする場合で、それ以上の水深を必要とする場合にはこれ以上の厚みが必要となる。

飼育ケースの素材について、簡易的な飼育に関してはFRP素材（繊維強化プラスチック）でもよい。FRP素材は丈夫であり、柔軟性があるため長期飼育に耐えうる強度をもち、非常に優れている。

なお、強化ガラス製のケースを用いる人もいるようだが、生餌では頻繁に、人工飼料でもたびたび鼻先を壁面にぶつけやすいため、硬度の高い強化ガラスではなくアクリルやFRP素材の方が理想的だ。またアクリルやFRP素材は柔軟性をもつため生体が壁面に衝突した際などダメージ緩和に効果的なだけではなく、振動などの衝撃にも強い。そのため、水槽の破損を予防することにもつながる。

水槽を設置する台や床などの面は完全にフラットで水平、かつ水槽の底面と密着するものが理想だ。しかし、完全に密着する仕様とすることは難しいため、水槽との間に発泡スチロールやスタイロンフォーム等の断熱効果を伴う緩衝材を敷くことで、接地面とケースの底面の歪みや凹凸の誤差を補うことができる。水槽床面のアクリルの厚みは壁面と比べ薄地のものでかまわないが、最低10㎜はあったほうがよい。なぜなら本種は飼育水槽内でしばしば床面を鋭い爪で掻くため、長期飼育を前提とした場合に薄い床材は不向きなためである。

飼育温度の目安	20～27℃
飼育ケージの目安	180×180×90（cm）以上
餌やり頻度の目安	週１～２回

ケージの蓋と「外戸」について

ケージ外の囲い「外戸」の仕様

本種の仕様にあたっては、環境省により「内戸（ケージの扉）」「外戸（ケージの外に設置するもう一つの扉）」という二重の扉（囲い）が必要という規定が設けられている。ここでは「ケージ外の囲い」の考え方、仕様について紹介する。

環境省の規定ではワニガメの飼養の際、飼養ケージの外側にさらにもう1つ「柵」を設けなければならない。室内で飼養する場合には、玄関口の扉を外戸と判断している所が多いが、屋外での飼養ではフェンスなどによりケージを囲う必要がある。

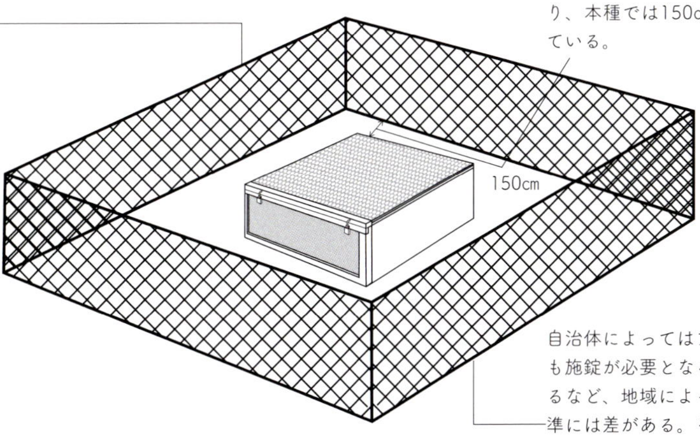

動物愛護法ではケージとその外に設置する「柵（正確には「人止め柵」としている）」との距離についても定めており、本種では150cm以上としている。

150cm

自治体によってはフェンスにも施錠が必要となる場合があるなど、地域によって飼養基準には差がある。そのため、詳細は各地域の保健所・動物保護センターへの確認する必要がある。

多くの場合、飼育水槽に蓋をすることは不可欠となる。なぜなら蓋を付けない場合には、飼育個体が絶対に登ることのできない垂直な壁面とし、なおかつその壁面は個体の甲長の２倍以上の高さとしなければならないためである。さらに水槽から100〜150cm以上離れた位置に立入禁止のフェンス（人止め柵）が必要となる。そして、地域によっては水槽に２カ所のほか、フェンスにも施錠することが義務づけられているところもある。

このような大規模かつ複雑な設備を用意するのは難しいことから、一般的には水槽に蓋をして飼育するのが最も容易な方法だといえる。

さて、蓋を取り付ける場合、素材は金属かアクリルとするのが無難である。金属製とする場合、素材には厚さ３㎜以上のパンチングメタルか、３㎜以上の丸鋼を使用。これを一辺30㎜の升目に組んだ格子状の網蓋に、Ｌ字アングルあるいは帯板で縁取するとよい。蓋に使う鋼材を「３㎜以上が基本」とするのは、金属の強度面からではなく、加工のしやすさを考えてのものである。

一方、アクリル製の蓋を使う場合であっても、生体を窒息させないため、そして内部が蒸れ過ぎないために５㎜以上の厚みのアクリル板に、穴あけ加工を施した、いわゆる「パンチボード」といわれるものを使用するとよいだろう。

ただしアクリル製のパンチボードは、一般に入手が難しいため、塩化ビニール製の５㎜以上の厚さのパンチボードを使用するのがよいだろう。いずれのパンチボードを使用する場合でも、各穴の大きさは５㎜、12㎜ピッチ以上のサイズが望ましい。

餌とその量、与え方

ワニガメの給餌のポイント

野生下では動物性の餌を中心とすべき本種だが、飼養下では意外にも植物を好む個体が多い。

ワニガメの餌は植物を中心に

飼養下では植物を好んで食べる個体が多い。飼養サイズに合わせ、根菜、葉物、果物などを与えると良いだろう。

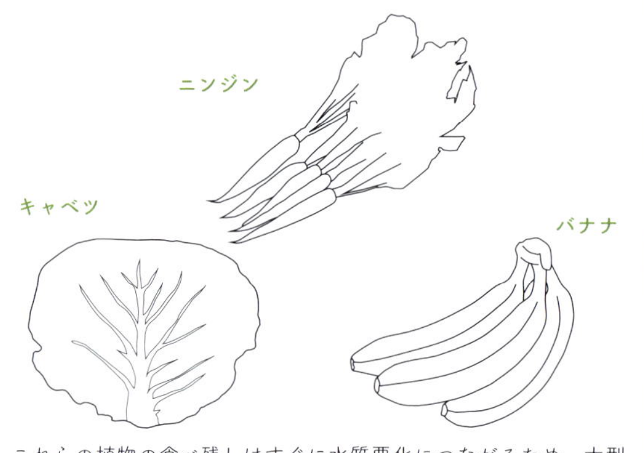

これらの植物の食べ残しはすぐに水質悪化につながるため、大型濾過槽を設置して浄化を図る。

ワニガメに与える動物性の餌

動物性の餌としては下記が望ましい。これらをローテーションすると良いだろう。

- アジの切り身など加工した（イワシは脂肪が多く不可）
- 金魚やフナ
- 加工した鶏肉
- マウス
- カメ用の配合飼料（幼体）

消化促進や浮力調節に効果的な砂利類

本種については飼養ケージの床材は基本的には必要ない。ただし、あまり大きくない大磯石などは餌となる植物の消化を促す働きがあるようだ。またこうした砂利類は水中で浮力調節する際にも有効と考えられるので、試してみると良いだろう。

ワニガメに与える餌は、もちろん動物性のものが中心となる。しかし、ワニガメの属するカミツキガメ科（Chelydridae）全種の中で、ワニガメ属（*Macrochelys*）は特異的に植物を好んで食べる種である。以前に輸入された採集個体は、大型個体になるほどイネ科の植物やその種子を大量に排泄していたことからも、成長とともに植物を採餌する割合が増えるものと考えられる。

飼育下ではバナナなどの果実も食べ、55cmを超える個体ではキャベツを丸ごと１つたいらげる個体もいた。

ただし果実など植物を与える場合、食べ残しは濾過装置に任せず網などを使って物理的に撤去することが望ましい。なぜなら植物の腐敗は想像以上に水質を悪化させるためだ。また本種のような大型のカメを飼育する場合、生体のサイズと比較して使用する水の割合が少なくなる。そのためバクテリアによる生物濾過はとうてい間に合わないので、より大型の密閉式ろ過装置を使うか、あるいは別途大型濾過槽を用意して、吸引力の強いモーターを使い、飼育水を高回転させて物理的な濾過を行うとよい。

また本種は異物の誤飲事故が多いため、吸盤やホースなど噛みちぎる恐れのあるもの、あるいはそのまま飲み込んでしまう恐れのある異物などは撤去する必要がある。ただし適度なサイズの滑らかな砂利類は、（糞とともに排出されることも多いものの）鳥類などの胃石のように大型個体の消化機能に有利に働いている可能性があるため、飼育水槽内に敷くとよいだろう。特に植物の消化には力を発揮しているようだ。また、同じく水棲傾向をみせるワニ類の胃石のように、浮力の調節にも使われているらしい。

主な症状と治療法

ワニガメに比較的多く見られる「シェルロット」は、細菌感染によるものがほとんどである。このシェルロットとは主に甲羅部分が潰瘍になるカメ類の疾病で、重症の場合には穿孔（穴が空いてしまうこと）が見られることもある。何らかの原因によってできた小さな傷（生理的要因によるものもある）から細菌感染をおこし、初期は甲板付近の糜爛（ただれ）が生じ、進行が進むと骨組織の腐食がみられることもある。

このような場合、獣医師はまず腐食部分を完全に取り除き、患部を洗浄、消毒する。その後にドキシサイクリンなどのテトラサイクリン系やセフェム系の抗生物質を、用途に応じ適した基材を利用して調剤することにより、薬剤の持続性を図るなどの治療を行うことだろう。

こうした適切な処置を行うことで、時間はかかるものの骨組織などは徐々に再生、穿孔部分もふさがってゆくことだろう。

また、そもそもの原因となる外傷を防ぐことや、細菌感染を防ぐために水替えをこまめに行うこと、あるいは外傷を確認した場合に、速やかに市販のアクリノール液などによる消毒を行うことが予防策となる。

この項で紹介した内容で飼育ができる主な種

かめ目のうち特定動物のリストに登録されている種は本種のみである。近年、種内で亜種登録が検討されている地域個体群もいるが、正式な登録には至っていない。こうしたことから本項を参考として飼育できる種は「なし」とした。

なし

環境省が定めた飼育施設の基準

・ケージの形態

織金網おり、ふた付きガラス水槽、ふた付き硬質合成樹脂製水槽、ふた付きコンクリート水槽又は鉄板若しくは木板製の箱

・ケージの規格（仕様）等

1．織金網おりにあっては、直径1.5㎜以上、網目10㎜以下のものを使用すること。
2．ガラス水槽にあっては、強化ガラス製であること。
3．硬質合成樹脂製水槽にあっては、厚さ６㎜以上であること。
4．コンクリー水槽にあっては、厚さ20㎜以上であること。
5．箱には、厚さ２㎜以上の鉄板又は厚さ25㎜以上の木板を使用すること。箱の正面は、強化ガラス板、又は厚さ６㎜以上の硬質合成樹脂製板に代えることができる。
6．排水孔、通気孔等を設ける場合には、動物が脱出しないよう金網等でおおいを付けること。

・出入り口等

必要。金網、木板、鉄板等を使用し、動物の脱出を防止するために十分な強度及び耐久性を持たせること。

・錠

内戸及び外戸の錠は、それぞれ１箇所以上の施錠ができること。

・間隔設備

金網、通気孔等の施設の開口部から動物に触れられないように金網等でおおうこと。

第5部

とかげ目

とかげ目で特定動物に指定されている種は
体内に毒腺をもつ有毒種、および非常に大きく成長する種である。
いずれも過去にヒトが被害を受ける重大な事故が起きており、
飼養管理には十分な注意を要する。

Sauria

Crotalus atrox

ニシダイヤ ガラガラヘビ

Wester diamondback rattlesnake

DATA

分類	有鱗目クサリヘビ科ガラガラヘビ属	寿命の目安	10～15年
分布域	北米大陸南西部～メキシコ北部	主な餌	ネズミなどの小型哺乳類
生息域	乾燥した森林、低木地帯	繁殖について	卵胎生で仔ヘビを産む

発音器官と熱感知器官で防御

A：乾燥に強く、半砂漠地帯や峡谷、オーク林などを主な生息域としている。B：上顎に口を開くと同時に立ち上がる可動式の牙をもち、咬みつくと同時に毒液を注入できるしくみをもつ。C：尾の先にヒトの爪などと同じ成分「ケラチン」でできた発音器官をもつ。D：鼻の脇に赤外線（熱）に反応する「ピット器官」と呼ばれる繊維状の器官と、舌から匂いを感知するヤコブソン器官とを併用して獲物や外敵が近づくのを感知する。

ガラガラヘビ属（*Crotalus*）に分類されるヘビは南北アメリカ大陸に生息しており、28種が認められている（その他、小型のヒメガラガラヘビ属（*Sistrurus*）の２種もガラガラヘビと呼ばれることがある）。和名の元となったガラガラ（rattle）は尾の先端の皮膚が角質化したもので、中は空洞になっており、危険が迫ると震わせて「ジャーッ」というような警告音を出す。このガラガラは脱皮の際に節が増え、体長に合わせて長くなってゆくが、ある程度にまで成長すると（一般的には10節程度とされる）先端が欠落してそれ以上の長さにはならない。

本種はアメリカ南西部からメキシコにかけて生息する種で体長約200cm、体重は10kg程とガラガラヘビ属ではヒガシダイヤガラガラ*Crotalus adamanteus*に次いで２番目に大きくなるガラガラヘビである。

生活域は乾燥地の森林などだが、人の生活圏と行動範囲が重なることも多く、誤って踏みつけるなどして咬まれる事故が起きている。牙が長い上に非常に強い毒をもち、咬まれると激しく痛むが、原産地では抗毒素が作られており、人命に関わるようなことは稀である。

飼育ケージの環境づくり

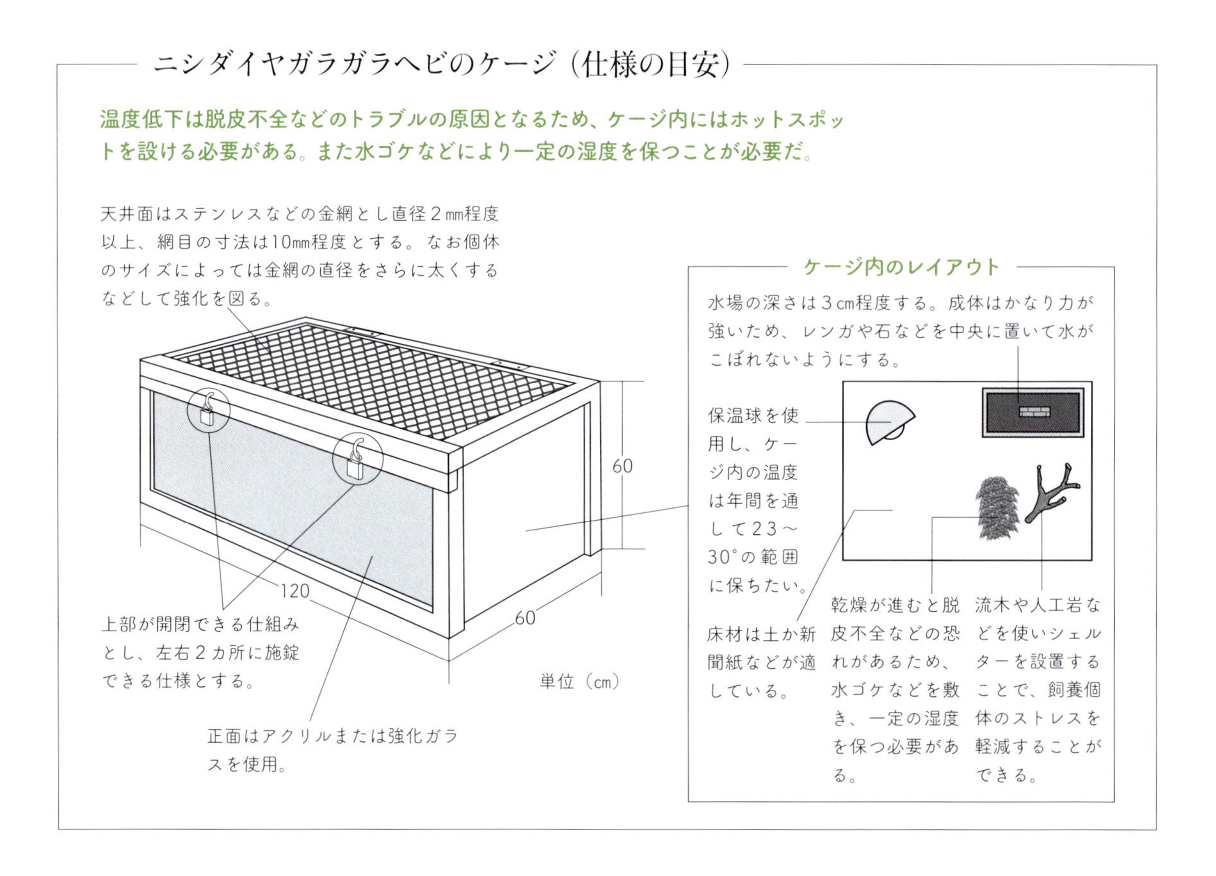

飲み水は幼蛇なら深さ３cm程度の容器、成蛇ならさらに深めの容器を使い、中央にレンガなどを置いて水が溢れないような工夫をすること。

また飼育ケージ内は保温球などでホットスポットを作ったうえで、パームマット（ヤシガラ土）などの爬虫類飼育用の土を敷き、ミズゴケなどにより、（湿度50～60％を目安に）湿った場所を作ること、岩や流木などシェルターとなりうるものを入れておくことが望ましい。なお、これらのシェルターは飼育個体の大きさを考慮した上で動かすことができない程度に重さのあるものを使用することが重要だ。

湿った場所を確保すること、岩などでシェルターを作ることは空間エンリッチメント、感覚エンリッチメントにつながり、飼育個体の精神的な健康を保つとともに脱皮不全などの予防にもなる。

飼育温度の目安	23～30℃
飼育ケージの目安	W120×D60×H60（cm）以上
餌やり頻度の目安	週１回

保定の際の注意点

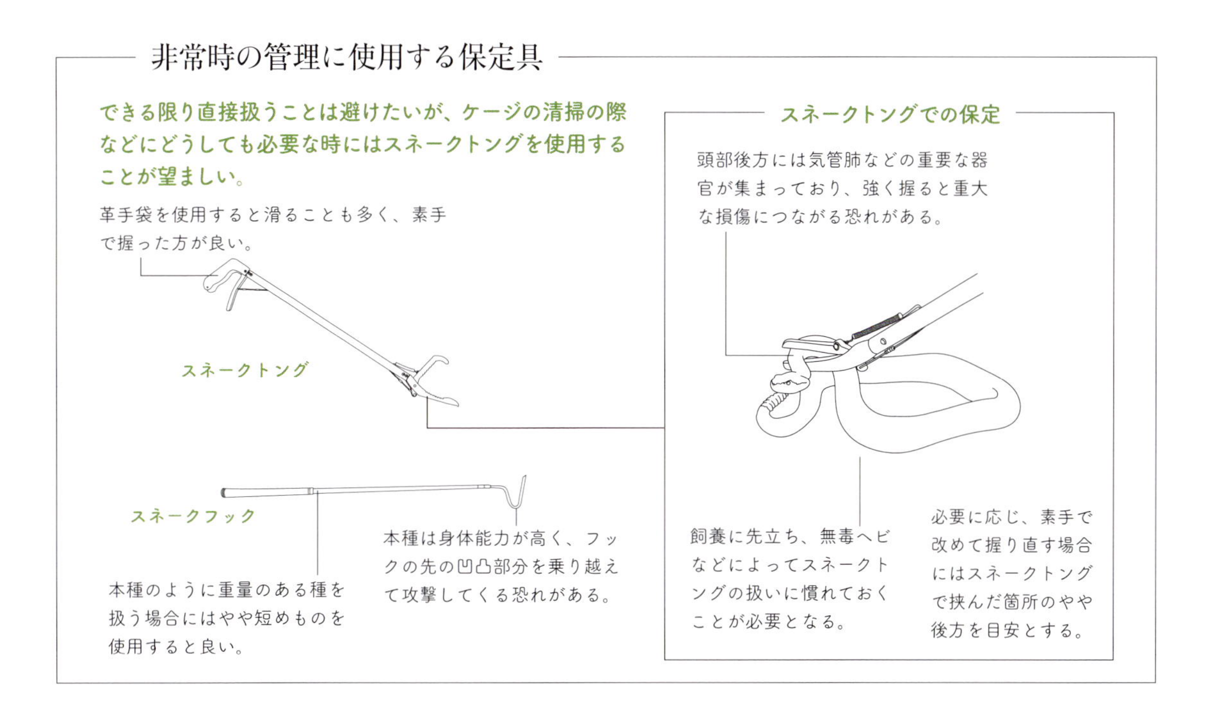

世界でも非常に危険な毒ヘビの1種だが、攻撃は比較的単調で、正面に向かってまっすぐに伸びてくることが多い。ただし大型個体に咬まれた場合には相当なダメージを覚悟しなければならない。そうした場合には例外なく緊急な処置と対応が必要になるため、作業の際には必ず医療機関などへ迅速な搬送ができる準備をしておくこと。具体的には救急要請（119番）への短縮ダイアルを設定した電話を、必ず携帯したうえで作業をすることである。

また作業は単独ではなく、可能な限り同伴者を伴うことが理想的だ。こうした対応は本種のような危険な毒ヘビを飼育するうえでは不可欠で、社会的な責任を負っていることを常に忘れてはいけない。

本種を直接扱う場合には、よほど慣れた技術者でない限り、スネークフックではなくスネークトングを使用する必要がある。これは本種が抵抗を見せる際、スネークフックでは凹凸部分を容易に乗り越えて攻撃してくるからだ。以前は野生下で採集された個体が輸入されることも多く、それらには気の荒いものも多かったが、現在、市場に流通する個体はブリーディングされたものが中心となっている。こうしたことから、本種を含めたガラガラヘビ類でペットとして流通するものは人間、あるいは人間から受ける扱いに対して過剰に反応することは少ない個体が多くなった。これはヘビの仲間が人工的な累代を重ねることで、人に飼育管理されることに慣れたためではないか、と考えることもできる。

しかし、決して安全なわけではなく、極めて危険なヘビであることは間違いない。それを重々承知したうえで、飼育する必要があることを肝に命じておきたい。

こうしたヘビに直接触れる作業は飼育管理者が日頃必要とするものではなく、飼育個体が病気や怪我などで体調を崩した時などに必要となるものだ。とはいえ、飼育管理者はいざという時の備えとして、スネークトングを常備し、使い方を把握しておくことが義務といえるだろう。

餌の種類と量、与え方

ガラガラヘビの給餌と給水

本種をはじめとしたガラガラヘビでは給餌、給水に工夫が必要となる。下記に上げたような点を留意することで、健全に長期の飼養が可能となることだろう。

餌は鳥とマウスをローテーション

本種の餌はウズラなど小型の鳥とマウスをローテーションする。多くの個体はいずれの餌にも餌付きは悪くなく、給餌に苦労するケースは少ない。

ガラガラヘビに多い脱水症状

本種をはじめとしたガラガラヘビに多い健康障害として脱水症状がある原産地では比較的乾燥した地域に生息しているが、飼育下では一定の湿度を保つ必要がある。脱水症状を防ぐポイントとして大きく以下の２つが挙げられる。

1. 床材の中に水皿を埋め込む

水入れの位置がわからずに脱水症状を起こすケースが少なくない。床材と同じ高さに水入れを設置することでこうした事態を予防できる。

2. 霧吹きによりケージ内を加湿

ケージの壁などに付着した水分を舐めるなどして水分補給する姿が見られることもある。また、ケージ内の湿度を上げることで脱皮不全などの予防につなげることもできる。

成長とともに餌に変化を

幼体時から飼養を始める場合には、栄養価・脂肪分ともに高いピンクマウスを多く与えることで成長を促すことができる。しかし、成体になってから同じように栄養価の高い餌のみを与え続けると内臓疾患など引き起こすことも考えられる。こうした事態を予防するため、成長とともに給餌のバランスを調整することが重要だ。

幼蛇〜老齢に適した餌

幼蛇	アダルト	老齢
栄養価の高いピンクマウスを多くしつつ、ウズラや鳩も少量与える。	肥満を予防するため、ウズラやハトの雛などの鳥類の割合を増やす。	ウズラやハトの肉を叩き、40℃に加温して消化の良い状態に調餌して与える。

本種の餌のバリエーションには主にマウスと鳥類が考えられる。幼蛇のころはピンクマウスだけを与えていてもとくに問題はないが、大きく成長してからも同じような給餌を続けていると肥満になることが少なくない。さらにそのまま給餌を続けていけば肝臓に脂肪がつき（脂肪肝）、ひどい時には死に至ることもある。

これを防ぐためにはマウスやラットなどの小型哺乳類だけでなく、ウズラやハトの雛といった鳥類も30〜50%の割合で与えていく必要がある。もっとも、成体となってから突然見たこともない餌を与えても食べてくれるとは限らないため、幼蛇の頃からこうした鳥類を餌として与える「トレーニング」をしておくことが肝心だといえる。

主な症状と治療法

ヒメガラガラヘビ*Sistrurus miliarius*では見たことがないが、これまで比較的多くのガラガラヘビ類で、飼育下において脱水症状を示している個体を見てきた。それらの飼育環境には決して水場がないというわけではなく、ガラガラヘビたちが水のあることに気づくことができないことが原因だった。

こうした事態を防ぐためには、床材の中に水皿を埋め込むことで段差をなくし、ガラガラヘビが水を見つけやすくするとよい。特に幼蛇の場合には霧吹きなどを使い、まめに湿気を加えてやることが必要となる。ただし、やりすぎて常時湿度が高い状態にならないようには注意しなければならない。

万が一、脱水症状を起こしてしまったガラガラヘビは専門の医療機関で治療を行う。具体的にはビタミンB群、ビタミンA、デキサメタゾン、プレドニゾロンのいずれかを、症状の度合いにより経口または皮下内、体腔内のいずれかの方法を用いて適量投与することだ。

この項で紹介した内容で飼育ができる主な種

ガラガラヘビ属（*Crotalus*）は新大陸（南北アメリカ）に30種以上が棲息している。そのうち棲息域の環境、飼育方法が類似する種をいかに挙げた。

ヒガシダイヤガラガラヘビ
Crotalus adamanteus
モハベガラガラヘビ
Crotalus scutulatus
ミナミガラガラヘビ
Crotalus durissus
シンリンガラガラヘビ
Crotalus horridus

環境省が定めた飼育施設の基準

・**ケージの形態**
織金網おり、ふた付きガラス水槽、ふた付き硬質合成樹脂製水槽、ふた付きコンクリート水槽又は鉄板若しくは木板製の箱

・**ケージの規格（仕様）等**
1．織金網おりにあっては、直径1.5㎜以上、網目10㎜以下のものを使用すること。
2．ガラス水槽にあっては、強化ガラス製であること。
3．硬質合成樹脂製水槽にあっては、厚さ６㎜以上であること。
4．コンクリー水槽にあっては、厚さ20㎜以上であること。
5．箱には、厚さ２㎜以上の鉄板又は厚さ25㎜以上の木板を使用すること。箱の正面は、強化ガラス板、又は厚さ６㎜以上の硬質合成樹脂製板（へび類については、体長３ｍ未満のものに限る）に代えることができる。
6．排水孔、通気孔等を設ける場合には、動物が脱出しないよう金網等でおおいを付けること。

・**出入り口等**
必要。金網、木板、鉄板等を使用し、動物の脱出を防止するために十分な強度及び耐久性を持たせること。

・**錠**
内戸及び外戸の錠は、それぞれ１箇所以上の施錠ができること。

・**間隔設備**
金網、通気孔等の施設の開口部から動物に触れられないように金網等でおおうこと。

・**その他**
抗毒血清を用意すること（毒へびに限る※編集部注：本種は毒へびのため抗毒血清が必要ということになるが、地域によっては不要なところもあるので要問い合わせ）。

Agkistrodon piscivorus

コットンマウス

Cottonmouth

DATA

分類	有鱗目クサリヘビ科アメリカマムシ属
分布域	アメリカ合衆国東部～中西部、南部にかけて
生息域	沼や川、湿地など水辺に生息
寿命の目安	10年程度
主な餌	魚類を中心に両生類や爬虫類など幅広い
繁殖について	卵胎生で一度に10～20の仔ヘビを産む。

気性の荒い「水辺のマムシ」

A：和名を「ヌママムシ」と付けられているほか、原産地のアメリカでは「ウォーターモカシン（モカシンは丸い革靴。本種の形状から付けられたものか）」とも呼ばれるなど、水辺を好む。B：ガラガラヘビと同じく鼻と目の間に赤外線（熱）を感知する「ピット器官」をもつ。C：気の荒い個体が多く、毒性も強いが現在では抗毒素が作られるなど治療法が確立し、死亡事故はほとんどない。

アメリカ東南部に固有の毒ヘビだが、原産地では比較的よく見られる汎用種である。「コットンマウスCottonmouth」は口内が綿のように白いことから付けられた一般名（英名）。

このほか、アメリカでは「ウォーターモカシンWater moccasin」（水中の革靴）と呼ばれることもあるが、これは太く短い体型を示したものだ。また和名では「ヌママムシ」と呼ぶように、水辺でよく見つかり、泳ぎも上手でカエルや魚類などを捕らえて食べる。なお、学名の種小名「*piscivorus*」もラテン語で「魚を食べるもの」を意味している。

本種が分類されているアメリカマムシ属（*Agkistrodon*）には以前は日本に生息するニホンマムシ*Gloydius blomhoffii*も含まれていたが、遺伝子解析により現在は本種とは別のマムシ属（gloydius）に分類されている。

体長は150cm程度とそれほど大きくなる種ではないものの気性の荒い個体が多く、よく咬みついてくる。また比較的牙が長く、強い毒を持つため人にとって危険な種の1つと言えるが、原産地では抗毒素が作られ、命を落とすような重大事故に発展するケースは多くない。

飼育ケージの環境づくり

コットンマウスのケージ（仕様の目安）

比較的気が荒い個体の多い本種のケージには、衝撃に耐えうる強さを持ったアクリルを使用する必要がある。また毒ヘビ全般に言えることだが、保定や清掃の際に作業がしやすいよう、外装は単純な作りとした方がよいだろう。

ケージの開口部は上部とし、２箇所に施錠ができるしくみとする。毒ヘビのケージで重要なポイントは、保定などの作業がスムーズに行えることだ。

開口部は通気性を考え、金網とする。金網の直径は1.5㎜程度を最低と考えたい。また網目の寸法は10㎜程度以下とすればよいだろう。天井面には飼育個体のサイズに合わせた開閉口を設ける。開閉口のポイントは強度と、給餌などの作業をスムーズに行える「大きさ」だ。

正面は強化ガラスまたはアクリルを使用。こちらも厚みは３㎜を最低限と考えること。

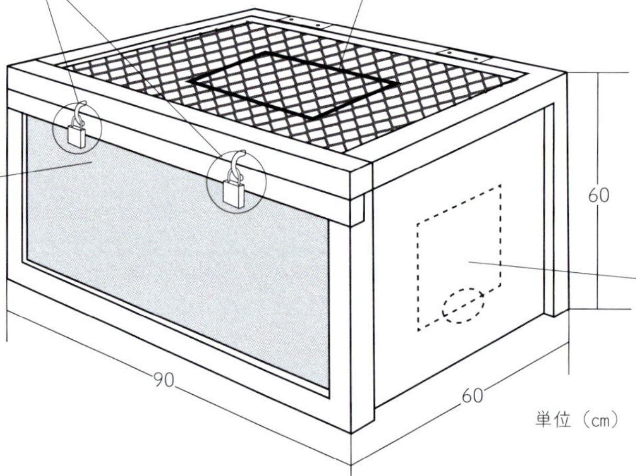

ケージに使用するアクリルの厚みは３㎜を最低限に、成体では10㎜程度として衝撃に耐えうる強度を持たせる。また側面には餌の出し入れなど、日常の最低限のメンテナスがしやすいように小窓を設けると良い。

60

90

60

単位（cm）

本種のおおよその最大サイズ（80〜100cm程度）を考えると、飼育ケージは３㎜程度の厚さのアクリル板があれば、破壊される心配はないだろう。しかし、人為的なアクシデントや自然災害などにより、飼育ケージが破損する恐れを考えると、やはり厚みは10㎜以上あったほうが安全だといえるだろう。

また、飼育個体を出し入れする際には、飼育ケージの天井面に適度な大きさの開閉口があるとよい。この開閉口は蝶番によるもの、溝をスライドさせるものなど、いろいろなタイプが使用できるが、しっかりとした強度とスムーズに作業を行うことができるものであることが条件となる。

また、飼育ケージにはこの開閉口のほかに、水や餌の出し入れ、あるいは簡単な清掃の際に必要となる小窓を設けることで日頃のメンテナンスがしやすくなる。ただし、いずれの箇所も必ず厳重に施錠できるようにすることを忘れてはならない。

飼育温度の目安	23〜30℃
飼育ケージの目安	W90×D60×H60（cm）以上
餌やり頻度の目安	週１回

保定の際の注意点

コットンのマウスの保定

毒ヘビの飼養管理では、できる限り直接触れずに作業を行うことが事故の予防につながる。しかし、ケージの清掃や疾病時などには、止むを得ず保定が必要となることもある。

保定に用いる道具2種

その1：スネークトング

強く握りすぎない

スネークトングの使用ではできるだけ優しくグリップすることが重要となる。強く握ることでより激しく抵抗することに加え、気管などの内臓器官を損傷させてしまう恐れがあるためだ。

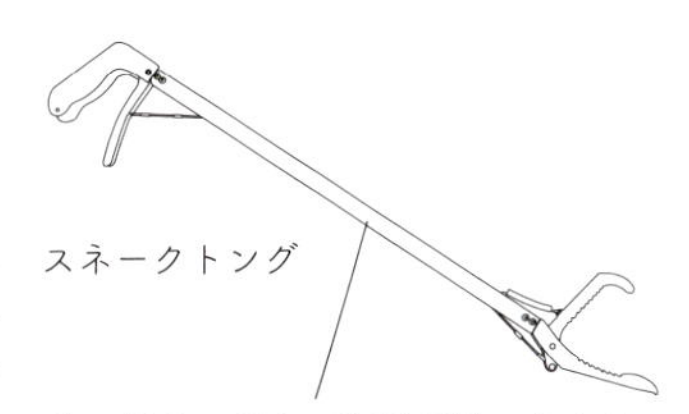

軸の部分の長さは飼養個体の大きさに合わせたものを使用すること。

その2：スネークフック

太めのヘビには使いやすい

慣れれば保定にはスネークフックが使いやすい。本種のように比較的太さのあるヘビではスネークフックで体を持ち上げたのち、素手で保定するとスムーズに作業が行えることが多い。その際、必ず厚めの革手袋などを装着すること。

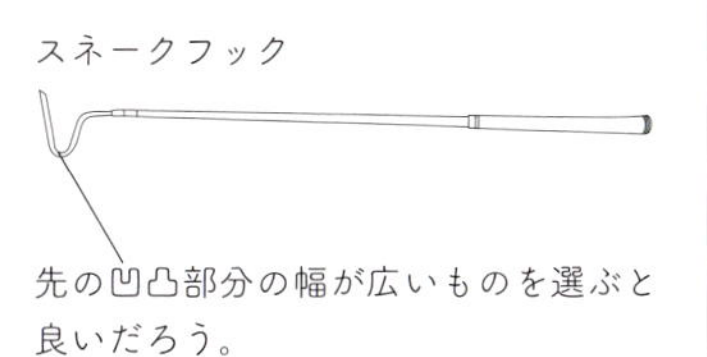

先の凹凸部分の幅が広いものを選ぶと良いだろう。

スネークフックの注意点

清掃や疾病の際、移動用ケージに移す際などにスネークフックを用いる場合、管理者の体まで飼育個体の頭部が届かないあたりをフッキングし、飼育個体がずれないように尾を空いているほうの手でつかむ。

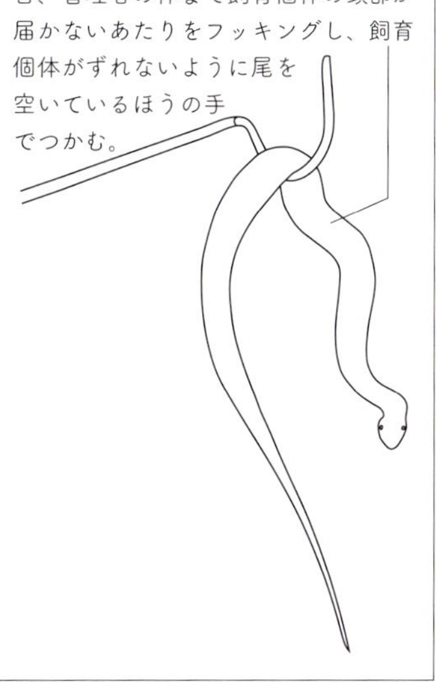

非常時の保定のために

保定が必要な機会はそれほど多くはないはずだが、それだけに非常時の保定の際には暴れる、咬みつくなどの行動を起こす個体がほとんどだ。咬傷の危険を予防するため、そして管理者自身が保定作業に慣れるために定期的に保定作業を行うと良いだろう。

飼養個体を保定に慣れさせる

保定時にパニックを起こさせないための工夫としては以下のようなことが考えられる。

- 1ヶ月に1度程度、定期的に保定作業を行う
- 保定前後に給餌するなどし、保定作業をポジティブなものとして学習させる

強力な毒をもつ本種を直接扱う際には、スネークトングを使用することが必須となる。使用の際のポイントは「できるだけ優しく挟むこと」。なぜなら本種は頻繁に流通する種ではないため、人に扱われることに慣れていないことが多く、激しい抵抗をみせる場合が多いためだ。これは人為的に繁殖された個体がほとんどいないこともあるだろう。

このように人に慣れていない個体が一度抵抗を始めたら、保定のためにスネークトングを強く握らなくてはならないが、たびたびこうしたストレスを受けた個体は、時に餌を食べなくなってしまうことがある。飼育の初期には特に優しくスネークトングを使い、またできるだけ定期的に保定作業を行なって、ヘビを作業に慣れさせていくことが重要だ。

またスネークフックでの作業も同様で、野生下ではほぼ経験することのない、「フックに釣り上げられる」という刺激に対して、徐々に慣れさせてゆくことが必要となる。

餌の種類と量、与え方

コットンマウスの給餌のポイント

水辺を好む本種の給餌では魚類を中心にとも考えられるが、魚類に偏った給餌ではビタミンD欠乏症を招く恐れもある。下記にあげた餌をバランスよく与えることで健全な飼養管理ができることだろう。

理想的な餌の種類は

飼養下ではマウスや鳥類などをローテーションすることで栄養バランスを調整する。

健全な栄養バランスを考慮すると、飼養下で与える餌としては魚類やカエルよりもこれらを中心にローテーションするのが望ましい。

※給餌は10〜14日ごととする。

疾病の元ともなる肥満の解消

飼養下では運動量が不足するなどし、肥満傾向が強くなる。下記に肥満解消に有効な主な取り組みを挙げる。

- ケージ内に運動用のアイテム（人工水草や岩など）を設置して飼養個体の運動を促す
- ケージ内に飼養個体の全身が浸かれる大きな水場を設ける（本種は泳ぐことを苦にせず水中で活動することも多い）
- ケージ内にホットスポットを設け代謝の進行を促す
- 餌として与える生物の体脂肪率を下げる

※給餌の周期を変える、餌の量を減らすなどの措置は拒食を起こす恐れもあるため推奨できない。

肥満傾向の判断は

もともと太い体をもつ本種では、肥満を判断することが難しい場合もある。しかし、右のような傾向がみられる場合には肥満解消の措置を考えた方が良いだろう。特に飼養下では運動不足に陥りやすく、肥満傾向に陥る個体が少なくない。恒常的に体型・体重をチェックすることを怠らないようにしたい。

肥満傾向の目安

- 体を丸めている際に鱗の内側に縦の筋が入る。
- 給餌から1週間以上経過しても、背骨から腹側に向けての体のライン（断面のライン）の膨らみが収まらない。
- 鱗の間の皮膚が常に露出している。

※これらは顕著な肥満の傾向で、普段から恒常的に体重計測を行うことで正確な体重の推移を把握することができる。

餌付きは悪くないことから飼育は比較的楽だと言えるが、攻撃性が高いためにくれぐれも用心すること。また分布地によるものなのか、希に100cmを超えるほどに非常に大きくなる個体がみられる。こうした個体では成長に合わせて大きなサイズの飼育ケースと長く太いスネークフック、スネークトングを用意すること。また、こうした大型個体にはラットやモルモット、ハトのような大きなサイズの餌を与えるとよい。そのほか、通常のサイズの個体の餌としてはピンクマウス、マウス、小魚、ヒヨコ、ウズラ、カエルなどから嗜好性の高いものを選んで与える。

なお、飼育下では餌の与えすぎや餌の偏りにより、重度の肥満になる個体がいる。もし、肥満の兆候が見られる場合、餌の量を減らしたりするのではなく、餌となる動物の体脂肪率を下げた上で与えることが望ましい。普段からバランスのとれた給餌を心がけ、飼育個体の体調管理を保持することが重要だ。

主な症状と治療法

本種はしばしば水の中に入って活動するため、全身が浸かれるようなサイズの水場を設置することが必須となる。また、それと同時に必ず乾燥した場所と体を隠すことができるシェルター、ホットスポットの設置を心がけることが重要だ。

こうした環境づくりにより、飼育個体の健康状態を良好に保つことができる。具体的には、水場は脱皮不全の予防となり、ホットスポットは消化機能の促進に効果があると考えられる。

ホットスポットの温度が十分な上で、もし消化管の機能低下が見られた場合（具体的には便秘や軟便など）には、獣医師の診療を受ける必要がある。このような症状はおそらくケージの広さに問題があるなどの原因からくる全身運動の不足によるものではないかと考えられるが、そうした場合、メトクロプラミドという薬品を腹腔内に投与するか、あるいは経口投与するとよいだろう。

本種をはじめとしたクサリヘビ科（Viperidae）に対し、正しい診断を下せる専門医は非常に少ないが、最終的な判断は獣医師に委ねることが重要だ。

この項で紹介した内容で飼育ができる主な種

同じヌママムシ属（*Agkistrodon*）としてアメリカカパーヘッド（*A.contortrix*）、クマドリマムシ（*A. bilineatus*）がいるが、いずれも本種ほど水辺に依存してはいないため飼育の参考となる種は「なし」とした。

なし

環境省が定めた飼育施設の基準

・ケージの形態

織金網おり、ふた付きガラス水槽、ふた付き硬質合成樹脂製水槽、ふた付きコンクリート水槽又は鉄板若しくは木板製の箱

・ケージの規格（仕様）等

1．織金網おりにあっては、直径1.5mm以上、網目10mm以下のものを使用すること。

2．ガラス水槽にあっては、強化ガラス製であること。

3．硬質合成樹脂製水槽にあっては、厚さ６mm以上であること。

4．コンクリー水槽にあっては、厚さ20mm以上であること。

5．箱には、厚さ２mm以上の鉄板又は厚さ25mm以上の木板を使用すること。箱の正面は、強化ガラス板、又は厚さ６mm以上の硬質合成樹脂製板（へび類については、体長３m未満のものに限る）に代えることができる。

6．排水孔、通気孔等を設ける場合には、動物が脱出しないよう金網等でおおいを付けること。

・出入り口等

必要。金網、木板、鉄板等を使用し、動物の脱出を防止するために十分な強度及び耐久性を持たせること。

・錠

内戸及び外戸の錠は、それぞれ１箇所以上の施錠ができること。

・間隔設備

金網、通気孔等の施設の開口部から動物に触れられないように金網等でおおうこと。

・その他

抗毒血清を用意すること（毒へびに限る※編集部注：本種は毒へびのため抗毒血清が必要ということになるが、地域によっては不要なところもあるので要問い合わせ）。

Lachesis muta

ブッシュマスター

Bush master

DATA

分類	有鱗目クサリヘビ科ブッシュマスター属	寿命の目安	最大で30年程度
分布域	中央アメリカから南米大陸北部にかけて	主な餌	小型哺乳類
生息域	熱帯多雨林	繁殖について	卵生で1度に10～20の卵を産む

森林奥部に棲む南米最大のクサリヘビ

A：熱帯多雨林の奥部に棲息すること、夜行性であることなどからヒトと遭遇する機会は多くない。また性格も穏やかな個体が多いなどの理由から、咬傷事故はほとんど記録されていない。B：最大全長は300㎝を越すとされる南米最大の毒ヘビで、同時にクサリヘビ科（Viperidae）最大のヘビでもある。C：鼻腔と目の間に赤外線（熱）を感知するピット器官をもつ。鱗には明確な突起（キール）がありヤスリのような質感となっている。

中南米～南米大陸北部に生息、クサリヘビ科では最も大きくなる種で最大全長は300㎝を越える。「ブッシュマスター（森の主人）」の一般名（英名）の通り熱帯多雨林を生活域としており、人の生活圏に出没することは滅多にない。体が大きく、牙も長いことから咬まれれば危険な種だと考えられるが、咬傷被害はほとんど記録されていないため、人への毒の影響の詳細は明らかになっていない。一般に気性は穏やかとされることが多いが、地域による個体差が多く、ニカラグアなどでは非常に気の荒い個体が見つかることがある。ただし、現地では本種よりも同じクサリヘビ科のテルシオペロ*Bothrops asper*やハララカ*Bothrops jararaca*による咬傷事例の方が圧倒的に多く、これらの方が恐ろしい毒ヘビだと考えられている。

本種の所属するブッシュマスター属（Lachesis）は４種に分類され（①*L.acrochorda*、②*L.melanocephala*、③*L.muta*、④*L.stenophrys*）、いずれも褐色に黒い菱形の紋様が入るが、そのパターンにより若干の外見的差異が見られる。また、クサリヘビ科（Viperidae）のヘビの多くは仔ヘビを産む卵胎生だが、本種は卵を産む卵生で一度に10個～20個程度の卵を産む。

飼育ケージの環境づくり

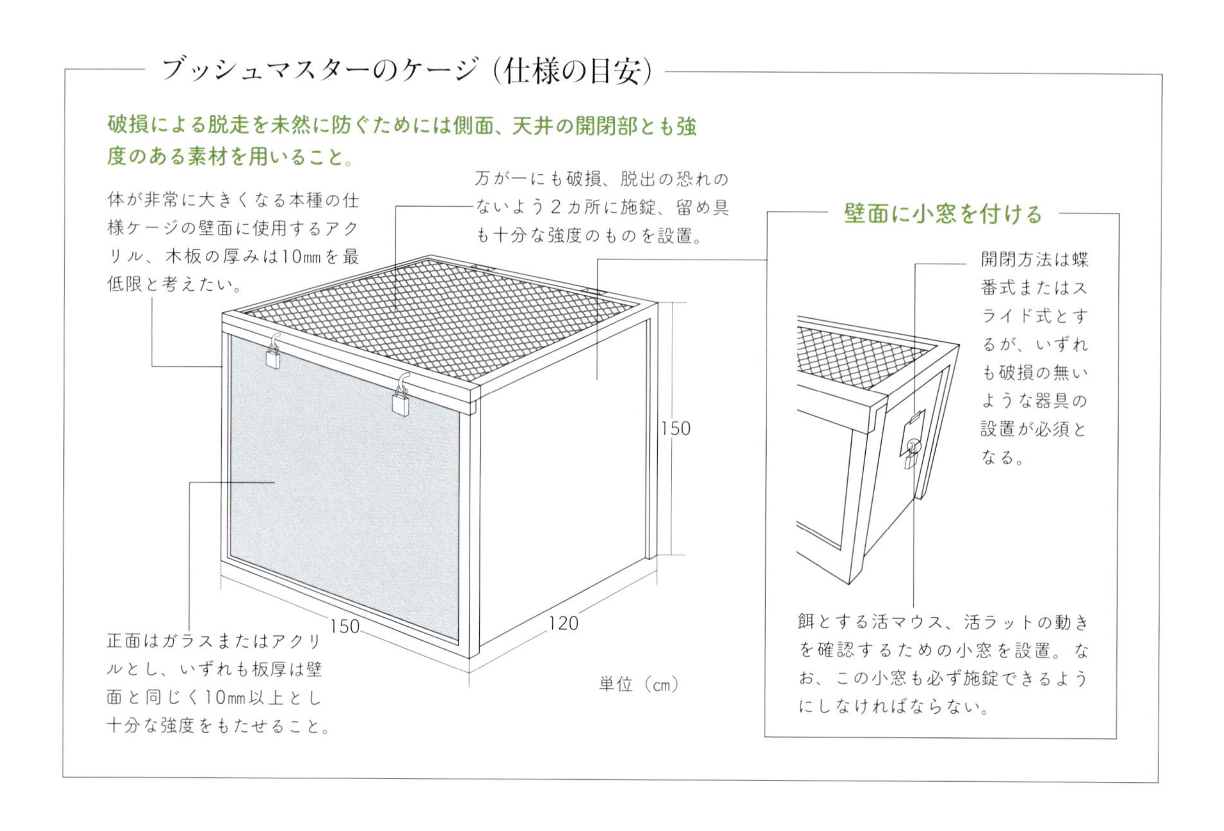

本種については生息域の環境からか、頻繁に木に登るイメージをもつ人が多いようだ。しかし、実際には樹上へと登る頻度はそう多くはない。もっとも運動機能は高く、しばしば立体的な行動も見せることから、飼育個体のサイズに合わせ適度な枝のある木を数本立て掛けておくとよいだろう。ただし、あまり複雑な形状の枝を入れると、非常時に保定が必要となった場合の障害となるので注意が必要だ。また飼育個体の状態を健全に保つためには、１定期的な水の噴霧をすること、２朝晩と日中で飼育ケージの温度に差をつけるとよい。

飲み水の容器の深さは10cm程度を目安とすると良いが、幼体から飼育する場合にはもう少し浅いものでよいだろう。また132頁で紹介したコットンマウスと同じようにケージには餌の出し入れのための小窓を設ける必要がある。小窓の大きさは飼育個体のサイズに合わせ、餌の出し入れがしやすく、かつ飼育個体の突発的な動きに対応できる程度のものとする。なお、咬傷事故に備え、この小窓も必ず施錠ができるようにすることを忘れてはならない。

飼育温度の目安	20〜30℃
飼育ケージの目安	W150×D120×H150（cm）以上
餌やり頻度の目安	10日に１回

保定の際の注意点

ブッシュマスターの保定

本種のように巨大な体躯をもつ毒ヘビの保定では咬傷事故の危険が少なくないため、細心の注意を要する。下記に器具を使った保定の際のポイントを紹介する。

非常時の保定器具

本種は特に大型になるため、他種以上に保定の際の危険は大きい。
疾病等の非常時には下記2種の器具を使用し、最新の注意を払って保定する。

保定具その1
スネークトング

スネークトングはその構造上、片手で扱うことになるが、軸の部分が長いと扱いづらくなる。飼養個体のサイズを考慮した上で、比較的短めのものを使用するのが良い。

保定具その2
捕獲器付シェルター

スネークフックを使い、開口部の上にある留め金を使ってロックする。この作業には多少の技術が必要で、飼養管理者はあらかじめ練習しておく必要がある。なお、ロックが脆弱なものだと破壊して外に脱走される恐れがある。飼養個体のサイズを考え、相応の強度が必要となる。

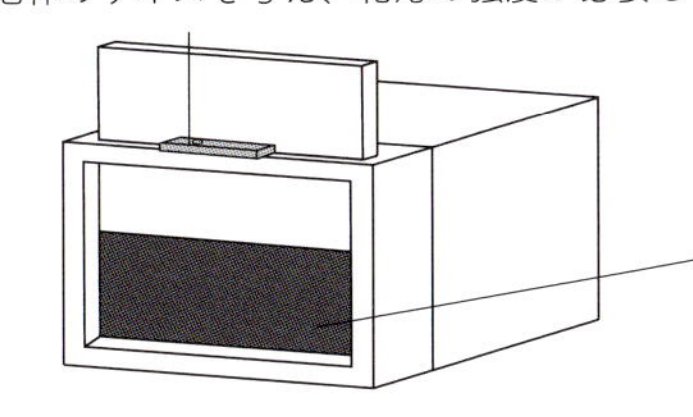

くれぐれも余裕のあるサイズとすること。仕様個体が中に入っても、ロックがかけられないようでは使用に耐えない。

ヘビ用の捕獲器付きシェルターは市販されておらず、オーダーケージの製作メーカーに依頼するか、あるいは自作とする。なお、捕獲器付きシェルターは普段からケージの内部に置いておき、飼養個体にできるだけ警戒心を与えないようにする。

飼養個体にあった器具を

幼体から飼養する場合、保定に使うスネークトングは成長に合わせてサイズアップしてゆく必要がある。個体のサイズにあったスネークトングではないと重大事故につながる可能性もあるため要注意だ。

スネークトング サイズの目安

幼体	成体
40～50cm	80～100cm

本種を扱う際にも他の有毒種のヘビと同じくスネークフックあるいはスネークトングの使用が必須となる。問題はそのサイズだ。本種の攻撃による射程距離は、大型個体の場合100～120cmと考えられる。しかしスネークフックやスネークトングなど保定具があまりに長いと片手で扱いづらい。特にスネークトングではフックを可動させるワイヤーが伸びやすく（へたりやすく）なり、さらにワイヤーの性質を考えると伸縮による力が生体に伝わりづらい。こうしたことからこれらの保定具の軸の長さは90～120cmが適当だ。

なお、本種はクサリヘビ属（Vipera）のなかではそれほど攻撃性の高い方ではないが、分布地や個体により気の荒い個体もいるため、保定具の扱い方や可動性の確認、捕獲機付きシェルターの設置などを事前に行い、なおかつそれらのメンテナンスは定期的に行う必要がある。なお、捕獲機付きシェルターは扱う個体のサイズに合ったものを、その都度用意する必要がある。生体の成長に合わせ、サイズを変えてゆく必要があることを忘れてはならない。

餌の種類と量、与え方

ブッシュマスターの給餌のポイント

**個体差はあるものの、本種は非常に餌付きが悪い個体が多い。
給餌のポイントとともに拒食の際の対応策を以下に紹介する。**

拒食の原因を考える

飼養初期の拒食は環境の変化によるものと思われるが、その後も拒食が続くようであれば下記の点を確認する必要がある。

- ケージ内にシェルターなど身を落ち着ける場所がない
- ケージ内の温度が低い（飼養ケージ内の温度は最低20°〜最高30°をキープする）
- ケージ内に立体的なアイテム（枝のある木など）がなく運動量が不足している

拒食の際の措置

飼養開始から1カ月が経過し、なおかつ上記のポイントをクリアした上でも餌を食べないケースがある。こうしたケースでは給餌に工夫を加える必要がある。以下に拒食時、給餌に配慮すべき点を挙げる。

- 餌の温度を上げる
  特に冷凍餌では温度が低すぎることが拒食の原因となるケースもしばしば見られる。50°前後にまで温めてから与えると食べることがある。
- 活餌を給餌後、食べない場合には短時間で回収
  餌のサイズや飼養個体の性格により、同じケージ内に長時間同居させることでプレッシャーとなる場合がある。活餌をケージに入れてから10分をめどに何らかの捕食行動をしなければ回収する方が良いだろう。

成長に伴い餌の種類を変える

飼養下において、本種の餌は小型哺乳類が適している。飼養個体のサイズにより、必要とする栄養価は異なるため、成長に合わせて選択すると良いだろう。

幼体	成体	高齢個体
・ピンクマウス	・マウス	・ピンクマウス
・マウス	・ラット	・マウス
	・モルモット	

※幼体、および高齢個体では餌付きの向上に加え、
より消化しやすくするために餌をやや高温に温めて与えると良いだろう。

拒食と関連深い湿度

飼育ケージ内の湿度は拒食と関係が深い。野生下でも湿潤な環境に棲む本種の飼養管理においては湿度管理に配慮する必要がある。

日常の湿度管理の注意点

1. 朝晩の2回をめどにケージ内に水を噴霧する
2. 日中は乾燥気味とし、時間帯によって湿度に差をつける

餌は生体のサイズに合わせて1ピンクラット、2マウス、3ラット、4モルモットの中から選んで与えるとよいが、本種は非常に餌付きが悪く、難航することが予想される。

餌付かせるポイントとして試してみるとよいのは「餌の温度を上げる」ということだ。餌が冷凍の場合、自然解凍したのち餌を与える直前に、湯につけるなどして温度を50℃前後と、かなり高めにして与えると反応が良くなることがある。

一方、活餌の場合、食べ残した際には素早く回収する必要がある。活餌が飼育個体に触れることで余計なプレッシャーをかけ、ひどい時にはラットやマウスが飼育個体に噛みついて傷痕を残してしまうこともある。これを防ぐために、飼育ケージには活餌の動きを確認し、回収できる小窓のような仕掛けが必要だ。こうした仕掛けがないと、活餌の回収が困難になるばかりでなく、無理に活餌を回収しようとすると飼育個体に過剰なプレッシャーを与えてしまうことになりかねない。

主な症状と治療法

本種に限らず、ヘビ全般に見られるものだが、目全体が膜で覆われたように白濁していることがある。こうした場合には、まず「脱皮前」だと考えるのが一般的だ。脱皮前であれば特別な処置は必要ない。しばらくすれば白濁は軽減されてゆき、数日～数週間後に脱皮して事なきを得ることだろう。しかし、いつまで経っても目の白濁が取れず、脱皮もせずに数週間が経過する、あるいは脱皮が済んだ後にも目が白濁したまま、ということがある。こうした場合には目の縁に剥がれそうな組織がないかを確認することだ。

もしこうした組織が確認できるようであれば、それはスペクタクル（目を覆う鱗状の組織）が残留したものだと考えられる。生理食塩水か、または専門医に依頼して酢酸リンゲル液、乳酸リンゲル液で目とその周辺を十分に湿らせ、しばらく時間を置いた後にゆっくりと丁寧にピンセットやモスキート鉗子で剥がすとよいだろう。

それでも剥がせないほど重度の場合には、数日かけて先の薬液を点眼し、様子をみた後に慎重に作業を行う必要がある。こうした症状そのものは即座に命に関わるほどのものではないが、十分な配慮が必要なことは間違いない。保湿が不十分だったり、剥がすタイミングが早かったりすると、ヘビの目を覆った新しい組織と角質化した古い組織をうまく剥がすことができず、目を傷つけてしまう恐れがある。

この項で紹介した内容で飼育ができる主な種

ブッシュマスター属（*Lachesis*）には２種が亜種登録されている（１：*L. muta muta*、２：*L. muta rhombeata*）。いずれも体長200cmを越す大型の毒ヘビでその生態は特徴的だ。そのため参考となる種は「なし」とする。

なし

環境省が定めた飼育施設の基準

・ケージの形態

織金網おり、ふた付きガラス水槽、ふた付き硬質合成樹脂製水槽、ふた付きコンクリート水槽又は鉄板若しくは木板製の箱

・ケージの規格（仕様）等

1．織金網おりにあっては、直径1.5mm以上、網目10mm以下のものを使用すること。

2．ガラス水槽にあっては、強化ガラス製であること。

3．硬質合成樹脂製水槽にあっては、厚さ６mm以上であること。

4．コンクリー水槽にあっては、厚さ20mm以上であること。

5．箱には、厚さ２mm以上の鉄板又は厚さ25mm以上の木板を使用すること。箱の正面は、強化ガラス板、又は厚さ６mm以上の硬質合成樹脂製板（へび類については、体長３m未満のものに限る）に代えることができる。

6．排水孔、通気孔等を設ける場合には、動物が脱出しないよう金網等でおおいを付けること。

・出入り口等

必要。金網、木板、鉄板等を使用し、動物の脱出を防止するために十分な強度及び耐久性を持たせること。

・錠

内戸及び外戸の錠は、それぞれ１箇所以上の施錠ができること。

・間隔設備

金網、通気孔等の施設の開口部から動物に触れられないように金網等でおおうこと。

・その他

抗毒血清を用意すること（毒へびに限る※編集部注：本種は毒へびのため抗毒血清が必要ということになるが、地域によっては不要なところもあるので要問い合わせ）。

Bitis gabonica

ガボンアダー

Gaboon viper

DATA

分類	有鱗目クサリヘビ科アフリカアダー属	寿命の目安	10～15年
分布域	アフリカ大陸中部（中西部）～南部	主な餌	小型哺乳類、鳥類
生息域	熱帯多雨林	繁殖について	繁殖期は9～12月。 卵胎生で50～60頭仔ヘビを出産

幾何学模様は林床でカモフラージュに

A：林床に潜んで獲物を待つ。一見すると派手な体色パターンだが、林床では枯葉に紛れて輪郭が目立たなくなる。B：繁殖期にはオス同士が争う「コンバットダンス」を行う姿も見られる。C：ネズミを食べるガボンアダー。毒の成分はタンパク質分解酵素が中心で、出血や細胞死を招き、物理的に獲物を動けなくする。

アフリカ中部〜南部の内陸部、熱帯多雨林の林床地帯に生息する大型のクサリヘビで、最大で全長200cm、体重10kgにもなる。幾何学模様のような非常に美しいパターンが全身に広がり、何もないところではよく目立つが、生活域の林床では保護色となり、餌としている小動物や鳥類などを待ち伏せる際に役立っている。

また牙の長いことが特徴の一つで、最大3〜4cmにもなる。毒の成分はタンパク質を分解する酵素を主体としており、大きな毒腺を持つため、一度に注入する毒の量が他のクサリヘビ科の種と比較して非常に多い(多くの毒ヘビが1度の咬みつきで最大100g程度に対し本種は300gを越えることも)。ただし餌を待ち伏せるタイプのヘビであり、人の生活域に出没することはほとんどないので、原産地での咬傷例は多くない。

外見的特徴の1つとして、吻端に角状の突起をもつ。同じような特徴をもつヘビには同属のライノセラスアダー*Bitis nasicornis*がいるが、いずれの種もこれがどのような役割を持つものかははっきりわかっていない。なお、本種においてはこの突起の大きさにより2つの亜種が認定されている（突起のほとんどない*B.g. gabonica*、突起の大きな*B.g.rhinoceros*の2種)。

飼育ケージの環境づくり

ガボンアダーのケージ（仕様の目安）

立体的な運動をすることはあまりない本種の性質を考慮し、ケージは高さのない仕様とする。

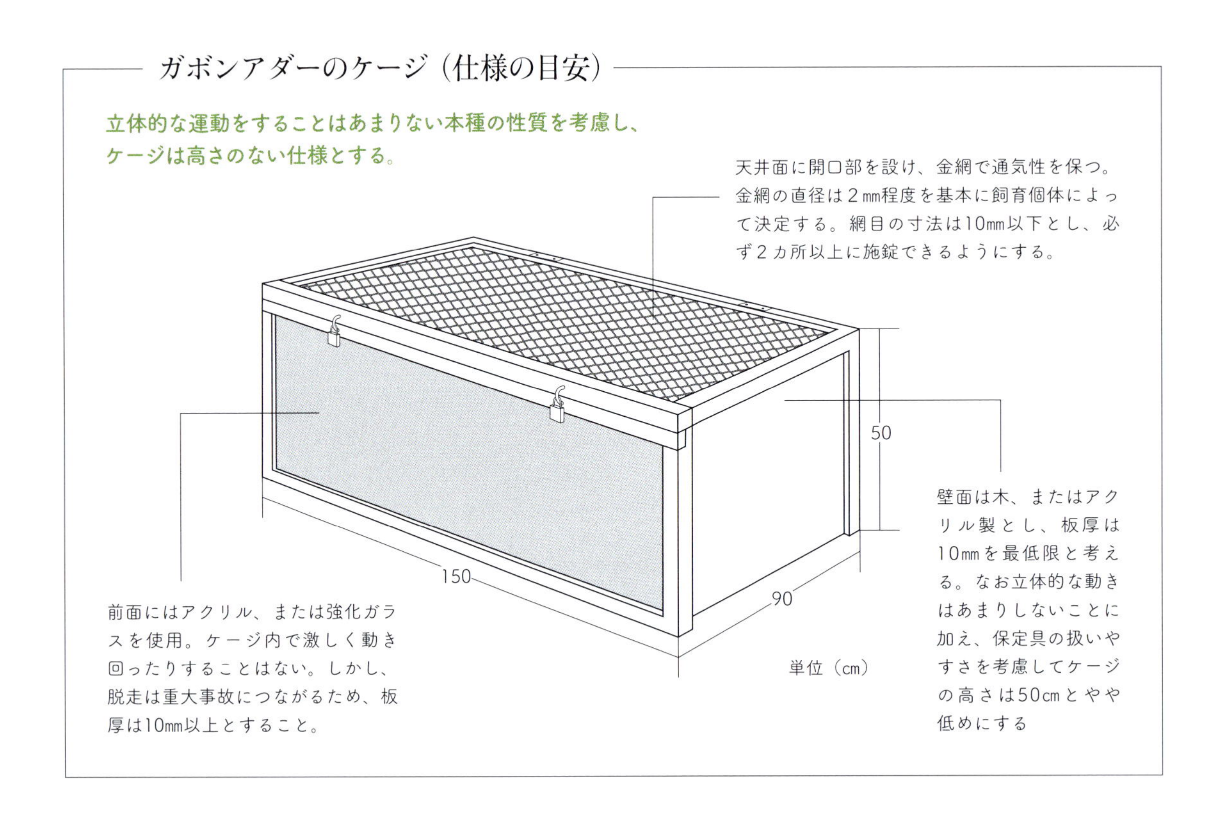

本種は水をよく飲むため、水入れの水は常に切らさぬように注意しておく必要がある。

また、床面に新聞紙を使うと汚れた際のメンテナンスが楽だが、新聞紙の取り替えを怠り、そのまま長時間放置すると飼育ケースの底に張り付いてしまう。こうなると清掃に時間を要するため、咬傷の危険がより増すことになる。

空間エンリッチメント、あるいは触覚エンリッチメントとして飼育ケースの中に倒木などをセットする場合、飼育個体が動かすことのない重さのあるものを使用するか、または壁面・底面にしっかりと固定することでシェルターとしても有効なものとなり、脱皮の際に脱皮不全を防ぐ手助けをするための突起物としても重宝する。

なお、ときに高温多湿で飼育されている個体を見ることがあるが、本種にとって適当な湿度は50～70％で、幼蛇でのみ70％前後と高めを心がけるとよい。また、飼育温度は30℃を上回らないように注意することが重要だ。本種は過度な高温、多湿に弱いということを覚えておきたい。

飼育温度の目安	25～28℃
飼育ケージの目安	W150×D90×H50（cm）以上
餌やり頻度の目安	10日に１回

保定の際の注意点

ガボンアダーの保定

本種においても飼養管理においてはできるだけ直接取り扱うことは避けた方が良い。しかし、獣医師への診察の際、運搬が必要な場合などには保定が必要となる。

安全に作業できる用具は

体が太く重量もある本種の保定においては素手で保定することが望ましいが危険が伴う。最も安全に保定できる用具は捕獲器付きシェルターだ。

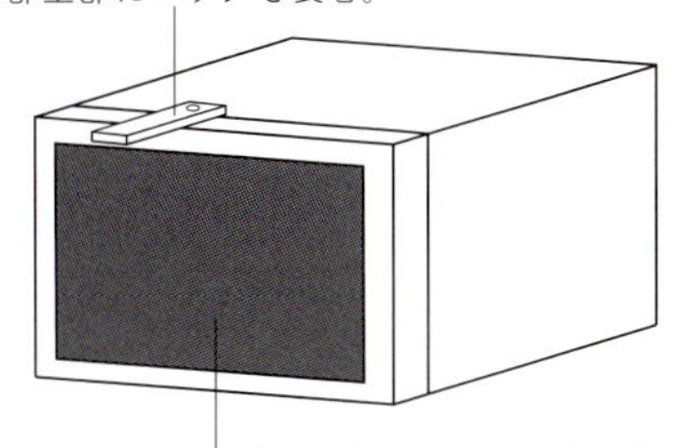

気管肺が発達したクサリヘビ

本種をはじめとしたクサリヘビ科（Viperidae）のヘビは頸部の下に発達した気管肺が延びている。そのため、スネークトングやスネークフックなどで首元を強く抑えると重大な損傷を負わせることになる場合がある。保定用具としてこれらを使用することはできるだけ避けたい。

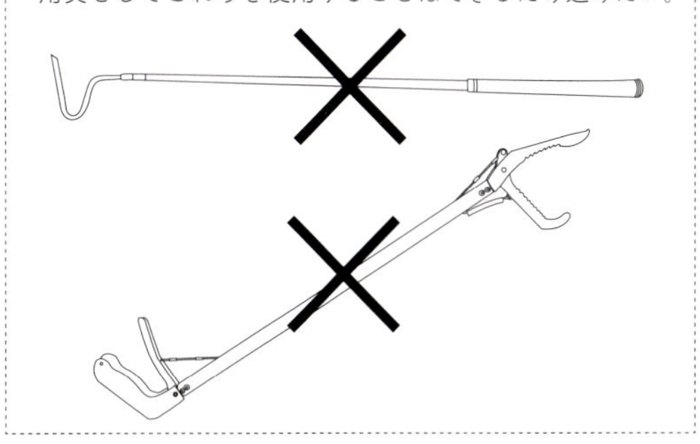

保定器具を使わない保定作業

本種は比較的性格の穏やかな個体が多く、素早い動きをすることも少ないことから、可能であれば素手による保定が望ましい。そこで、ここでは本種の素手による保定の際のポイントについて紹介する。ただし牙が長い上に毒性は決して弱くなく、万が一咬まれれば重大事故へと発展することも考えられる。素手による保定を試みる際には、細心の注意を払う必要があることは言うまでもない。

素手による保定の注意点

・厚手の革手袋を装着する
本種は4cmにもなる長い牙をもつが毒による被害をできるだけ少なくするために革手袋は有効だ。
・保定作業は2人以上で行う
咬傷事故発生時、被害者自らが救急連絡を行えない場合がある。
・すぐに救急要請ができる態勢を整える
携帯電話の短縮ダイヤルに登録しておくなどし、咬傷事故の際にできるだけ早く救急連絡ができる態勢にした上で保定を行う。

本種は飼育ケースをはい上がるような立体的な運動能力はあまり高くない。そこでケースの高さは50cm程度でよい。この程度の大きさでもよほど驚かすようなことをしない限りは一気に登り出て逃げ出すような心配はない。また、背の高い飼育ケースを使うとスネークフックやスネークトングが扱いづらくなるため、保定の際のデメリットとなることも懸念される。

またこれはヘビ全般にいえることだが、保定の際、スネークフックやスネークトングなど首元を強く押さえる、あるいは締めつけることで保定や捕獲を行う道具は本来安全に使用できる道具とは言いがたい。

なぜならそれらの保定具はヘビを傷つける事故が起こりやすいためである。特に本種のようなクサリヘビ科のヘビは肺の補助器官である気管肺の発達がよく、頸部のすぐ下まで伸びている。こうしたことからもこれらの保定道具はできるだけ使うべきではない。

本種は気の荒い個体は多くなく、厚手の手袋を装着した上で素手による保定か、あるいは捕獲器付きシェルターを使用するのが良いだろう。

給餌の際のポイント

ガボンアダーの給餌と拒食時の措置

本種は他のクサリヘビ科のヘビと比較して餌付きの悪くない個体が多い。それでも一部には飼養開始から長期間にわたって餌を食べなく個体もいる。給餌のポイントと拒食の際の措置について紹介する。

餌として望ましいのは2種

① 小型哺乳類

飼養初期にピンクマウス、マウス、ラット、モルモットなどの小型哺乳類を試す。

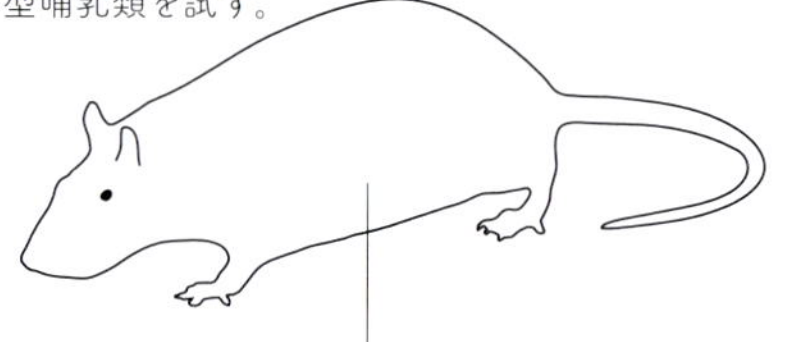

幼体および高齢の個体にはピンクマウス、マウス、ラットを与え、成体にはマウス、ラット、モルモットを与える。

② 鳥類

小型哺乳類を食べない場合にはウズラ、ヒヨコ、ハトなどの鳥類を試してみる。

なおこれらの鳥類は活餌、羽毛もそのままで与える。

餌付きが悪い時の措置

小型哺乳類、鳥類ともに餌付かない場合には下記2点に留意して給餌すると良いだろう。

・餌をよく温める

小型哺乳類、鳥類ともに冷凍餌とし、38度ほどに温めることで餌付きが良くなるケースが見られる。嚥下の後の消化がよくなることにもつながる。

・頭部に毒牙を打ち込ませる

活餌をピンセットなどでつかみ、飼養個体の頭部付近に添える。この時、頭部を飼養個体の側に向けて与えることで餌付くことがある。

まずはピンクマウス、マウス、ラット、モルモット等の哺乳類を与えてみる。これらの哺乳類は入手しやすい点もあり、初期の餌としては手頃だからである。これまでに本種を飼育した経験からは、こうした哺乳類の餌付きは悪くなかった。

もしこうした哺乳類に餌付かないようであれば、鳥類を与えてみるとよい。ウズラなどの鳥類の羽毛は嚥下の際の邪魔になるものと思われるが、うまく餌付いてくれることもある。

餌付きが悪い場合のポイントは冷凍餌の場合はよく温めること、そしてできるだけ頭部に毒牙を打ち込ませることだ。なお、本種やライノセラスアダー*Bitis nasicornis*は小さな獲物に毒牙を打ち込んだ場合、同時に咥え込み、獲物を多くの場合で離さず、死後そのまま飲み込み始める。

一方で、餌の種類に関わらず飼育個体より体格的に大きな餌（活餌）を与えた場合、体力的な問題からか、他のクサリヘビ科（Viperidae）のヘビと同様、毒牙を打ち込んだ後に一度餌から牙を抜いて逃すことがある。しかし、このように一度毒牙を注入させた餌は餌を注入させていない餌と比較して餌の食いがよい傾向がある。

これは毒成分の１つであるミオトキシン（タンパク質分解酵素の１つ）の作用によって、毒牙を打ち込まれた餌が排尿し、その匂いを目安に追いかけているためだと考えられる。飼育個体が匂いを感知するためにもケージ内は清潔に保つ方が良い。

飼育環境による体調不全と対策

給餌後、急激に飼育ケースの温度を下げる、あるいは20℃を下回る環境で餌を与えるといった飼育環境不全は消化不良につながり、ひどい時には「自己消化」を起こすこともある。自己消化は多くの脊椎動物で死後に見られるものであり、本種を含むとかげ目で生きている間にこのような病変が生じた場合、そのまま生存するケースは極めて稀で、たいていは数日中に絶命する。

こうした自己消化を予防するためには飼育温度の設定が重要で、保温球などを使って飼育ケース内にホットスポットを設けることのほか、万が一の停電時の対策も考えておくことが重要だ。また本種では紫外線浴も必須となる。なお、紫外線照射は１日を通して行なう必要はなく、照射時間はおよそ３～４時間を目安とするとよいだろう。

なお本種は森林性のヘビには珍しく、鱗の表面に微細で連続した器官が密集している。この器官は100万分の１㎜という単位の突起で覆われており、それぞれが異なる角度で突出しているため、鱗の内部に光を閉じ込める集光能力も持ちあわせている。

この項で紹介した内容で飼育ができる主な種

本種は太く短い非常に特徴的な体型をしている。同じアフリカアダー属（*Bitis*）には同じような特徴をもった種がいくつかいる。

パフアダー
Bitis arietans

ライノセラスアダー
Bitis nasicornis

環境省が定めた飼育施設の基準

・ケージの形態

織金網おり、ふた付きガラス水槽、ふた付き硬質合成樹脂製水槽、ふた付きコンクリート水槽又は鉄板若しくは木板製の箱

・ケージの規格（仕様）等

1．織金網おりにあっては、直径1.5㎜以上、網目10㎜以下のものを使用すること。

2．ガラス水槽にあっては、強化ガラス製であること。

3．硬質合成樹脂製水槽にあっては、厚さ６㎜以上であること。

4．コンクリー水槽にあっては、厚さ20㎜以上であること。

5．箱には、厚さ２㎜以上の鉄板又は厚さ25㎜以上の木板を使用すること。箱の正面は、強化ガラス板、又は厚さ６㎜以上の硬質合成樹脂製板（へび類については、体長３m未満のものに限る）に代えることができる。

6．排水孔、通気孔等を設ける場合には、動物が脱出しないよう金網等でおおいを付けること。

・出入り口等

必要。金網、木板、鉄板等を使用し、動物の脱出を防止するために十分な強度及び耐久性を持たせること。

・錠

内戸及び外戸の錠は、それぞれ１箇所以上の施錠ができること。

・間隔設備

金網、通気孔等の施設の開口部から動物に触れられないように金網等でおおうこと。

・その他

抗毒血清を用意すること（毒へびに限る※編集部注：本種は毒へびのため抗毒血清が必要ということになるが、地域によっては不要なところもあるので要問い合わせ）。

Tropidolaemus wagleri

ヨロイハブ

Wagler's pit viper

DATA

分類	有鱗目クサリヘビ科ヨロイハブ属	寿命の目安	10～15年
分布域	タイ南部、インドネシア、マレー半島など	主な餌	小型哺乳類、鳥類
生息域	熱帯多雨林、湿地周辺の樹上	繁殖について	繁殖期は9～12月。卵胎生で40頭程度出産

美しい体色パターンには地域差あり

A：体色パターンには生息域により差がある。黒のほとんど入らない美しいメス。ボルネオ・バコ国立公園。B：夜行性のヘビらしく、ネコのようなタテに細長い瞳孔をもつ。

インドネシアのスマトラ島、ボルネオ島のほかタイ、フィリピンなど、東南アジア各地に生息、原産地では比較的よく見られる樹上性の毒ヘビである。体色のパターンは生息域により多岐にわたるが、全身が明るいグリーンで鱗の縁が黒、黄のバンドをもつ個体が多い。そのほか、若い個体では赤いバンドをもつ個体なども見つかっている。

体長は100～120cm程度とそれほど大きくならないが、ヨロイヘビ属（*Tropidolaemus*）のヘビに多く見られる太い体をしており、頭部が顕著に三角形をしている。生涯に渡り、ほとんどの時間を樹上で過ごし、地上に降りてくる機会は多くない。毒の成分は神経毒も含まれる出血毒が主成分であり、人への作用はそれほど強くないとされ、たとえ咬まれたとしても重大な事態に至るケースは多くない。

また原産地の東南アジア諸国では、本種を神聖な動物として崇めている地域もある。中でもマレー半島のペナン島（マレーシア）には「ヘビ寺」と呼ばれている中国儒教の寺院があり、境内に本種が放し飼いにされている（ただし毒牙は抜かれている）。

飼育ケージの環境づくり

ヨロイハブのケージ（仕様の目安）

飼養ケージ内でも樹上生活を好むため、ケージ内に枝付きの木などを設置すると良い。それに伴い体が天井面に接する機会も多いため、開口部は特に頑丈な造りとして脱走を予防したい。

本種は樹上性のヘビで、しばしば木や枝に巻きついている。そのため、スネークフックやスネークトングではなく、しっかりとグリップできるトングまたは分厚い手袋を装着して飼育個体が巻きついた枝ごと扱うとよい。この方法がもっとも生体にストレスを与えることなく扱う方法の1つだといえる。なお、その際には生地の厚い手袋を使用し、生地の強度にも気をつけて咬傷事故に備えるようにする。本種の毒性は決して弱くなくくれぐれも事故のないように気をつけることが重要だ。

なお枝ごと扱うことを推奨するのは、本種が木や枝に自分の体をしっかりと安定させ落ち着いている場合、大抵は少々の揺れや刺激に対して過敏でなく、突如として保定者に攻撃を仕掛けてくるようなことが少ないためである。とはいえ、いつ突発的な動きをするかはわからない。あらかじめ予備の保定器具としてのスネークトングをそばに用意した上で作業にあたることを忘れてはならない。

飼育温度の目安	25～30℃
飼育ケージの目安	W45×D45×H60（㎝）以上
餌やり頻度の目安	10日に1回

保定の際の注意点

ヨロイハブの保定

樹上性ヘビの保定

① トングによる保定

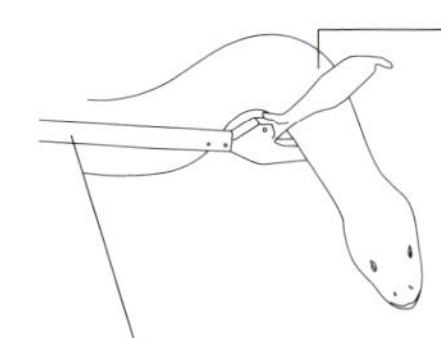

咬傷事故防止のため、頭部の下部をしっかりとグリップする。飼養個体の動きによっては首元を素手で掴むこと。

この時に、厚手の革手袋を装着することを忘れてはならない。

② 枝に絡ませたまま保定

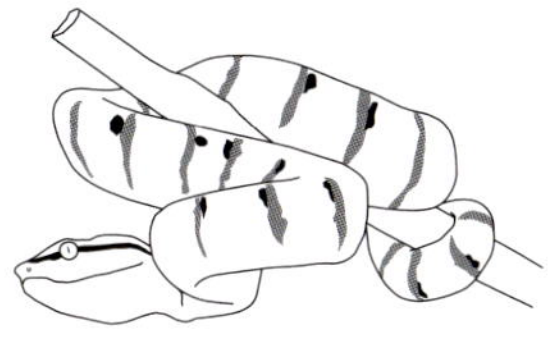

幹や枝に絡みついている場合、無理に剥がすよりも枝ごと扱った方が安全なケースも多い。この際にも枝を持つ手には必ず革手袋を装着する。

本種の飼養ではケージ内に木を設置する必要があり、多くの時間を樹上に絡みついた状態で過ごしている。そのため保定の際にスネークフックは使いづらい。非常時の保定には樹上性ヘビ特有のポイントがある。

一般的な保定具は使用不可

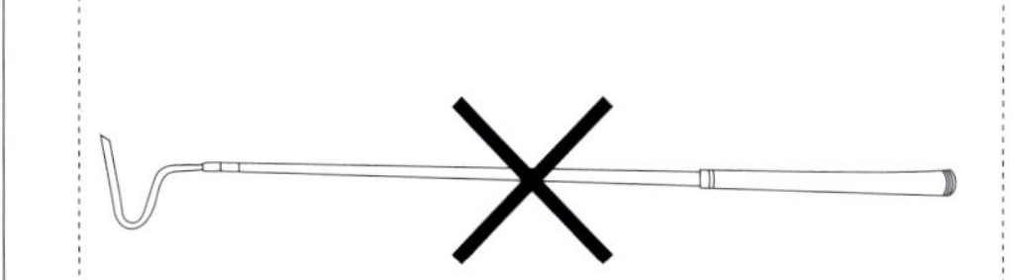

木には枝や葉が複雑に広がっているため、スネークフックによる保定は困難なケースが多い。無理にこれらを使用すると事故につながることも少なくない。

ケージ内は比較的多湿に

野生下では熱帯多雨林帯に棲息する本種は、飼養下でも比較的多湿な環境管理が必要となる。適度な保湿のため、恒常的に右のような作業を行うと良い。

ケージ内の保湿のための措置

- 深めの容器に水を注ぎ、ケージ内を加湿する
- 朝晩の２回、ケージ内に床面がしっかりと湿る程度の水を霧吹きで散布する

※ケージ内の湿度は60～80％をキープすると良い

本種の飼育ケージは幅、奥行きともに45cm以上、高さ60cm以上を目安とする。これよりも狭い飼育ケージでは、ストレスにより拒食を引き起こす可能性が高い。また、風通しの悪さや極度の乾燥も体調を崩す要因の１つとなる。朝晩２回の水の噴霧と換気を心がけ、飼育ケージ内の湿度は60～80％に保つのが理想的だ。

そのほか、飼育ケージ内には絶対に倒れない状態に固定した木や枝を数本セットする。先に書いたように、本種は野生下では主に樹上で活動を行なっている。そのため、飼育個体がこれらの木や枝の上で快適に過ごせるようにする必要がある。

水分補給用の水は、深めのケースに石などの重りを入れ、たっぷりと水を注いでおく。もっとも、よほど空気が乾燥するようなことがなければ飼育個体がこの水に口をつけることはないものと思われる。飲用としての水は朝晩に行なう水の噴霧でほぼ十分であるケースが多い。

なお日中は樹上で動かないことが多いが、夜間には木から降りて活動することもある。そのため、床には新聞などを敷いた上、落ち葉などを散らして飼育個体の体に自然な刺激を与えるとよい。

餌やりの際の注意点

ヨロイハブの給餌

給餌の手順

① ヤモリなどの小型爬虫類

ヤモリなどの小型爬虫類は、野生下でも捕食していると思われ、嗜好性は比較的高い。ただしこれだけでは栄養バランスや必須エネルギー量が不足傾向となる。

② マウス、ラット

ヤモリに餌付いたのちは栄養面でのバランスも良いマウス、ラットへと移行する。最初はヤモリの匂いをこれらにつけて与えると良いだろう。

温めたのち、動かしてみる

活マウス、活ラットに餌付きにくい場合、冷凍とし、50℃前後の湯で温めたのち、飼養個体の目の前で動かしてみると良い。

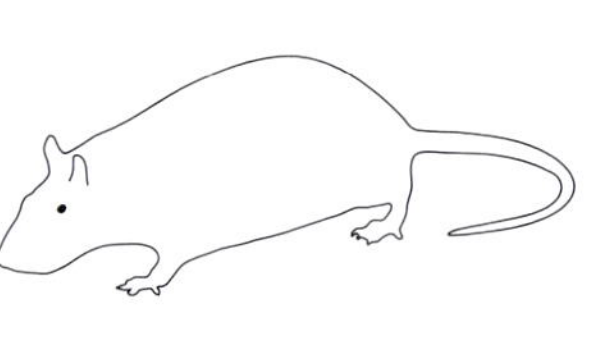

本種では、餌食いが良くない個体が比較的多い。長期の拒食では生命に関わる可能性もある。ここでは給餌の際の留意点と強制給餌について紹介する。

拒食の原因は環境にある場合も

拒食や餌の切り替えがうまくいかない場合、餌そのものではなく飼養環境に問題があるケースもある。

・ケージ内の温度が低すぎる

代謝が落ちている場合には餌を食べないことがある。本種のケージ内は25～30℃にキープすること。

・ケージ内湿度が低すぎる

本種は比較的乾燥に弱い個体が多く、ケージ内の湿度が低すぎる場合に餌食いが落ちることがある。また湿度が低いと脱皮不全を招くこともある。ケージ内の湿度は70～80%を目安とする。

・ケージが狭すぎる

本書で示したケージサイズ（タテ45×ヨコ45×高さ60（㎝））を基本に飼養個体のサイズに合わせた大きさのケージを用意する。夜間、樹上を中心に意外と運動量は少なくないため、広めのケージとする必要がある。

長期の拒食では強制給餌も

健康時の代謝量を考えると2～3カ月程度は餌を食べなくても問題はないものと思われるが、さらに長期間餌を食べない場合には強制給餌が必要となる。本種の毒の主成分はたんぱく質を分解するもので、ヒトが受ける被害も大きいため、十分な注意を払わなくてはならない。

強制給餌の際の注意点

・必ず革手袋を着用すること

強制給餌は素手での作業となるが、その際には必ず厚手の革手袋を着用することを忘れてはならない。

・1人では行わないこと

万が一の咬傷事故の際、咬まれた場所などによっては救急への連絡が行えないケースも考えられる。必ず2人以上で作業を行うこと。

本種は決して餌付きのよいヘビではなく、与えた餌を初めから易々と食べてくれる個体はほとんどいないと考えた方がよい。そこでまずは餌の入手のしやすさとは無関係に「食べてもらうこと」を最優先し、ヤモリなどの爬虫類を与えてみるとよいだろう。その後、徐々に入手しやすいマウス・ラットへと移行するのだが、その際、最初にピンクラットから試してみるとよい。これまでの経験では餌のサイズとは無関係に（飼育個体がマウスやファジーマウスをゆうに飲み込めるサイズだったとしても）、餌をくわえた後の嚥下がピンクラットの方が良かったことをお伝えしておきたい。

また、冷凍餌の場合は50℃前後まで温めてから与えること、餌に動きをつけながら与えることも餌を食べさせるのに効果的だ。長いピンセットなどで温めたピンクラットをつまみ、飼育個体の前で動きに強弱をつけながら与えてみるとよい。

なお、どうしても餌を食べない時に行う強制給餌はくれぐれも毒牙に気を配りながら行うこと。本種ではあまり聞かないが、多くのクサリヘビ属（Vipera）において自らの下顎に毒牙を貫通させ、外敵に毒を注入するという事例がおきている。

主な症状と治療法

本種の餌付けにはヤモリから始めるとよい、というのは先の通りだが、最終的にはホッパーやアダルトマウスを主食とさせる必要がある。こうした切り替えがうまくいかない場合、代謝性骨疾患や筋肉の痙攣、運動機能の障害が見られるケースがある。こうした症状の多くは低カルシウム血症によるものだ。

低カルシウム血症の原因は骨組織が未熟なピンクマウスだけを与えているといった栄養価によるものだけではなく、感染症によるもの、紫外線浴（日光浴）の不足など様々な原因が考えられる。特に紫外線浴の不足はこうした症状と深く関わっているようだ。

なお、こうした症状はヘビ亜目全体を見渡した際、特にクサリヘビ科（Viperidae）に多いように感じられる。本種ほか、クサリヘビ科のヘビの飼育に際しては、特に十分な紫外線の照射に気を配る必要がある。

この項で紹介した内容で飼育ができる主な種

アジアに住む樹上性のクサリヘビのうちのマムシ亜科、なかでもアジアハブ属（*Trimeresurus*）には本種と同様の生態をもつ種が多い。

シロクチアオハブ
Trimeresurus albolabris
タイワンアオハブ
Trimeresurus stejnegeri
スマトラハブ
Trimeresurus sumatranus
ヘーゲンアオハブ
Trimeresurus hageni

環境省が定めた飼育施設の基準

・ケージの形態
織金網おり、ふた付きガラス水槽、ふた付き硬質合成樹脂製水槽、ふた付きコンクリート水槽又は鉄板若しくは木板製の箱

・ケージの規格（仕様）等
1．織金網おりにあっては、直径1.5㎜以上、網目10㎜以下のものを使用すること。
2．ガラス水槽にあっては、強化ガラス製であること。
3．硬質合成樹脂製水槽にあっては、厚さ６㎜以上であること。
4．コンクリー水槽にあっては、厚さ20㎜以上であること。
5．箱には、厚さ２㎜以上の鉄板又は厚さ25㎜以上の木板を使用すること。箱の正面は、強化ガラス板、又は厚さ６㎜以上の硬質合成樹脂製板（へび類については、体長３ｍ未満のものに限る）に代えることができる。
6．排水孔、通気孔等を設ける場合には、動物が脱出しないよう金網等でおおいを付けること。

・出入り口等
必要。金網、木板、鉄板等を使用し、動物の脱出を防止するために十分な強度及び耐久性を持たせること。

・錠
内戸及び外戸の錠は、それぞれ１箇所以上の施錠ができること。

・間隔設備
金網、通気孔等の施設の開口部から動物に触れられないように金網等でおおうこと。

・その他
抗毒血清を用意すること（毒へびに限る※編集部注：本種は毒へびのため抗毒血清が必要ということになるが、地域によっては不要なところもあるので要問い合わせ）。

キングコブラ

King cobra

DATA

分類	有鱗目コブラ科キングコブラ属	寿命の目安	20年程度
分布域	インド、中国南部、 東南アジアに幅広く分布	主な餌	ヘビを主食とするが トカゲや小型哺乳類も
生息域	熱帯多雨林、低地の草原地帯	繁殖について	卵生。1度に20～50個産卵。

ヘビを主食とするヘビ界の「King」

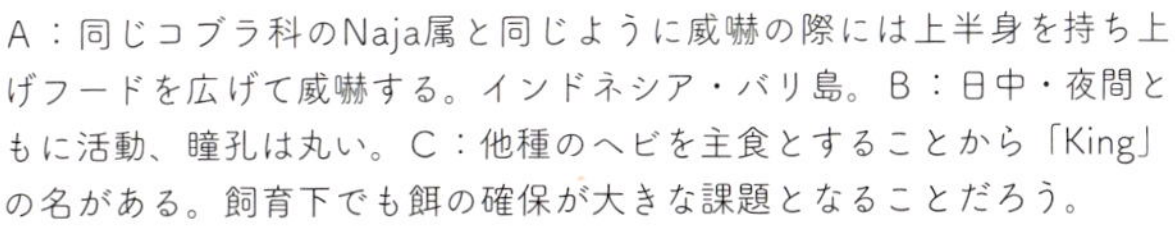
A：同じコブラ科のNaja属と同じように威嚇の際には上半身を持ち上げフードを広げて威嚇する。インドネシア・バリ島。B：日中・夜間ともに活動、瞳孔は丸い。C：他種のヘビを主食とすることから「King」の名がある。飼育下でも餌の確保が大きな課題となることだろう。

「コブラ」という一般名（和名・英名）が使われているが、1属1種のみが「キングコブラ属（*Ophiophagus*）」とされている。また威嚇時に立ち上がってフードを広げるものの、フードコブラ属（*Naja*）と比較するとフードの大きさはそれほど大きくはない。

最大体長は500㎝を越えるほどの世界最大級の毒ヘビで、タイやカンボジア、インドなどに生息。熱帯多雨林やその周辺の水田などを生活域としている。餌のほとんどは他種のヘビで、飼育下でもヘビ以外は食べないケースが多い。こうした生態から一般名をキングコブラ（ヘビの王）と付けられている。

体が大きく、力が強い上に毒の量も多いことから遭遇すれば危険なヘビであることは間違いないが、人の生活域に出没するケースは多くない。また毒の成分は神経伝達を阻害するものを多く含むが、毒性そのものはコブラ科（Elapidae）の中ではそれほど強くない。

最近では生息域の開発などにより急激に個体数が減少しており、国際自然保護連合（IUCN）のレッドリストではVU（絶滅危惧Ⅱ類）に指定されている。

飼育ケージの製作と日常管理

キングコブラのケージ（仕様の目安）

ニシキヘビに匹敵するパワーをもつ本種の飼養では、堅牢なケージが不可欠なものとなる。各部の仕様に加え、施錠に使う鍵そのものの強さも省みる必要があるだろう。

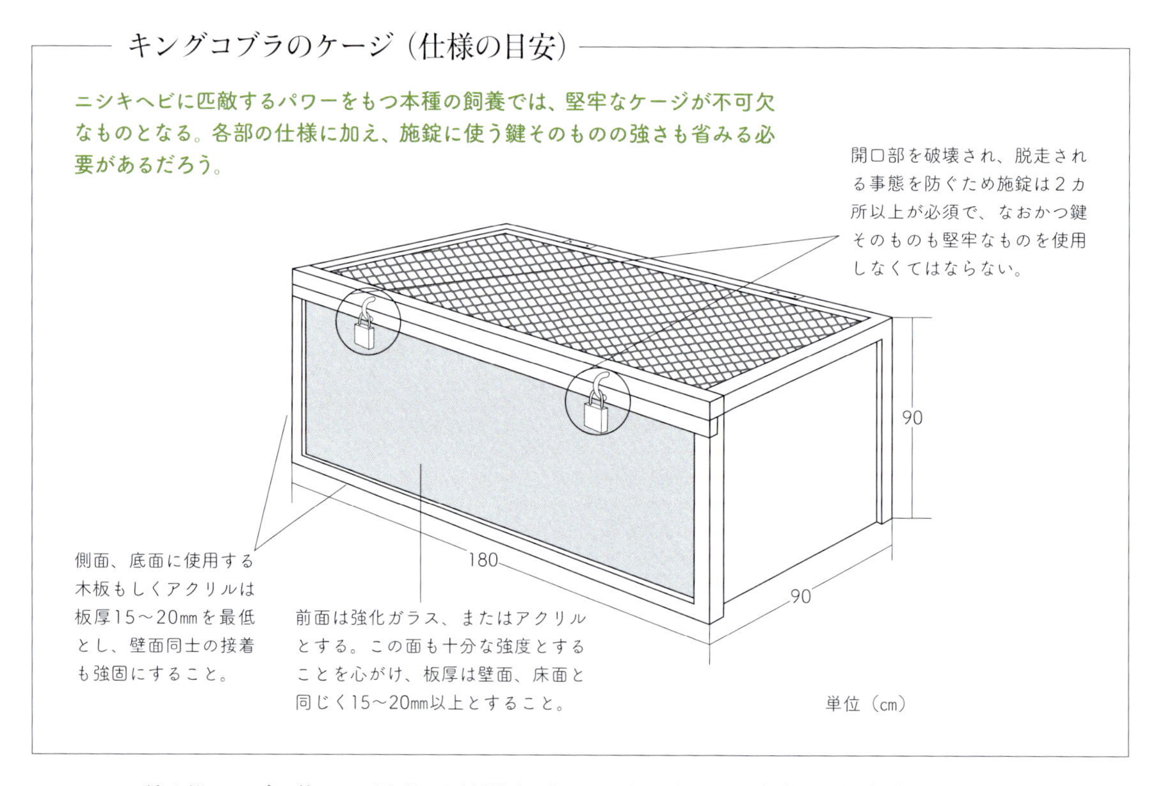

本種は他のコブラ科のヘビと比べ圧倒的なパワーをもつため、それに負けない堅牢な設備と飼育管理者の強い体力（筋力）・高い技術が不可欠なものとなる。そして、もちろん大きな飼育ケージを必要とすることから、十分な広さの飼育ルームを必要とすることはいうまでもない。私はしばしば、本種の特徴を端的に表す言葉として「ニシキヘビの力をもつコブラ」と説明している。ヘビ亜目でも珍しいほどの力強さとトップクラスの毒の量を誇るのがキングコブラなのである。

こうしたことから女性や未成年者の筋力ではハンドリングは不可能と考えた方が良いだろう。ただし、それらの人々でも完全に関節飼育ができる飼育ケースを用意できるのであれば、まず問題なく飼育することができる。もっとも、それにしても万一の事態を考え、保定道具を使いこなすために十分な技術と、握力をはじめとした筋力を飼育管理者が維持しておく必要がある。そのためには日頃のトレーニングも忘れてはならない。

本種の保定に使用する器具としてはスネークトング、スネークフック、スネークループ、保定パイプなどが挙げられる。このうち、本種の特質や安全性を考慮してスネークフックまたはスネークループと保定パイプとの組み合わせが最も適している。

飼育温度の目安	27～30℃
飼育ケージの目安	W180×D90×H90(cm)以上
餌やり頻度の目安	2週間に1～2回

保定の際の注意点1

キングコブラの保定（スネークフックと素手による保定）

体が大きく、毒の量が多い本種だが、慣れてしまうとスネークフックと素手による保定がもっとも危険性が少ないことがわかるだろう。ただし、万が一のことを考え、必ず厚手の革手袋を使用することを忘れてはならない。

スネークフックと素手による保定の手順

① スネークフックを使い頭部やや後方をできるだけ軽く押さえる

押さえる際の力加減には十分に注意を要する。過剰な力が加わると骨折などの健康障害につながる恐れがある。

② 利き腕で後頭部の第一・第二頚椎あたりを親指と小指で確実にしっかりと押さえる

素手で押さえる際には必ず厚手の革手袋を着用すること。強く握りすぎると内臓や骨に障害をきたしてしまうため注意する。

③ 薬指と小指は頸部にかかる負担を減らすために握りしめる

薬指と小指で腹面を支えるようにして握る。腹面側を親指と中指で、背面側は人差し指で押さえることで開口を防ぐこともできる。

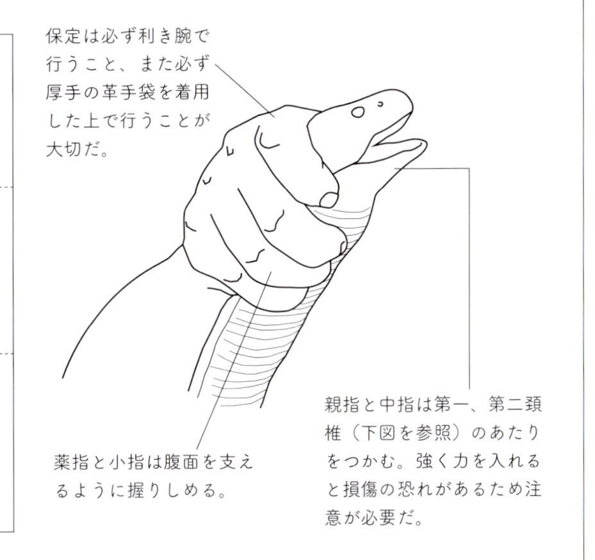

ングコブラの保定の基礎として、まずスネークフックの使用法から説明する。主に次の3段階が基本となる。

1.スネークフックを使い頭部後方からやや胴体側をできるだけ軽く抑える。
2.きき腕で後頭部すぐ後ろに繋がる第一・第二頚椎辺りを親指と中指で確実にしっかりと、なおかつ生体が苦しまない程度に保定する。
3.この時、薬指と小指は親指と中指で保定した生体の頸部にかかる負担を減らすとともに、しっかりと保定するためにヘビを握りしめる（慣れてくれば人差し指で頭部の適切な部位にバランスよく力を加えることで、下顎にかかる親指と中指を利用し、むやみに開口させないことも可能）。

このように素手で本種を扱うことは確かに危険だ。できれば手袋を使って保定したいと考える人が多いだろう。しかし手袋は生体の力と扱う者の握力との間に生まれる摩擦力により破ける可能性が高く、仮に厚手のものを使用した場合でも感触がつかみづらいため危険につながる。本種の鱗にはキール（突起）がなく、手で掴んだ際、非常に滑りやすいということを忘れてはならない。

こうした事情から首元を抑える手に手袋をしたとしても、場合によって素手と同じくらいの危険がともない、むしろ素手の方が安全な場合もあるということを理解しておく必要がある。

保定の際の注意点2

保定用具によるキングコブラの保定

キングコブラで推奨される保定用具は下記の2種だ。

素手で触らずに保定する保定用具

その1：保定ループ

① **保定するヘビの首元にパイプの先から出たループを引っ掛ける。**

咬傷事故防止のためには必ず首元にループを引っ掛ける。

② **手元のループを引いてヘビの首元をしめる。**

この時、強く引きすぎるとヘビの脛骨が折れたり窒息状態となったりすることがあるので要注意。

保定ループの使い方

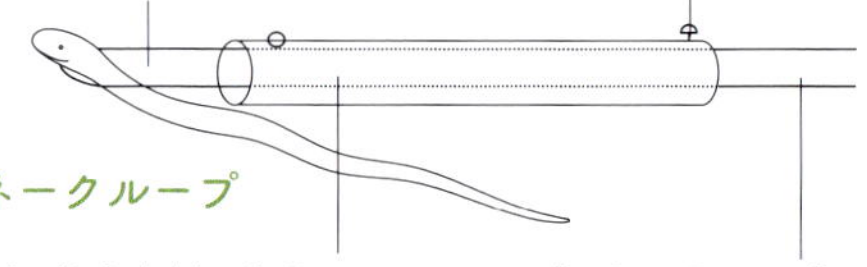

パイプの先から出たループでヘビの首元を捕える。

パイプの上部にはループを巻きつけて固定するためのビスを設置。

スネークループ

パイプに使う素材は塩化ビニール、アクリルなどが良い。

ループは登山用ロープや麻糸などが適している。

その2：保定パイプ

① **保定ループなどを使用してホールドしたヘビの頭部をスネークパイプの入り口にもってゆく。**

サイズをあらかじめ確認しておくこと。小さいと入らないし、大きいとヘビがパイプの中でUターンしてしまう。

② **ヘビの体が保定パイプに完全に入ったことを確認して、入り口を麻布などで覆い、紐で縛る。**

脱走を防ぐため、入口を麻布で覆い、紐でしっかりと縛る。サイズによっては2～3枚を重ねた方が良い場合もある。

保定パイプの使い方

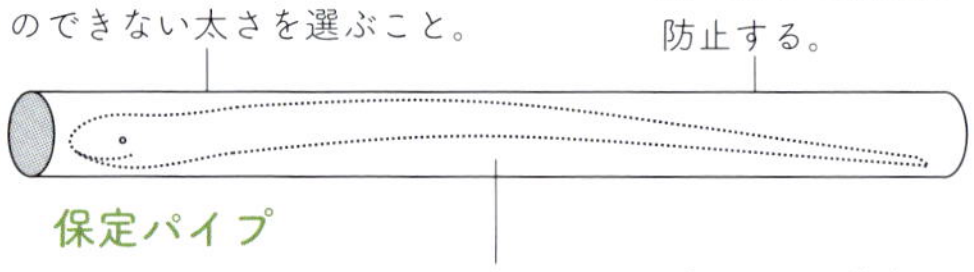

保定パイプの中でヘビがUターンのできない太さを選ぶこと。

入り口は麻布などでフタをした上、紐で縛って脱走を防止する。

保定パイプ

スネークループと同じく塩化ビニールまたはアクリルを使用。

保定パイプは一般的に1.スネークフックで保定パイプの入り口に誘導する、または2.スネークフックで固定した後に手で保定しなおした飼育個体を保定パイプに入れる、というのが一般的だ。このとき一人で行う、あるいは保定パイプを固定せずに行うなどの無理をしてはならない。また、慣れるまでは必ず一人ではなく、経験と技術をもった人物をそばに置くことが重要だ。

また保定パイプに飼育個体を入れるのに、最も適した保定具はスネークループだ。スネークループの使い方は生体の頭から首元まで器具の先端についた革製のループを通し、手元まで繋がる紐を引くことで締め付け保定するというものだ。

この時あまりにも強く絞めつけることで、生体にダメージを与えてしまう、絞めつけが弱すぎることで保定箇所がずれる、飼育個体が逃げるなどのミスには重々注意が必要だ。こうしたミスは重大事故につながる恐れがあるため、しっかりとスネークループの使い方を練習しておく必要がある。

またスネークループは手で紐を引くことで保定するしくみだが、引いた紐そのものを何らかの突起や保定具の柄に巻きつけ、紐がずれないようにすることで保定した飼育個体が動いたりループがずれたりすることを防止できる。そこまでして初めて片手で保定具を手にもつことができるのだ。

その後、空いている手で生体の尾あるいは胴体を真っ直ぐにもち、保定が完了する。この時、飼育個体と保定具がまっすぐになるようなイメージで尾や胴体をもつとよい。これにより、保定パイプへ入れる作業を安全に行うことができる。

主な症状と治療法

本種の飼育ポイントは何といっても、無食欲症をいかにストップさせせるかにかかっている。これまでの経験からすると、狭い飼育ケースに入れられた個体ほど餌付きが悪い。目安として本種の餌として与えるヘビよりも大きな（体長と比べて長い）飼育ケースを用意することがポイントではないかと思われる。

また水もよく飲むのだが、強制給餌が必要となった場合には給餌の１～２日前から水を与えないようにすることが重要である。なぜなら保定中に大量に飲んだ水を吐き戻してしまう可能性があるためだ。無食欲症に限らず、体調を崩した個体に嘔吐させることは症状を大きく悪化させる恐れがあるため、保定前には吐き戻しを予防する十分な配慮が必要だ。

さて強制給餌の方法は次のとおりである。

1.飼育個体の首元を保定し、エサとするヘビの口先を、その口元にスライドさせせるようにやさしく押し付ける。

2.飼育個体が口を開いた瞬間、滑らかにエサの口先の方から口腔へと押し込んでゆく。

これを見るとずいぶん危険な作業だと感じられるかも知れないが、しっかりと保定し、毒牙にさえ気をつけていれば、実はそれほど危険ではない。彼らはクサリヘビ類と比べ毒牙が短いため、少々保定箇所のポイントがずれたとしても、大惨事につながる確率は低いためだ。

本種と比較するとむしろ日本産のハブ類は毒牙が長くアゴも器用に動くため、より十分な注意が必要となる。特に大型個体になると比率的に毒牙が長くなる傾向がみられ、数㎜程度の保定位置のずれで致命的になることが多い。ましてや２ｍを超えるような大型個体への接触は可能な限り避けることが賢明だ。

なお、本生体の無食欲症の治療には、腹腔内へ５％のブドウ糖と共にビタミンＡ、ビタミンＢ群、プレドニゾロン、メトロニダゾール等が考えられる。獣医師の指示、指針に従い投薬するとよいだろう。

この項で紹介した内容で飼育ができる主な種

本種の体格、毒の量の多さなどは他種にはないもので、飼育には大きな危険を伴う。こうした飼育管理は本種独特のものと言える。

なし

環境省が定めた飼育施設の基準

・ケージの形態

織金網おり、ふた付きガラス水槽、ふた付き硬質合成樹脂製水槽、ふた付きコンクリート水槽又は鉄板若しくは木板製の箱

・ケージの規格（仕様）等

1．織金網おりにあっては、直径1.5㎜以上、網目10㎜以下のものを使用すること。

2．ガラス水槽にあっては、強化ガラス製であること。

3．硬質合成樹脂製水槽にあっては、厚さ６㎜以上であること。

4.コンクリー水槽にあっては、厚さ20㎜以上であること。

5．箱には、厚さ２㎜以上の鉄板又は厚さ25㎜以上の木板を使用すること。箱の正面は、強化ガラス板、又は厚さ６㎜以上の硬質合成樹脂製板（へび類については、体長３ｍ未満のものに限る）に代えることができる。

6．排水孔、通気孔等を設ける場合には、動物が脱出しないよう金網等でおおいを付けること。

・出入り口等

必要。金網、木板、鉄板等を使用し、動物の脱出を防止するために十分な強度及び耐久性を持たせること。

・錠

内戸及び外戸の錠は、それぞれ１箇所以上の施錠ができること。

・間隔設備

金網、通気孔等の施設の開口部から動物に触れられないように金網等でおおうこと。

・その他

抗毒血清を用意すること（毒へびに限る※編集部注：本種は毒へびのため抗毒血清が必要ということになるが、地域によっては不要なところもあるので要問い合わせ）。

Naja nigricollis

クロクビコブラ

Spitting Cobra

DATA

分類	有鱗目コブラ科フードコブラ属
分布域	アフリカ大陸東部から中西部
生息域	サバンナ、乾燥した森林地帯
寿命の目安	15～20年
主な餌	小型哺乳類
繁殖について	卵生。1度に10～24個産卵。

全身が漆黒に染まる大型コブラ

A：Naja属（フードコブラ）らしく幅の広いフードをもつ。体色の黒は日中、太陽熱を効率的に吸収する役割も果たしていると考えられる。B：体調200cm近くにもなる大型のコブラ。サバンナなど比較的乾燥した場所で見られる。

有鱗目（ヘビ亜目）のうち、毒液を前方に噴出する種はフードコブラ属（*Naja*）のいくつかの種とリンカルス*Hemachatus haemachatus*で、いずれもコブラ科に分類されている。

これらのヘビのうち数種はアジアに棲むが（ジャワドクハキコブラ*Naja sputatrixi*など）、リンカルスなど、アフリカ大陸により多くのこうした生態をもつヘビ（ツバハキコブラ）が生息している。

クロクビコブラ*Naja nigricollis*はその代表種の１つで、アフリカ中〜南部の内陸地に棲み、和名に「クロクビ」と付けられているものの多くの個体は全身ほぼ黒一色だが、腹面の一部が白い個体も一部見られる。フードコブラ属のヘビらしく、外敵に遭遇すると幅の広いフードを広げ、噴気音を出しながら威嚇し、それでも相手が怯まないと毒液を噴出する。

毒液噴出の仕組みは単純で、前牙の前方に牙の形状に沿って縦に切れ目があり、その隙間から前方に向かって毒液を飛ばす。毒の成分には刺激性のヒスタミンが含まれており、目に入ると激しく痛み、多量に毒を受けた場合には失明の危険性もある。なお、他の毒ヘビと同様に咬みついて毒液を注入することもできる。

ケージ製作の注意点

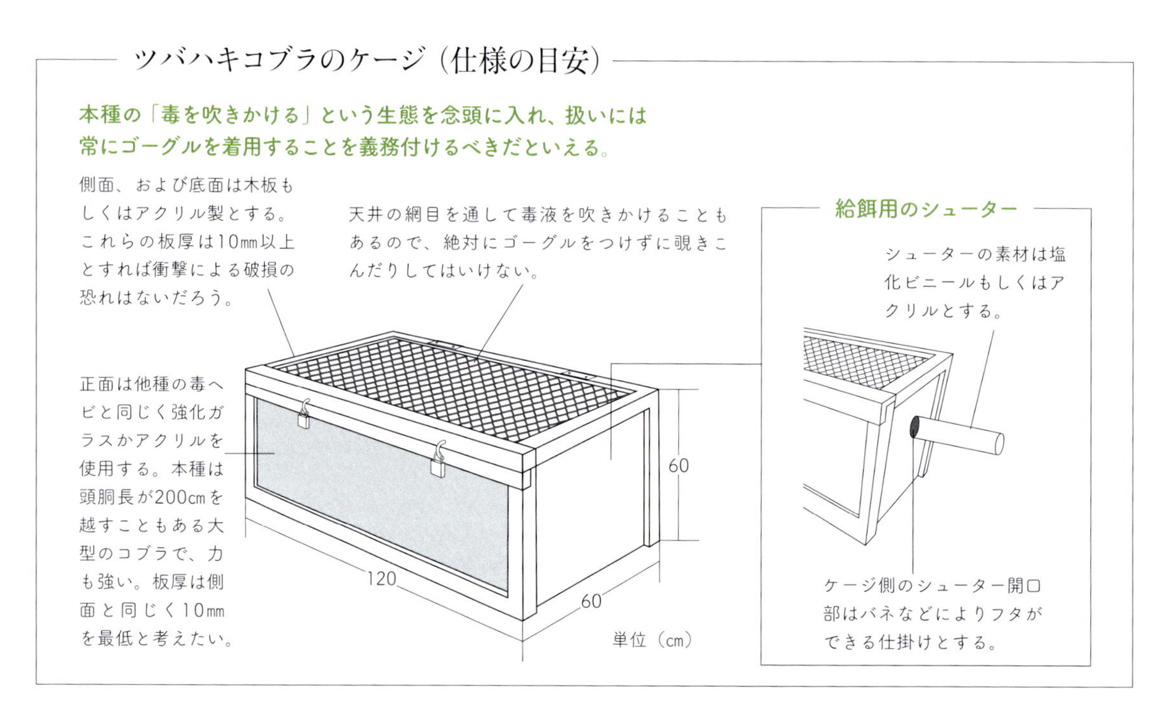

フードコブラ属（*Naja*属）並びリンカルス属（*Hemachatus*属）は餌付きの良いものが多く、飼育管理は難しくない。また湿度の許容範囲は比較的広く、通常時の飼育温度は27℃前後が適温といえるだろう。捕獲機付きシェルターにも容易に順応する個体が多いので、この保定器具に生体が入り、リラックスしている時に蓋を閉じて捕獲。そして清掃、移動などの作業にあたれば、危険を回避して飼育することが可能である。

ただし本種の飼育にあたり、気を配らなくてはならないことがある。それは本種は学習能力が高く、特に餌と人間の行動や音の関係を「条件性好子」として結び付けやすいのである。そのため、餌を与えるときの「蓋を開ける音」、「ピンセットが現れる様子」などを経験によって学習し、給餌のために開けた小窓に飼育個体が先回りして来てしまうことがある。その結果、脱走や誤って管理者に咬みつくといった事故が起きかねない。

本種の学習能力の高さによるこうした事故を回避する方法としては物理的な方法（１蓋付きのシューターを取り付ける、２給餌用の小窓を複数設置するなど）と、行動分析学的な方法（１必要が無くてもピンセットでケースや給餌用の小窓を叩く、２給餌の際以外に不規則に、かつ複数回にわたり給餌用の小窓を開閉するなど）が考えられる。

また、給餌のタイミングを飼育個体がシェルターに入っている時だけにすることも有効な方法の１つだ。このようなトレーニングの成果で近寄らなくなる。

飼育温度の目安	25〜30℃
飼育ケージの目安	W120×D60×H60（㎝）以上
餌やり頻度の目安	２週間に１〜２回

＊特定の要因（ここでは人間の行動や音）によって起こる現象（ここでは餌を与えられるということ）を学習しうる要素のこと。

目を保護することの重要性

毒を吹き出すしくみ

本種は毒液を前方、に吹きかけることができる。飼養管理の際には細心の注意が必要だ。

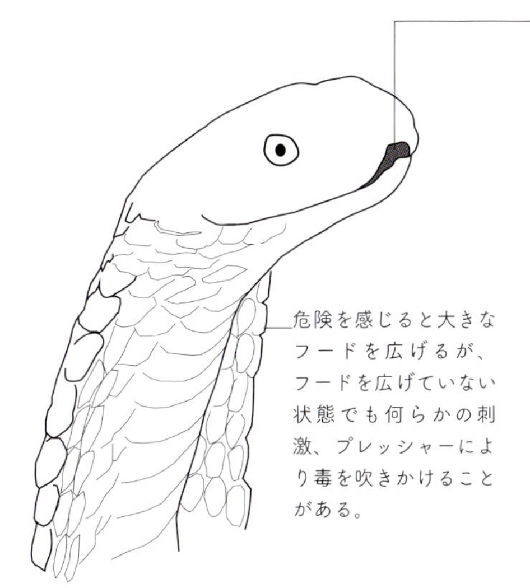

毒液噴出のしくみ

コブラをはじめとする溝牙類のヘビの多くは毒腺につながる牙の開口部は縦に細長い形をしている。

毒を前方に吹きかけることができるヘビでは牙の開口部が小さく、これにより毒液が飛散する。

本種も他のコブラ科のヘビ（Elapidae）と同じく外敵や獲物に直接咬みついて毒液を注入することもできる。

直接管理の際は必ずゴーグルを

飼養個体はケージから出さなければならない時には、どんなに短時間であっても必ずゴーグルをすること。本種の毒は刺激性のあるヒスタミンなどを含み、眼に入ると激しい痛みを伴い、重篤な場合には失明することもある。

保定ののちも細心の注意を

多くの毒蛇は首元を掴んで保定してしまえば毒牙、毒液の被害を受けることはない。しかし、本種においては保定ののちも毒液を吹きかける恐れがある。管理者だけでなく、立ち会う者全員が必ずゴーグルを着用すること、そして決して飼養個体の口を人に向けてはならないことを留意する必要がある。

頭部周辺には近づかない

保定にあたっては他種のヘビと同様、首元を掴む方法で良いが、決して口を人に向けていけない。

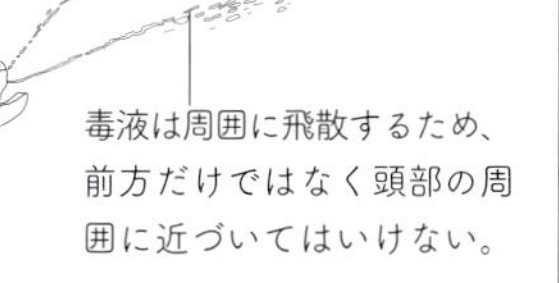

毒液は周囲に飛散するため、前方だけではなく頭部の周囲に近づいてはいけない。

本種がすこぶる危険であるのは、飼育下で頻繁に我々の目を目がけて毒を吹きかけてくるためである。私もこれまで数十回にわたり毒を吹きかけられてきたが、多くのケースで保護眼鏡やゴーグルにより危険を感じることはなく無事に済んだ。

「多くの場合」としたのは、一度記録用の写真を撮影する際に保護眼鏡をはずした際に危険な目にあったためである。その際、飼育個体はカメラのレンズに向け、あまりにも正確に毒を噴射したことから事なきを得た。しかし、飼育個体がなんらかの事情により正確な毒液のコントロールができずにファインダーにあてていない方の目、あるいはファインダーの縁から毒が侵入していたら、どのような事態になっていただろうか。この例からも撮影の際にも目の保護を怠らないことが必須と考えられる。

保定の際の注意点

クロクビコブラの保定

日常の飼養管理において、保定を必要とする機会は多くないが、止むを得ず保定が必要になった場合には下記のような保定用具を使う。

クロクビコブラの保定

① スネークフックによる保定

強く抑えると気管肺などを傷つける恐れがある。あくまでも「動きを止めて押さえつける」ことを念頭に、強く抑えすぎないように注意する。なお、作業にあたっては必ずゴーグルと厚手の革手袋を装着することを忘れてはならない。

② スネークループによる保定

気の荒い個体を扱う場合や、素手で扱うことに自信がない場合にはスネークループを使用すると良い。頭側からループを通し、首元に引っ掛けてループを引くことで保定する。

給餌の際の「開閉」を学習させないために

本種は学習能力が高く、保定や給餌などでケージ開口部の扉を開けることを察知することがある。その結果、脱走や咬傷事故につながるケースも考えられる。これを防ぐためにはケージ構造の工夫に加え、日常管理にも工夫が必要となる。

ケージの開閉時に事故を防ぐ手段

1. ケージ側面に蓋つきのシューターを設置

給餌の際に飼養個体が飛び出すのを防ぐため、ケージにフタ付きのシューターを設置する。シューターの詳細は162頁の図を参照。

2. 給餌用の小窓を複数設置する

ケージ側面に複数の給餌用小窓を設置する。これにより給餌の際、飼養個体が特定の場所に近づくことを回避できる。

3. 普段からピンセットでケースや給餌用の小窓を叩く

開口部を開放する際の脱走、咬傷事故を防ぐ手段として有効。これらの振動が開口部の開放と無関係である旨を知らせるための方法だ。

4. 給餌の際以外に不規則に、かつ複数回にわたり開口部を開閉する

これも給餌と開口部の開放との関連を学習させないための方法だ。もちろん開閉時には脱走や咬傷事故には注意。

できれば避けたいところではあるが、やむなくハンドリングを行わなければならなくなった場合には保定具としてスネークループ、スネークフックを使用すること。人によく馴れた個体や気性の安定した個体であれば、まず骨や気管などに障害を与えないように注意してスネークフックで首元を抑える。そして、口角のすぐ下あたりの頸部から頭部にかけて、必ず利き腕を使って適度な力で保定しなおす。

本種は毒液を飛ばすことができる種の多いコブラ科(Elapidae)の中でもとりわけ毒の噴射に特化した牙をもつため、スネークフックによるフッキングだけで移動、保定することは禁物だ。フッキングだけでなく手でしっかりと保定された際にも毒を噴射することができるためだ。当たり前の話だが、くれぐれも保定した後で本種の頭部を人に向けてはならない。

なお、本種を素手で保定する経験が浅く、まだ技術のない管理者や、ハンドリングになれずいつまでも落ち着きのない気の荒い飼育個体を扱う場合には、頭部をコントロールすることができるスネークループを使用するとよいだろう。

また、本種の移動の際には捕獲機付きシェルターが適している。様々な場面でこれを多用することにより、安全な飼育の確保が可能となる。

本種を含むフードコブラ属（*Naja*）、およびリンカルス属（*Hemachatus*）のほとんどは飼育に対する高い順応性をもち、多くはマウス等に餌付くため無理なく長期飼育することができるだろう。ただし、急激な温度の変化や移動、極端な湿度管理などにより、肺炎など呼吸器系の異常が現れることがある。重症になれば当然死亡する確率は高くなり、症状が軽減したとしても回復までの時間は長くかかるため、こうした症状は早めに発見することが重要だ。

呼吸器系の異常で初期に見られるものとしては1.鼻水を垂らす、2.鼻孔付近から呼吸音がする等がある。症状が進むと口から唾液を垂らし、さらに重篤になると鼻腔の奥の気管からも普段には聞いたことがないような雑音が聞こえるようになり、見た目の脱力感もしくは運動直後に大きな呼吸を連続するなどの異常がみられるようになる。

これらの呼吸器系の病状は、決して特定の細菌やウイルスによるものだけではないため、早急に獣医師の診断を仰ぎインターフェロン、メトロニダゾール、エンロフロキサシン、セファゾリン、イトラコナゾール、プレドニゾロンなどの処方を求めるのがよい。また場合によってはネブライザーを使用した治療も必要となるだろう。

この項で紹介した内容で飼育ができる主な種

フードコブラ属（*Naja*）の一部とリンカルス*Hemachatus haemachatus*の口内前方にある固定式の牙には、毒液を飛散する噴出口がある。飼育管理ではいずれも本種と同じように目を保護するゴーグルなどを装着しなければならない。

アカツバハキコブラ
Naja pallida
モザンビークツバハキコブラ
Naja mossambica

リンカルス
Hemachatus haemachatus
タイツバハキコブラ
Naja siamensis

環境省が定めた飼育施設の基準

・ケージの形態
織金網おり、ふた付きガラス水槽、ふた付き硬質合成樹脂製水槽、ふた付きコンクリート水槽又は鉄板若しくは木板製の箱

・ケージの規格（仕様）等
1．織金網おりにあっては、直径1.5㎜以上、網目10㎜以下のものを使用すること。
2．ガラス水槽にあっては、強化ガラス製であること。
3．硬質合成樹脂製水槽にあっては、厚さ６㎜以上であること。
4.コンクリー水槽にあっては、厚さ20㎜以上であること。
5．箱には、厚さ２㎜以上の鉄板又は厚さ25㎜以上の木板を使用すること。箱の正面は、強化ガラス板、又は厚さ６㎜以上の硬質合成樹脂製板（へび類については、体長３ｍ未満のものに限る）に代えることができる。
6．排水孔、通気孔等を設ける場合には、動物が脱出しないよう金網等でおおいを付けること。

・出入り口等
必要。金網、木板、鉄板等を使用し、動物の脱出を防止するために十分な強度及び耐久性を持たせること。

・錠
内戸及び外戸の錠は、それぞれ１箇所以上の施錠ができること。

・間隔設備
金網、通気孔等の施設の開口部から動物に触れられないように金網等でおおうこと。

・その他
抗毒血清を用意すること（毒へびに限る※編集部注：本種は毒へびのため抗毒血清が必要ということになるが、地域によっては不要なところもあるので要問い合わせ）。

マルオアマガサ

Banded krait

DATA

分類	有鱗目コブラ科アマガサヘビ属	寿命の目安	10～15年
分布域	中国南部～インド東部	主な餌	ヘビやトカゲ、小型哺乳類（げっ歯類）など
生息域	低地の灌木地帯、農地など	繁殖について	繁殖期は6～8月。卵生で6～12個産卵。

健康でも背骨が立つ独特の体型

A：全身に明るい黄色と黒のバンドが続く目立つ体色をしている。「雨傘」の名は背骨が立っており、体の断面が雨傘のように見えるところから。別種のヘビでは痩せたヘビでよく見られる状態だが、本種では痩せていなくてもこうした体型であることが特徴。B：繁殖形態は卵生で、一度に6～8個の卵を産む

アマガサヘビは中国南部からインド、台湾などに生息するコブラ科のヘビで、背骨が高く盛り上がり、体の断面が傘のような三角形に見えることから「アマガサヘビ（雨傘蛇）」の名が付けられたという説がある。

このアマガサヘビ属（*Bungarus*）に分類されているヘビは15種で、多くの種では黒と白、あるいは黄のバンドという体色をもつ（例外的にベニアマガサ*B. flaviceps*は頭と尾が赤くそれ以外は黒灰色）。本種も黒と黄のバンドという体色をもち、その色合いからマルオアマガサの他にキイロアマガサという一般名もある。

比較的標高の低い地域の山林、農地や河川の周辺などに生息し、小型の哺乳類や爬虫類、カエルなどを食べている。毒の主成分は神経系に作用するα-ブンガロトキシンで、人体へもわずかな量で作用し、全身の倦怠感や呼吸困難、瞼が開かなくなるなどの症状を起こす。原産地でも人が咬まれて死亡する事故が多数記録されており、非常に危険な毒ヘビの1つ。性格はおとなしい個体が多いとされるが、飼育の際には万が一にも咬傷を受けることのないよう、扱いには細心の注意を要する。

飼育ケージ製作のポイント

マルオアマガサのケージ（仕様の目安）

普段からケージ内に捕獲器付きシェルターを置いておくなど、管理の際の咬傷事故を防ぐために細心の注意が必要だ。

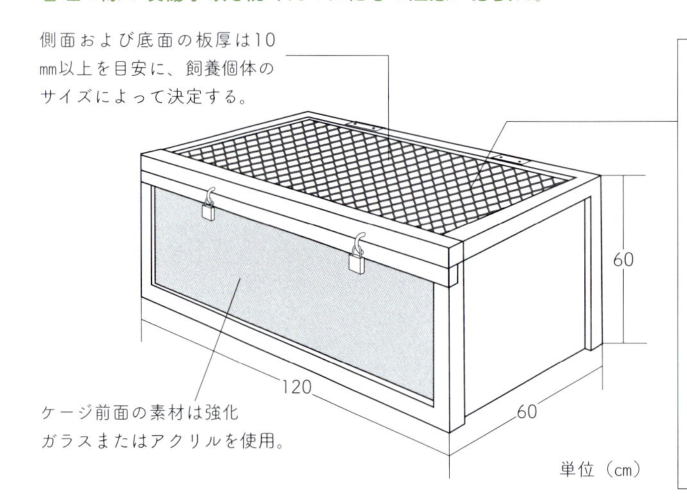

捕獲器付きシェルターを常備

ケージ清掃の際などは開口部上のロックを忘れてはならない。加工のしやすさを考えると、素材は木製が良い。

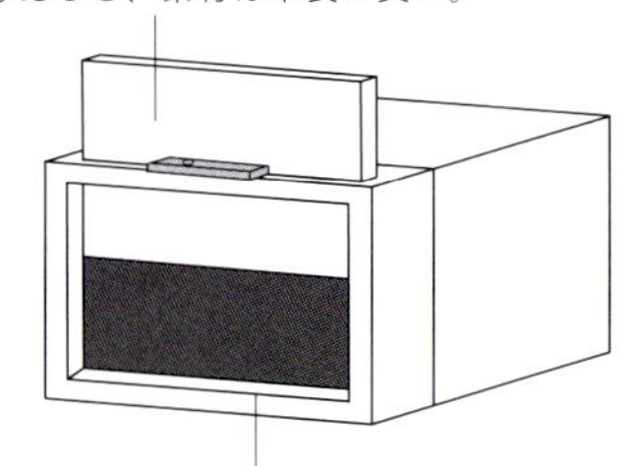

本種の最大体長は最大で200cm程度になる。飼養個体の成長とともに、サイズにあった捕獲器付シェルターを製作すること。

素手での保定は厳禁

本種のような強毒性の種では、直接飼養個体に触れることなく飼養管理することが必須となる。ケージの清掃時などの際、個体を移動させる必要がある場合などには、スネークトングまたは凹凸部分が深い形状をしたスネークフックを使用し、絶対に素手で触らないことだ。毒液が血液中に入ると重大事故となる可能性があることを忘れてはならない。

マルオアマガサの保定は

・スネークトングで頭部の下あたりを掴む

ケージの隅にいるなど、飼養個体を移動しなければならない距離が長い時にはスネークトングを使うと良い。

・落差のあるスネークフックを使う

飼養個体の移動距離が短い際には、スネークフックを腹側に差し込ませて持ち上げるなどする。いずれの際にも扱っている個体から目をそらさないこと。

本種の毒牙は比較的短い。したがって厚手の手袋や服を着用することで、牙が皮膚、あるいは体内まで貫通、毒の注入を防ぐことができる。

「安全性の確保」の第一が飼育ケージの機能性にあることは間違いない。しかし、このように服装への留意は咬まれた時の危険防止だけではなく、飼育管理者の精神的な緊張緩和にもつながる。それにより、ミスのない作業にもつなげることができるというわけだ。

飼育ケースの中には「捕獲機付きシェルター」を入れておくとよい。ケージを清掃する際にはこの捕獲機付きシェルターに生体を格納することで、安全に作業することができる。さらに、捕獲機付きシェルターを使えば生体の安全な移動も行うことができ、輸送時の事故予防にもつながる。

なお、生体が捕獲機付きシェルターに対して違和感を持たないようにするため、日頃から飼育ケージに入れておき、慣れさせておくとよいだろう。

飼育温度の目安	25～30℃
飼育ケージの目安	W120×D60×H60（cm）以上
餌やり頻度の目安	2週間に1～2回

餌の種類と量、与え方

マルオアマガサの給餌

本種は飼養下において、餌喰いがあまりよくないヘビである。そのため飼養管理において安定した給餌を行うためのプロセスには、「餌の切り替え」が必要になるケースが多い。

餌の切り替えの手順

① ヘビやヤモリ、カエルなどを給餌

まずは野生下での主な餌であるヘビ（シマヘビ、あるいはペット用に売られているコーンスネークなど）、ヤモリ、カエルなどを与える。これらを食べるようであれば、餌の切り替えを行うべく、ピンクマウスやマウスの匂いをヘビやヤモリ、カエルに擦り付けて与えると良い。

② ピンクマウスや、マウスへの切り替え

餌の入手性などを考えると、ピンクマウスやマウスに切り替えた方が飼養管理は楽になる。ピンクマウス・マウスの匂いがついたヘビやヤモリ、カエルなどを食べるようであれば今度は逆にヘビやヤモリ、カエルの匂いをピンクマウスやマウスに擦り付けて与える。最終的にはヘビなどの匂いがついていないピンクマウスやマウスへと切り替える。

餌の切り替えのポイント

ヘビやヤモリ、カエルなどを食べるようになっても、なかなかマウスやピンクマウスへの移行が難しい個体もいる。こうした個体にはマウスやピンクマウスを開腹し、内臓などをヘビ、ヤモリ、カエルに擦り付けて与えると食べることがある。

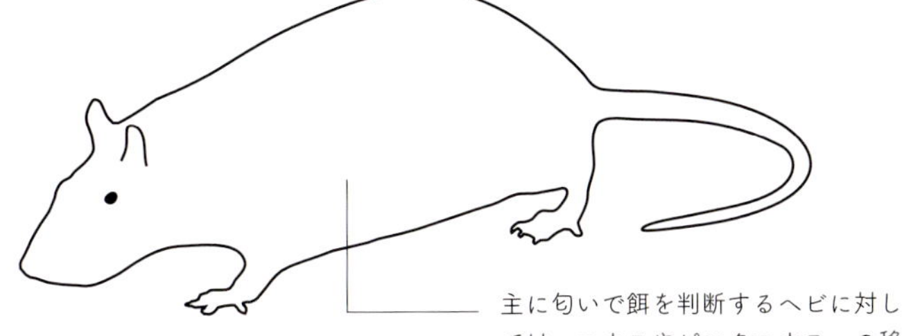

主に匂いで餌を判断するヘビに対しては、マウスやピンクマウスへの移行の際にこれらの内臓をそれまで食べている餌に擦り付けて与えると良いだろう。

マウス、鳥類を餌付けることができれば飼育は容易だ。しかし、まずは「餌を食べさせること」を第一に考え、ヘビやヤモリ、カエルなど野性下での餌を中心に与えて捕食、採餌活動を促す。

これらの餌からは原虫や線虫など、寄生虫の感染が懸念されるが、活餌でなくても食べるようであれば、餌を－20℃で48時間、－12℃で170時間冷凍したのち、解凍して与えることで感染のリスクはほぼゼロとなる。

日常的に餌を食べるようになったら、次にマウスなど定期的に供給が可能な餌へと切り替える。すでに餌付いているヘビやヤモリ、カエルなどにピンクマウスやマウスなどをこすりつけて匂い付けしてから与えてみるとよいだろう。これを何度か繰り返して食べるようであれば、今度は逆にピンクマウスやマウスの方に、今まで与えていたヘビやヤモリ、カエルの匂いをこすりつけて与える。これでたいていの個体はマウスを食べてくれるようになるが、もし何度か試しても食べない場合には、マウスを開腹し、消化管や臓器をすでに餌付いているヘビやヤモリ、変えるなどにこすり付けてから与えてみる。その後にマウスへと切り替えるとよいだろう。

Micrurus fulvius

ヒガシサンゴヘビ

Eastern coral snake

DATA

分類	有鱗目コブラ科サンゴヘビ属	寿命の目安	10年程度
分布域	アメリカ合衆国中部〜南東部	主な餌	地中性のヘビ、小型の爬虫類のほか昆虫など
生息域	灌木地帯、とその周辺の砂地、湿地など	繁殖について	卵生。繁殖についての詳細は未詳。

小さな目と丸い頭、ビビットな体色

A：北米のMicrurus属は数種の亜種が認定されているが、本種はフロリダ半島周辺の低木地帯に生息する。B：頭部は丸くごく小さな眼をもつ。こうした特徴はMicrurus属全体で見られるものだ。C：黄を挟む赤、黒というパターンが首から下に続くが、頭部および総排出口から後方のわずかな部分は黒と黄のバンドと体色パターンが変わる。

「Coral snake（サンゴヘビ）」という一般名（英名）を付けられたヘビはアジア、アフリカ、オーストラリアにもいるが、最も多くの種から構成されるサンゴヘビは本種を初めとした南北アメリカのサンゴヘビ属（*Micrurus*）だ。

彼らの多くは赤、黄（または白）、黒の３色（もしくはこのうちの２色）のバンドで構成された「警告色」を持つ。人の神経伝達物質にも影響を与える強い毒を持つことから非常に危険なヘビとされ、抗毒素が作られる1967（昭和42）年より前には死亡事故も起きている。しかし、多くの種は体長50cm程度と小さく（そのため口や牙も小さい）、性格は臆病でよほど追い詰めるなどしない限り咬みつかれることは少ない。

もっとも自然界では、やはり危険な毒蛇と認識されているらしく、南北アメリカにはサンゴヘビ属（*Micrurus*）に擬態した多くの無毒（弱毒）ヘビがいる。北米ではサンゴヘビについて「Red touch yellow can kill a fellow.（赤と黄色が並んだ模様は殺人ヘビ）」、「Red touch black, venom lack.（赤と黒が並んだ模様は無毒ヘビ）」と子どもに教えるそうだが、実際には赤と黒が並んだ模様の*Micrurus*属もいる。

飼育ケージの環境づくり

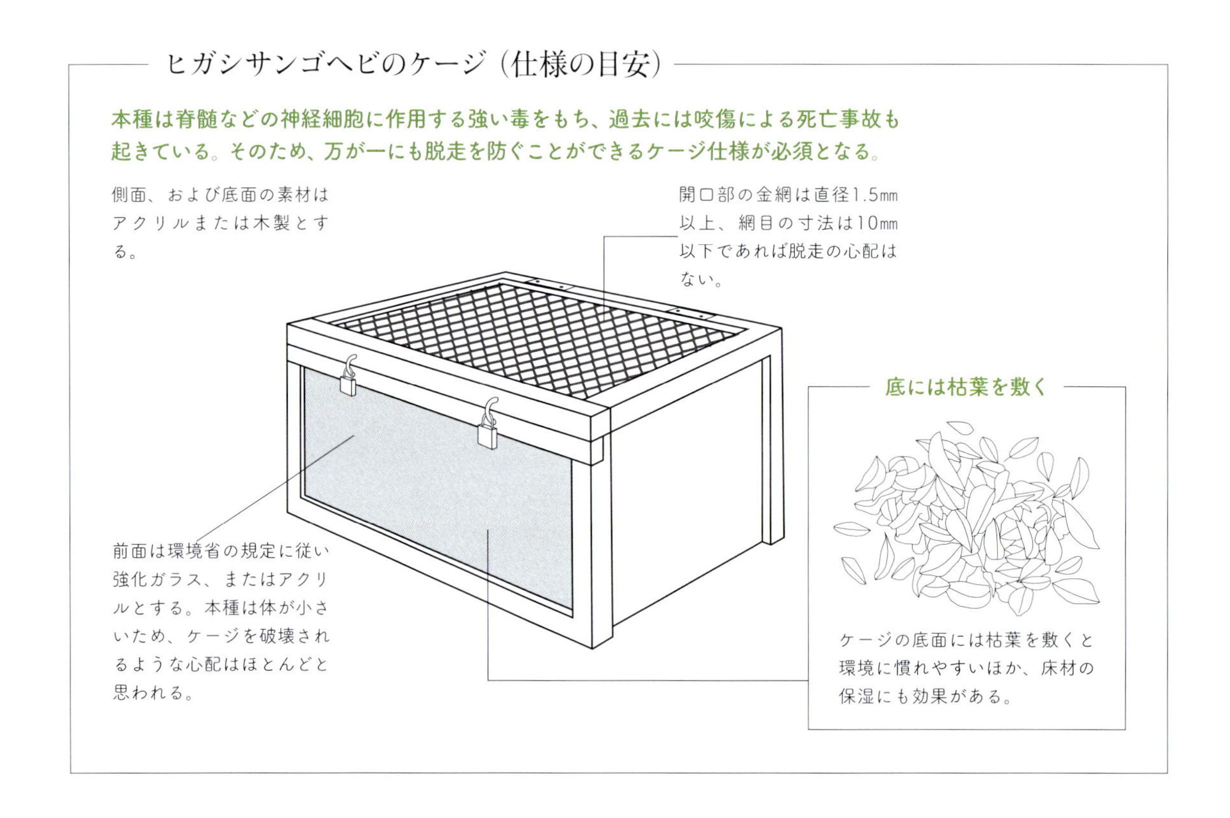

本種は強力な神経毒をもつが、さほど攻撃的ではなく安全な飼育を行うことは難しくない。ただし「安全な飼育」のためには、相応のケースや保定具などの必需品を揃える必要があり、不用心な設備による安易な飼育は厳禁といえる。

安全な飼育に必要な相応のケースとは、災害時の転落をも考慮した強度を備えたものだ。目安としてはアクリル製で、厚みは最低限10㎜以上なくてはならない。この程度の厚さがあれば、高さ100cm以上の高さから転落しても生体が逃げ出すような破損は免れることができることだろう。

また、飼育ケース内には災害時にケースの破損につながるような重い物、鋭利な物などは入れないことだ。本質的におとなしいヘビであることは間違いないが、同時に猛毒をもつことも事実で、もし飼育個体が逃げ出した場合には飼育管理者とその家族だけではなく、近隣にも大きな不安を与えることになる。

こうした事態を防ぐためには、普段の強度だけでなく、落下時（あるいはケージに物が落下した際）や災害時をも考慮し十分な強度を確保する必要がある。

飼育温度の目安	23～30℃
飼育ケージの目安	W60×D45×H45（cm）以上
餌やり頻度の目安	2週間に1回

保定の際の注意点

ヒガシサンゴヘビの保定

本種の属するMicrurus属では、過去に咬傷による死亡事故も起きている。
特に飼養の初期、慣れないうちは保定の際、素手ではなくスネークフックを使用した方が良いだろう。

保定にはスネークフックを使用

本種の最大全長は120cm程度と小さく、スネークトングなどで強く保定すると骨や臓器を損傷する恐れがある。そのため、スネークフックを使用するのが良い。

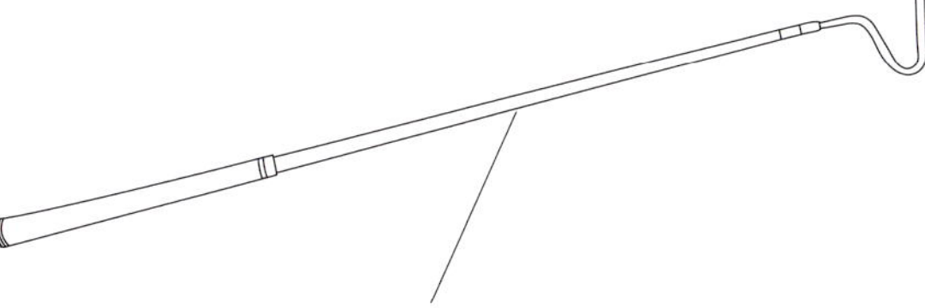

飼養個体のサイズに合わせたスネークフックを使用すること。大きなフックでは飼養個体の骨などを傷める可能性がある。

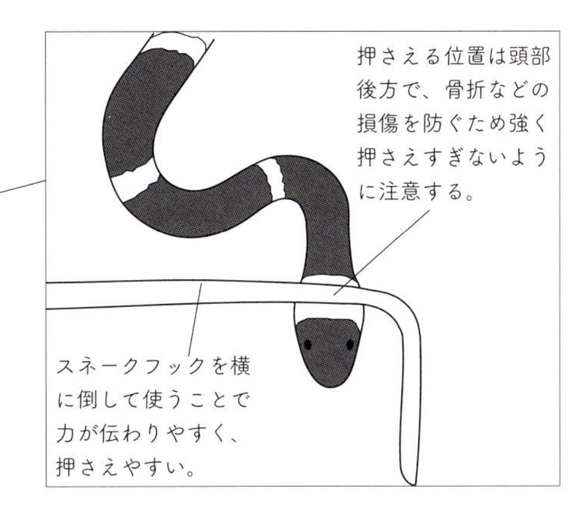

ストレスを抑えて健全な飼養を

本種は神経質な個体が多く、普段からストレスの少ない管理をすることが重要となる。右のような点を留意することで飼養個体のストレスを抑え、細菌感染症などの疾病を未然に予防する必要がある。

ストレス軽減のために

・ケージの床面に枯葉を集めに敷く。
枯葉は保湿のほか、簡易的なシェルターの役割も果たし、飼養個体を落ち着かせることができる。

・無用なハンドリングを避ける
美しい体色をもつ本種だけについハンドリングをしたくなるところだが、無用な接触がストレスとなり拒食につながるケースも少なくない。

・ケージ内を一定の湿度に保つ
本種は乾燥に弱く、脱皮不全を起こしやすい。また乾燥が拒食の原因となることもある。次頁に挙げるような方法でケージ内の保湿を行うことが重要だ。

本種のハンドリングではスネークフックが最も優れた保定具だといえる。その際、フッキングするのではなく、頭部のすぐ下をスネークフックの平らな底面で押さえるように固定すること。なおかつ、強く押さえすぎないように注意が必要だ。

なぜなら本種が飼育下における乱雑な扱いや急激な環境の変化に弱く、ストレスによる無食欲症（神経性無食欲症）を起こしやすいためだ。またそれに伴い、真菌や細菌に感染しやすくなる。本種を飼育する上で最も重要なことは、できるだけストレスを与えないことである。そのためにはケースの振動もできる限り避ける必要がある。

ストレスを緩和するための有効な方法の1つは枯葉をやや厚めに敷くことだ。本種は枯葉やその下の土の中などによく潜り、隠れることが安心へとつながる。こうした環境づくりが非常に優れた空間エンリッチメントにつながる。

餌の種類と量、与え方

ケージ環境保全と給餌

本種は野生下では比較的乾燥した地域に生息するイメージをもたれやすいが、実際には湿潤な所でもしばしば見つかる。むしろ飼育下では「保湿」が大きなポイントとなる。

ケージ内の湿度を保つために

① 湿らしたミズゴケケージ内の一箇所に集め湿り気の強い場所を作る。

ケージ内のすべての床が湿っていると、水疱など皮膚のトラブルが生じる。必ず「湿った場所」と「乾いた場所」の両方がある環境を作ることが重要だ。

② 朝晩、霧吹きをする

１日に２回をめどにケージ内に霧吹きをする。飼養個体、およびケージの大きさにもよるが、１度に散布する水の量は200ccを基本とすると良いだろう

③ 加湿器を使用する

飼養している部屋に加湿器を使用する方法もある。いずれの方法を取るにしても、必ずケージ内の湿度を常に確認できる湿度計を設置することだ。

ヒガシサンゴヘビの給餌

本種は野生下では小型の爬虫類、ヘビなどを食べている。飼養の初期にはまず餌付かせることを第一にこれらを与えてみると良いだろう。具体的にはヤモリやトカゲ、シマヘビ、ペット用に売られているコーンスネークなどである

入手しやすい餌としてはヤモリ、ペット用のコーンスネークなどがある。餌のサイズは飼養個体によるが、給餌の周期は10～14日程度に１匹と考えると良いだろう。

牙が短い有毒種（毒ヘビ）

本種は過去に咬傷による死亡事故も起きているものの、毒腺のつながる牙は長くなく、気性の荒い個体も多くない。そのため、革手袋を着用することで重大な事故につながることはほとんどないと考えられる。同じように、有毒種とされてはいるものの牙の短い毒蛇には右のような種が挙げられる。

牙が短い毒ヘビいろいろ

- 本種ほかMicrrurus属全般
- ニシサンゴヘビMicruroides euryxanthusほかMicruroides属
- ヒャン（178頁）ほかSinomicrurus属
- ピエロヘビHomoroselaps dorsalisなどHomoroselaps属

本種の飼育にあたっての優れた空間エンリッチメントを作り上げる上で、重要なポイントの１つがミズゴケなどにより湿り気の強い場所を作ることだ。こうした高い湿度や湿地をイメージした環境が考慮されにくいのは、彼らが野性下で乾燥地帯に生息しているイメージが強いためではないだろうか。

しかし、実際には本種は湿地や森林地帯のように多湿な地域にも分布しており、むしろ湿った場所の設置は不可欠といえる。飼育温度については比較的高温に弱いことから30℃以下に保つことが無難であり、飼育の初期には25～28℃をキープすることが環境に馴れさせるポイントである。また、飼育下の個体ではピンクマウスやピンクラットを食べるものもいるが、初めはトカゲや小型のヘビなど野生下で食べているものを中心に与え、代用餌として小型のカエルを試すのもよいだろう。

なお給餌や清掃など、飼育個体と接触する可能性のある作業の際には、革手袋を着用することが望ましい。本種の毒牙はあまり長くなく、良い防御策となることだろう。

脱皮不全の対処とその他の主な症状

育ケース内にシェルターを設置し、中に枯葉を敷いておくと環境に馴れやすい。また、比較的初期の段階で飼育ケース内に捕獲機付きシェルターを設置し、内部に枯葉を入れると良いだろう。これにより容易に捕獲機付きシェルターに格納しやすくなるため、メンテナンスや移動を安全に行いやすくなる。

なお、飼育ケースの床面には新聞紙を敷き枯葉を厚めに敷いた上、湿らせたミズゴケをパレットに入れて設置する。これにより飼育個体の給水だけではなく保湿にもつながり、脱皮不全の予防としても優れた効果を発揮する。

もし脱皮不全を起こした場合には飼育個体を生理食塩水などで保湿し、老廃した皮を素手またはピンセットで取り除く。このとき、無理にはがそうとして新しい組織に傷をつけないように注意すること。また、たびたび脱皮不全をくりかえす個体にはビタミンAの経口投与が効果的だ。ただし、ビタミンAの投与では副作用が発症する可能性がある。獣医師の診断を受けた上で慎重に対処することが重要だ。

この項で紹介した内容で飼育ができる主な種

本種と同様の*Micrurus*属は新大陸（南北アメリカ）におよそ50種が棲息している。ミズサンゴヘビ*Aquatic Coral Snake*のように半水棲で体の大きくなるものもいるが多くは40〜50㎝程度と小さな体をしている。

ハーレクインサンゴヘビ
Micrurus fulvius
アレンサンゴヘビ
Micrurus alleni
デュメリルサンゴヘビ
Micrurus dumerilii
リボンサンゴヘビ
Micrurus lemniscatus

環境省が定めた飼育施設の基準

・ケージの形態
織金網おり、ふた付きガラス水槽、ふた付き硬質合成樹脂製水槽、ふた付きコンクリート水槽又は鉄板若しくは木板製の箱

・ケージの規格（仕様）等
1. 織金網おりにあっては、直径1.5㎜以上、網目10㎜以下のものを使用すること。
2. ガラス水槽にあっては、強化ガラス製であること。
3. 硬質合成樹脂製水槽にあっては、厚さ6㎜以上であること。
4. コンクリー水槽にあっては、厚さ20㎜以上であること。
5. 箱には、厚さ2㎜以上の鉄板又は厚さ25㎜以上の木板を使用すること。箱の正面は、強化ガラス板、又は厚さ6㎜以上の硬質合成樹脂製板（へび類については、体長3m未満のものに限る）に代えることができる。
6. 排水孔、通気孔等を設ける場合には、動物が脱出しないよう金網等でおおいを付けること。

・出入り口等
必要。金網、木板、鉄板等を使用し、動物の脱出を防止するために十分な強度及び耐久性を持たせること。

・錠
内戸及び外戸の錠は、それぞれ1箇所以上の施錠ができること。

・間隔設備
金網、通気孔等の施設の開口部から動物に触れられないように金網等でおおうこと。

・その他
抗毒血清を用意すること（毒へびに限る※編集部注：本種は毒へびのため抗毒血清が必要ということになるが、地域によっては不要なところもあるので要問い合わせ）。

ヒャン

Hyan coral snake

DATA

分類	有鱗目コブラ科ワモンベニヘビ属	寿命の目安	10年程度
分布域	奄美大島、加計呂麻島、与路島、請島	主な餌	地中性のヘビ、小型の爬虫類
生息域	低山の林床地帯	繁殖について	繁殖時期は4月頃。卵生で2～4個産卵。

数少ない国産種の「陸生コブラ」

A：林床などに棲息しており、生態はわかっていない部分が多い。これまでに咬傷例も記録されていないが、毒腺をもつことは事実で、扱いに注意しなければならないことは間違いない。
B：淡い白で縁取られた横帯は太く、縦帯が中央に1本。この縦帯は体側に数本入ることがある。琉球諸島に棲息する亜種のハイ*Sinomicrurus japonicus boettgeri*は本種と比べて横帯が細く、縦帯が太いのが特徴だ。

日本国内で陸地に生息するコブラ科(Elapidae)のヘビがワモンベニヘビ属(*Sinomicrurus*)である。ワモンベニヘビ属は中国、インド、台湾などにも生息しているが、国内で生息が確認されている種は奄美大島ほかに生息するヒャン*S.japonicus japonicus*、沖縄島ほかに生息するハイ*S.j.boettgeri*、久米島ほかに生息するクメジマハイ*S.j.takarai*、そして西表島ほかに生息するイワサキワモンベニヘビ*Sinomicrurus macclellandi iwasakii*の4亜種である。

いずれも全長40〜50㎝程度と非常に小さく、同様に口や牙も小さいことから、人体に影響が出たという咬傷事故はこれまでに記録されていない。ただし、実験動物（マウス）を使った実験では比較的強い毒性があることがわかっており、万一を考えて乱暴に扱うようなことは避けなければならない。

いずれの亜種も野生下で見つかることは稀だが、低山地の林床やその周辺の耕作地などを生活域としている。性格は臆病で人に向かってくるようなことはない。また、敵に遭遇すると逆さにとぐろを巻いて尾を持ち上げ、刺すような仕草をすることがあるが、尾は鋭利ではなく毒腺などもないため無害だ。

飼育ケージの環境づくり

ヒャンのケージ（仕様の目安）

乾燥に弱い反面、ケージ内が蒸れると皮膚病などを発症する恐れがあるため、通気性を確保できる構造にしたい。

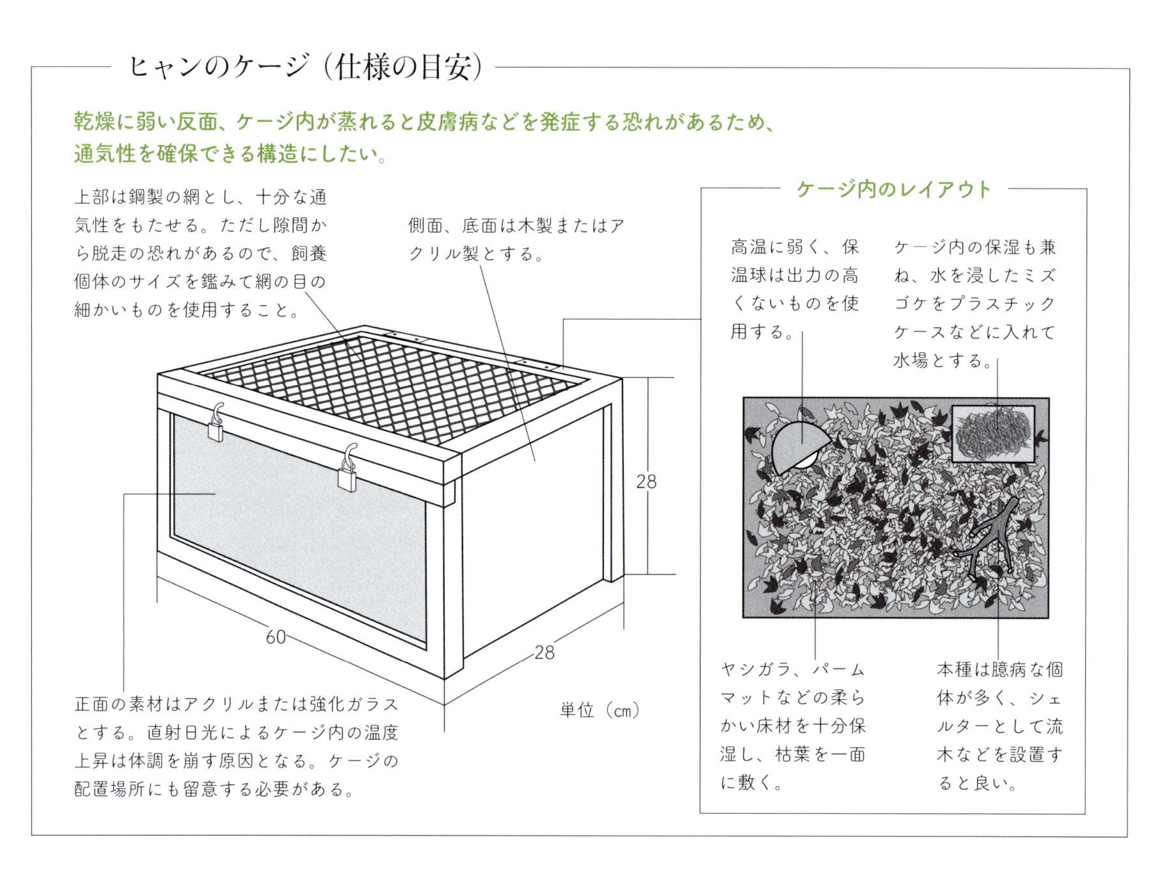

本種の飼育ケージとしては透明なプラスチックケースを使ったものが有効だ。そのサイズは飼育個体を取り出す際に支障にならない範囲で、できるだけ大きめの物を選ぶこと。具体的には（タテ）60×（ヨコ）28×（高さ）28（cm）程度の大きさが適当だ。なお本種の人の手による繁殖個体を入手することはほぼないと思われるので、野生下での捕獲の手順も記しておく。

まず本種を見つけたら、1できるだけ刺激を与えないようにしてプラスチックケースを個体の上に被せる。2ケースの下に3〜5㎜程度の厚みのアクリル板を滑り込ませる。3捕えた生体を傷つけないよう慎重にアクリル板をスライドさせ、プラスチックケース内に捕獲する。4最後にプラスチックケースを反転させ、蓋として使用していたアクリル板を留め具のついた蓋と差し替える

なお、捕獲の際にはくれぐれも革製の手袋を数枚重ねて装着して行うこと。いくら性格の穏やかなヘビであるとはいえ、有毒種である本種の扱いに万全を期すことが社会的な責任といえる。

飼育温度の目安	25〜30℃
飼育ケージの目安	W60×D28×H28（cm）以上
餌やり頻度の目安	週1回

保定の際の注意点

フィールドでヒャンを捕獲する

**本種はペットショップなどで売られていることはまずないため、フィールドで捕獲する。
その際，神経質な本種にできるだけストレスを与えないために直接触れずに捕獲すること。**

① ケースを被せる

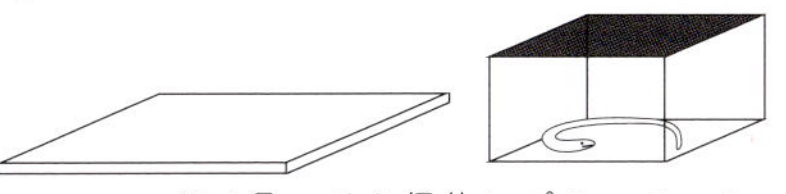

フィールドで見つけた個体にプラスチックケースなどを被せる。

② 板をケースの下へ

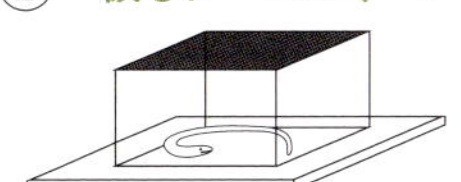

プラスチックケースの下にプラスチック板、木板などを滑り込ませる。

③ 天地を逆に

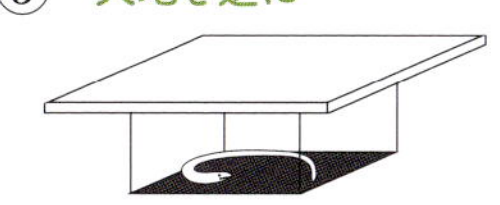

天地をひっくり返し、プラスチックケースの中に個体を閉じ込める。

ヒャンの保定

本種のように体の小さいヘビは、飼養管理において保定具を使うことは避けた方が良い。保定具を使うことによって骨折や外傷などの恐れがあるためだ。保定の際には厚手の革手袋を着用し、素手によって直接保定するのが望ましい。

保定具は使用不可

スネークフック、スネークトングなどで本種を押さえつけると骨折や内臓損傷などの恐れがある。保定は素手で、咬傷対策としては厚手の革手袋を着用すると良いだろう。

主な餌はブラーミニメクラヘビ

餌はブラーミニメクラヘビ*Ramphotyphlops braminus*が良く，これ以外を食べることは滅多にない。このブラーミニメクラヘビは単為生殖をすることで知られ、シロアリを主な餌としている。本種の長期飼養にあたってはこれらの生物を餌として増やすことが必要になる。

亜種「ハイ」はヘリグロヒメトカゲも

本種の亜種に琉球諸島に生息するハイ*Sinomicrurus japonicas boettgeri*がいる。こちらのヘビではブラーミニメクラヘビの他にヘリグロヒメトカゲ*Ateuchosaurus pellopleurus*を食べる個体もいる。飼養にあたっては、何らかの方法でこれらの餌を定期的に入手する手段を確保しておきたい。

気の荒い個体は少なく、攻撃してくるケースは多くない。しかし、有毒種であることは間違いなく、むやみに素手でハンドリングすることは厳禁だ。

本種の毒牙は前顎骨の最前部と不動関節でつながっている。毒牙は上顎の前部にあり、管牙類*のように口を開くと同時に毒牙を打ち込むことができない。しかし牙は非常に細く鋭利で、アゴの力が少しでも加わると毒が注入される。

とはいえ、毒牙自体は非常に小さく、手袋を２～３重にするか、厚手の手袋を着用することで毒の注入を防ぐことができるだろう。ただし、手袋の縫い目や破れた箇所、使用により薄手になっている箇所などから毒が注入される恐れもないとはいえないため、保定の際には十分な注意が必要だ。かつて同じコブラ科（Elapidae）のヘビで、全長30㎝にも満たないほどの小さな幼蛇による咬傷により意識不明の重体に陥る事故を目撃したこともある。

なお、本種のような小型のヘビの捕獲・保定にはスネークトングの使用はあまり向いていない。また、スネークフックも首元をそっと抑える程度なら良いが、手荒く扱うと暴れまわり、生体に余計なストレスをかけることになる。こうしたことから基本的には手袋を使用した上で、素手で扱うことが望ましい。

＊毒牙が管状になったヘビのことで口を開くと同時に口内に折りたたまれた牙が立ち上がることから可動管牙類とも。クサリヘビ科のヘビが管牙類にあたる。

Python reticulatus

アミメニシキヘビ

Reticulated python

DATA

分類	有鱗目ニシキヘビ科ニシキヘビ属	寿命の目安	20～25年
分布域	インド、マレー半島、タイ等 東南アジア広域	主な餌	哺乳類のほか爬虫類、鳥類など 食性は幅広い
生息域	低地の熱帯降雨林、耕作地など	繁殖について	卵生で100個程度産卵。

幼体は樹上性、成体は地上性

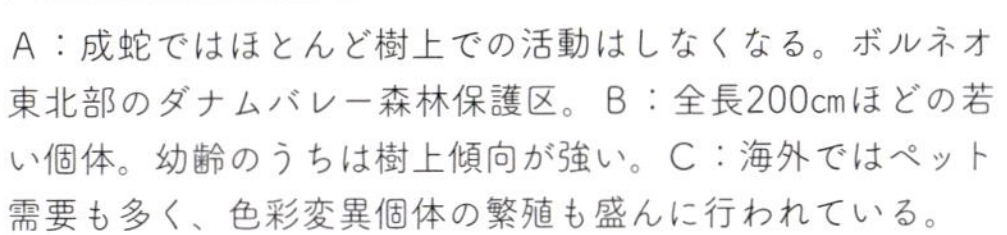

A：成蛇ではほとんど樹上での活動はしなくなる。ボルネオ東北部のダナムバレー森林保護区。B：全長200cmほどの若い個体。幼齢のうちは樹上傾向が強い。C：海外ではペット需要も多く、色彩変異個体の繁殖も盛んに行われている。

インド、インドネシア、ベトナムなどに生息するニシキヘビ科（pythonidae）の大蛇で過去に700cm近い「世界最長」の記録がある。人が飲み込まれる事故も複数記録されており、2018（平成30）年、インドネシアで畑仕事をしていた女性が飲み込まれた事故も本種によるものだ。なお600cmを越すほどに巨大化するのはおおむね雌で、雄はせいぜい500cm程度で成長が止まる。

普段、餌としているのは鳥類やその卵、イノシシやカワウソなどの哺乳類だが、特に水辺を好む性質があり、両生類や爬虫類なども食べているようだ。また泳ぎが非常にうまく、海岸のほか岸から離れた沖合で見つかることもあり、餌の状況などによって島から島へ海を泳ぐなどして渡ることもあるのではないかと考えられる。

他のニシキヘビ科のヘビと同じく卵生で、一度に100個近い卵を産むこともある。また雌は卵を抱卵し、産卵からおよそ3カ月程度で孵化する。

「アミメ」の名の通り非常に美しい体色パターンで、皮を目的とした乱獲が行われてきたが、現在のところ極端に個体数が減少していることはなく、IUCN（国際自然保護連合）ではLC（低危険種）とされている。

飼育ケージの環境づくり

アミメニシキヘビのケージ（仕様の目安）

幼体や小さな個体では他のヘビと同じアクリル、木製ケージでも問題ないが、5ｍを超えるような超大型個体の飼養では丸鋼を使ったケージが必要となることもある。

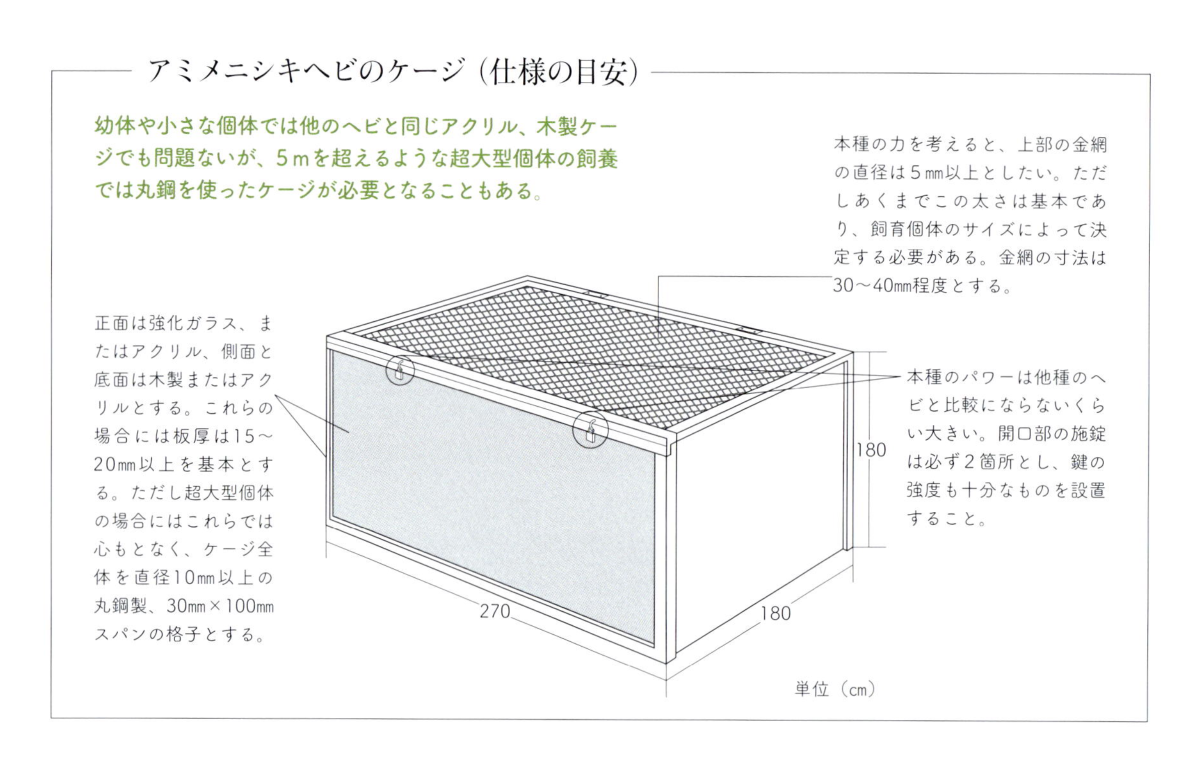

本種はインドネシアで「ウラール・サワ（水田の蛇）」と呼ばれるとおり、水場を非常に好む性質をもつ。これまでに家畜や人が襲われる事故も水場、あるいは水場からそう離れていない場所で発生している。

こうした性質を考えると飼育においても、優れた空間エンリッチメントのためにはそれなりに広さのある水場を設置する必要がある。なお、この水場は何らかの方法で飼育ケージに接続しておくことが重要だ。ときに鹿をも絞め殺すほどのパワーを持つ本種だけに、水入れを倒されないための工夫が必要なのである。

もっとも水場の設置が必須なことは間違いないものの、普段の行動ではオオアナコンダ（186頁）ほど水辺にいる時間は長くなく、またそれほど水質に神経質になることもない。

鳥類、哺乳類への餌付きも比較的良いため、オオアナコンダと比べると飼育の難易度は低い。また、飼育ケース内に流木を設置するなど、立体的な行動を期待したレイアウトが施されることも多いが、実はこれはそれほど重要ではない。

体長200cm以下の小型の個体では、それなりに樹上で休む機会もあるが、成体になると決して樹上性といえるほどに木の上で行動する機会が多いわけではない。むしろ成長とともに木に登る頻度は減ってゆき、成長しきった大型の個体ではほとんど樹上で休むことはなくなる。

飼育温度の目安	27～30℃
飼育ケージの目安	W270×D180×H180（cm）以上
餌やり頻度の目安	2週間に1回

保定の際の注意点1

アミメニシキヘビの保定

毒ヘビの危険性とは別に巨大な力を持つ本種は、巻きつかれると非常に危険なため、普段は保定をせずに飼養飼育を行いたい。しかし、疾病の際などには止むを得ず保定が必要なことがある。

使用できる保定具と特徴

保定板は飼養個体の頭部のサイズと比較して十分な大きさのものを用意する。

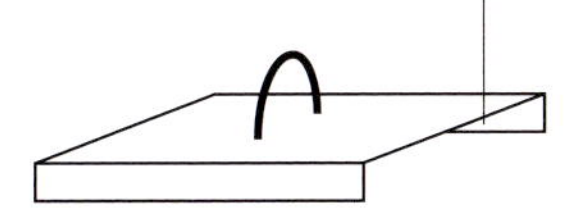

保定板は飼養個体の頭部に被せたのち、首を掴んで保定する。この作業を１人で行うのは危険で、必ず２人以上で行わなければならない。

全長は小さくても体重は重い個体が多く、スネークフックの軸が長いと身体を支える際、うまく力が伝わらないことがある。比較的短めのものを使用すると良いだろう。

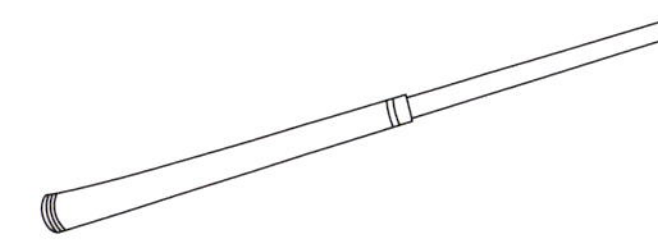

２ｍ以下の小さな個体についてはスネークフックにより固定することもできる。頭部のやや下をスネークフックで引っ掛けて持ち上げる。なお、小さくても重量はかなりのサイズになる。スネークフックの直径は10㎜以上のものを使わなければ安定した保定を行うことはできない。

体長にあった保定具やケージを

飼養開始時のサイズが小さくても、最大全長は７ｍを越すこともある。これを考えると、必然的に成長とともに保定具やケージの大きさを変えなければならない。なお、飼養ケージについては新しくする際に保健所や動物保護センターへの届け出必要となる。

保定具・ケージの目安

幼体	成体
保定具：スネークフック単体、または捕獲器付きシェルターを併用	**保定具**：スネークフックと捕獲器付きシェルターを併用、または保定板
飼養ケージ：木製またはアクリル製。天井面のみに開口部を設ける	**飼養ケージ**：木製またはアクリル製、大きな個体は丸鋼製。側面に開口部を設ける

飼育ケースのサイズは飼育個体の体長と比較して、十分に余裕のあるものを用意することが重要だ。なぜなら保定用具ほか、各種器具の取り扱いがしやすくなるためである。

高さが120㎝以下で上面にのみ開閉口がある飼育ケースの場合、長い柄のついた保定板もしくはスネークフックを選択するのがよいだろう。この際のスネークフックはステンレス製、直径10㎜程度のものが理想的だ。

飼育ケースの側面に開閉部がある場合には保定板が使いやすい。さらに飼育管理者が入室できるほど大型の飼育ケースでは保定板、あるいは長い柄のついた保定板を持ち込むことで、安全な保定作業ができる。

ただし、飼育ケース内で作業を行う場合にはくれぐれも本種に巻きつかれることの無いように注意すること。300㎝を超えるような大型の個体に巻きつかれた場合、成人男性であっても１人で脱出することはほぼ不可能と考えた方がよい。

私が過去に350〜400㎝の大型個体に巻きつかれ地面に倒された際、自力で脱出することができず、最終的に３人がかりでようやく救出された。本種が目一杯の力で締めつけた際の力は決して侮れるものではない。

保定の際の注意点2

より大きな個体の飼養管理

最大体長7mにもなるとされる本種。巨大な個体を飼養管理する際には、十分な注意が必要となる。こうした大型個体の取り扱いについてご紹介する。

麻袋を使った保定

本種の治療、診断などの際に有効な保定方法の1つが「麻袋を使う」というものだ。まずは前頁で紹介した保定板などを使用し、麻袋に収納する。麻袋は光をある程度、遮断できることで飼育個体が落ち着く場合も多い。こうした後に首元をゆっくりと抑えて診断などを行う。状況によっては麻袋が触診などの妨げになることも考えられる。そうした場合には必要な箇所を切るなどする。なお、麻袋は土嚢に使うものなどを、飼育個体のサイズに合わせて使用する。

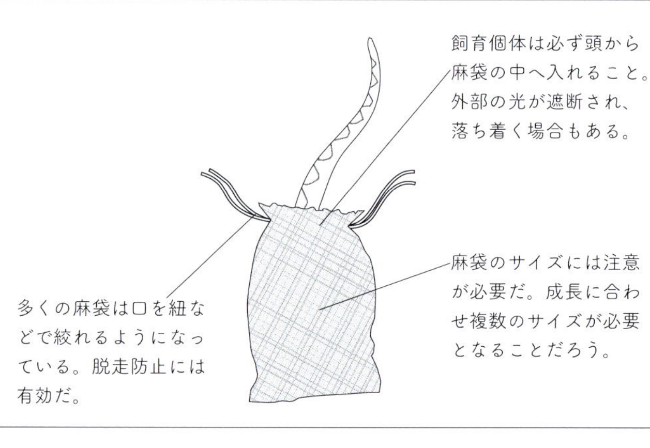

大型個体は間接飼育が理想

大型個体の飼養では、ケージの清掃などは直接触れずに行うことが望ましい。セパレーター（ケージを仕切る板）付きのケージを製作し、保定板などを使用して個体を移動したのちに作業を行う。

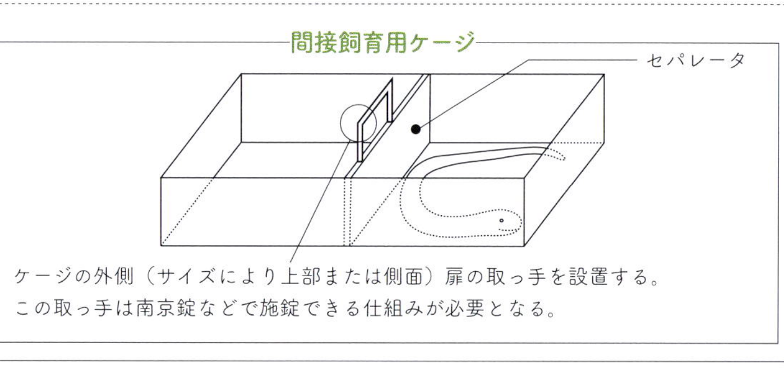

保定の際には麻などで作られた厚手の大きな袋に収納し、頭部のすぐ下の首元を中心にゆっくり、なめらかな動きで抑えること。このとき、過度な刺激を与えないように注意する。

その後、診察の際に視診、触診、聴診、治療などが必要な場合にも可能な限り袋から飼育個体を出さずに行うことが理想だ。視診や聴診、治療などのためにどうしても袋が障害となる場合には、必要な場所のみ袋から出す（あるいは袋を切るなどして穴を開ける）とよいだろう。飼育個体の全身を袋から出した場合、強靭な肉体により室内の家具などに絡みつき、それらをなぎ倒す恐れがあるためだ。

普段の飼育管理の際に捕獲しなければならないケースでは、飼育個体、飼育管理者のストレスを考えると捕獲機付きシェルターを使用するのがよいだろう。もし飼育ケースに余裕があるようなら、セパレーターなどによりケース内を一時的に分割できる間接飼育用の飼育ケースを利用するのもよいだろう。

セパレーター付きの間接飼育用ケースを使うことにより、飼育個体を分割した2つの飼育スペースのうちのいずれかに隔離し、生体のいないスペースを清掃するなど、安全に作業を行うことができる。

主な症状と治療法

突然下半身が動かなくなるときがある。こうした症状ではウイルス感染の疑いもあるため、治療にあたっては抗生物質の投薬が行われる。また腹面に張りが無く、緑色になっている場合には消化不良あるいは痙攣痂などの理由で胆汁による自己消化が起こり、敗血症を伴っている可能性もある。

こうした症状では遅くとも10日以内に死亡することが多いが、症状の進行程度によっては腹腔内に抗生物質を投薬することで多少の延命が期待できる。このような事態を防ぐためには、消化不良の初期段階で、専門医の治療を仰ぐことだ。

また下半身の力がなく痙攣が頻繁に起こるようなら、何らかの理由で脊椎が損傷し、脊髄に傷害を負っている疑いがある。また、脳炎の可能性もあるだろう。いずれの場合も投薬により症状が軽減する可能性はあるが、完治は難しい。

症状の原因が細菌によるもので、早期に発見できれば快方に向かう可能性はあるだろう。いずれにせよ、早期の専門医の診察と治療が最も重要である。

この項で紹介した内容で飼育ができる主な種

本種はニシキヘビ属（*Python*）のなかでも最も巨大化するヘビで、飼育ケージの大きさや堅牢さなど、独自の施設が必要となる。そのため、本種の飼育方法を参考にできる種は「なし」としたい。

なし

環境省が定めた飼育施設の基準

・ケージの形態

織金網おり、ふた付きガラス水槽、ふた付き硬質合成樹脂製水槽、ふた付きコンクリート水槽又は鉄板若しくは木板製の箱

・ケージの規格（仕様）等

1．織金網おりにあっては、直径1.5㎜以上、網目10㎜以下のものを使用すること。

2．ガラス水槽にあっては、強化ガラス製であること。

3．硬質合成樹脂製水槽にあっては、厚さ６㎜以上であること。

4．コンクリー水槽にあっては、厚さ20㎜以上であること。

5．箱には、厚さ２㎜以上の鉄板又は厚さ25㎜以上の木板を使用すること。箱の正面は、強化ガラス板、又は厚さ６㎜以上の硬質合成樹脂製板（へび類については、体長３ｍ未満のものに限る）に代えることができる。

6．排水孔、通気孔等を設ける場合には、動物が脱出しないよう金網等でおおいを付けること。

・出入り口等

必要。金網、木板、鉄板等を使用し、動物の脱出を防止するために十分な強度及び耐久性を持たせること。

・錠

内戸及び外戸の錠は、それぞれ１箇所以上の施錠ができること。

・間隔設備

金網、通気孔等の施設の開口部から動物に触れられないように金網等でおおうこと。

・その他

抗毒血清を用意すること。

Eunectes murinus

オオアナコンダ

Green anaconda

DATA

分類	有鱗目ボア科アナコンダ属	寿命の目安	10～30年
分布域	南米大陸北部	主な餌	魚類を中心に ワニ、小型哺乳類、鳥類など
生息域	水辺に生息。 泳ぎが上手でしばしば水に潜る	繁殖について	繁殖時期は４～５月。 卵胎生、水中で20～80頭を出産

生涯のほとんどを水中で

A：雨後の林床で休む若い個体。成長とともに水中生活の割合が多くなり、陸上で見られる機会はほとんどなくなる。B：同じ*Eunectes*属のキイロアナコンダ*Eunectes notaeus*と比較すると大きく成長し、体色は丸や楕円形の斑点が不規則に並ぶ（キイロアナコンダは小判形の紋が規則的に並ぶ）点などが異なる。C：遊泳に適した平たく三角形の頭をもち、瞳孔は縦長。

アミメニシキヘビ*Python reticulatus*（180頁）に匹敵するほどの巨大なサイズに成長するヘビで、体長に比べて太くなり、体重100kg近い個体も記録されていることから、本種が世界最大のヘビとされることもある。

本種の属するアナコンダ属（*Eunectes*）は2種で、ほかにキイロアナコンダ*Eunectes notaeus*がおり、そちらも体長300cmほどにまで成長することがあるものの、（理由は定かではないものの）環境省が指定する「特定動物（危険な動物）」のリストには入っていないため、保健所などの許可を得ることなく飼育することができる。

アミメニシキヘビと異なり、本種により人が飲み込まれたという事故はこれまでにほとんど記録されていない。これは本種が生涯の多くを水中で暮らすことが大きな要因と考えられる。なお繁殖形態が卵胎生である本種は20～30頭の仔ヘビを水中に産み落とすことが知られている。

主な餌はカピバラや魚類だが、この他にカイマン（ワニ）もよく食べているようだ。こうした巨大な動物を飲み込んだ後は消化・吸収に長い時間を要し、時は1年近くも餌を食べずにいることがある。

飼育ケージの環境づくり

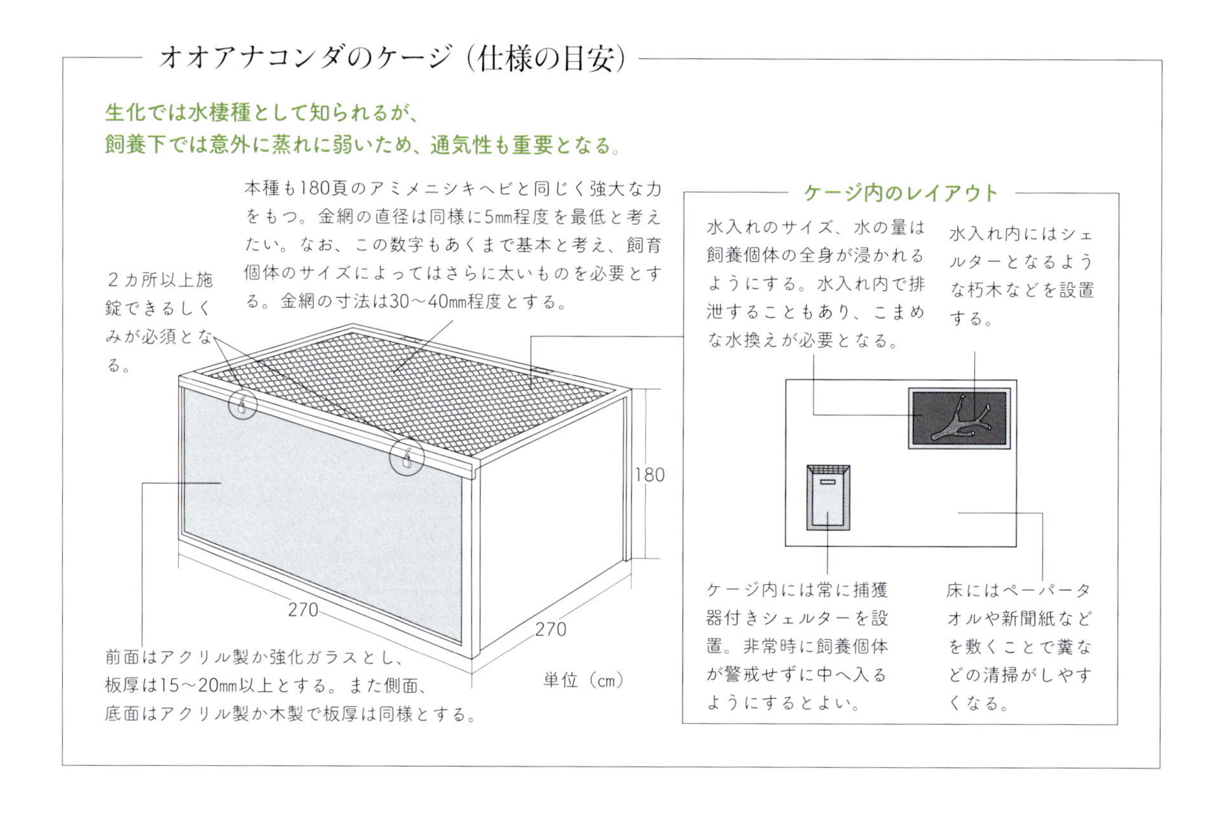

本種は凄まじいまでの締め付ける力をもち、咬みつく力もボア科（Boidae）の中ではほぼ最大級といってよいだろう。この圧倒的な体力は本種の水中への適応の結果、すなわち水圧に負けない体を必要とした結果の産物である。

飼育下においても飼育ケース内に飼育個体のサイズと比較して、十分なサイズの水場を設けることが理想的だ。なお、体長と比べて小さな水場では、その強大な力により飼育ケース内であちこちに動かされてしまうほか、水が飼育ケース内にこぼされてしまい、ケージ内の湿度が一気に上昇する。こうなると本種の飼育に不適切な環境となってしまう。ちなみに「水棲」のイメージからか、本種の飼育湿度は高めに設定されることが多いが、実際にはゆとりのある水場が設置されていれば湿度は極度に高い必要はなく、60～70%程度で十分である。

また、水場の中には飼育個体が自身の体を密着させ、シェルターとして使用することのできる岩や流木を固定して設置しておくなど、生体のストレスをできるだけ少なくする環境をつくる必要がある。

飼育温度の目安	飼育水温の目安	飼育ケージの目安	餌やり頻度の目安
27～30℃	27℃	W270×D270×H180（cm）以上	2週間に1回

保定の際の注意点

オオアナコンダの保定

本種の保定の際には1.捕獲器付きシェルター、2.保定板のいずれかの保定具を使用する。十分なサイズのものを使用すると同時に、大型の個体では複数の立会いにより保定作業を行うことが負傷事故の防止につながる。

保定具使用のポイント

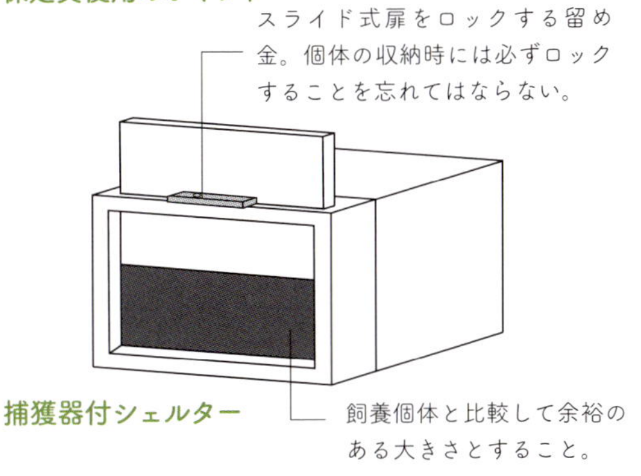

体長だけではなく体重、体の太さも大きい本種だけに捕獲器付きシェルターの大きさ、強度も十分なものが必要となる。事前に飼養個体を入れてみた上で、重さによる破損やサイズが小さいなどがないようにする。

上部の取っ手を掴み、飼養個体の頭部を保定。有毒種にも有効で咬傷を回避することができる。

保定板

保定板もサイズが合わないと保定がうまくいかないことがある。飼養個体のサイズを考慮した大きさとすること。

保定板は飼養個体の頭部を覆うもので、この後、素手で保定する。特にサイズの大きな個体では1人で保定作業を行うことは厳禁で、必ず2人または3人以上で行うことが重要だ。

本種の保定について、小型の個体であればシリコン製の網目の細かいランディングネットを使用することができる。しかし、生体、飼育管理者双方の安全を考えると大型個体ではランディングネットでは心もとない。望ましいのは捕獲機付きシェルターを利用することだ。

この際に注意しなければならないのは、飼育個体のサイズに合わせて十分な大きさのものを利用することだ。くれぐれも生体の体積がシェルターのサイズを上回り、フタが閉まり切らないなどということの無いように事前にしっかりとサイズを確認しておくこと。また、安全な保定を行うためにも飼育ケージには飼育個体のサイズと比較して余裕のある大きさが必要になる。なぜなら、大きな器具を危険なく扱うためには、それに応じたスペースが必要とするためだ。

そのほか、保定板を利用するのもよいだろう。保定板も飼育個体のサイズに合わせて選ぶ必要があるが、タテ40cm×ヨコ50cm×厚さ1cm以上を必要とするような大型個体では1人ではなく誰かに手助けしてもらって保定作業を行うべきだ。

保定板の使い方は単純で、1.保定板を生体の顔の前方に構える、2.徐々に距離を詰め、そっと保定板と底面（床）との間に生体の頭部を挟み込むという2段階を基本とする。そのほか、必要に応じ手で頭部近くの首元をつかむか、あるいは負傷しない程度の力で抑え込むとよいだろう。

保定板の素材は木またはアクリル、あるいは塩化ビニールが考えられ、透明の素材を使うことにより、生体の頭部の位置が正しく把握できるため、より安全な作業を行うことができる。

保定パイプの扱いと餌やりのポイント

給餌と治療の際の保定

これまでの経験として本種を餌付かせることは容易ではない。ここでは給餌のポイントに加え、保定時に推奨される「保定パイプ」の使い方について紹介する。

給餌のポイント①

エサの種類

代謝の高いヘビではないため、数ヶ月の拒食で命に関わるようなことは少ないが、ケージ環境を改善してみると良い。野生下では主に魚類やワニの幼体などを捕食しているが、最初にマウス、ラットなどを与えてみて、食べないようであればウズラなどの小型の鳥類に切り替える。

マウス

ウズラ

飼養開始後は餌を食べないことが多い。数週間の後に与える餌として、比較的餌付きやすいのはマウスやラット、ウズラなどだ。

給餌のポイント②

ケージ環境の保全

ケージ環境保全のポイント

・ケージ内温度
ケージ内温度は27～30℃とする。

・水入れの温度
ヒーターを利用し、ケージ内温度と同様27～30℃に調整する。

・ケージ内湿度
ケージ内湿度は60～70%とする。これ以上高い場合に食欲に影響するケースが多い。

・水入れの水質
pH７～６、５くらいを目安に濾過槽を設置して調整する。

保定パイプの使い方

本種の保定の際には保定パイプを利用する。飼養個体と保定パイプのサイズが合っていないと中へ入れることができない、または中でUターンしてしまうことがある。

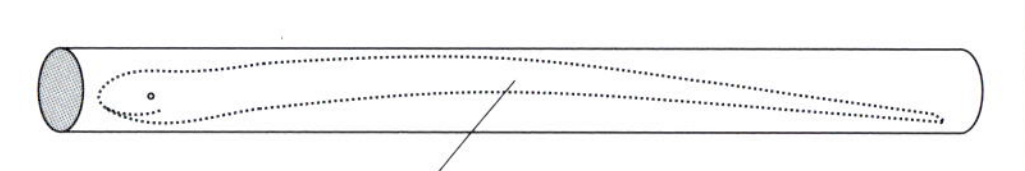
飼育個体と保定パイプのサイズがポイントとなる。

飼育個体が体調を崩した場合の診察、治療の際には保定パイプに入れて行うことが有効だ。この場合、生体が保定パイプ内でUターン出来ないことを念頭に置いておくことが重要だ。また、飼育個体をパイプに入れる際、あるいはパイプから出す際に鱗や皮膚を傷つけることの無いようにパイプの内径を確認、適切なサイズを使用することが求められる。

なお不適切なサイズのパイプを使用することは、即危険な事態、事故へとつながる可能性がある。飼育個体の成長とともに適切なサイズは変わることも頭に入れておかなければならない。

さて、本種の飼育の初期に最もネックとなるのは、餌付きの悪さである。10頭に１～２頭ぐらいの割合で生きた鳥類に餌付き、運が良ければマウス等の哺乳類に餌付く個体も、１頭ぐらいは出るかもしれないと言う程度に考えておく必要がある。なお、餌づかない要因は餌の種類というよりも、ケージ環境に問題があるためであるケースも少なくないことを留意しておくべきだろう。

こうしたデリケートな種であることを念頭に、対応策としては飼育ケージ内にシェルターを設置すること、ケージ内の温度（27～30℃）、湿度（60～70%）、水温（27℃前後）等の環境エンリッチメントを提供することが重要である。

なおこれまでの経験からすると水場には濾過槽を設置するとよく、水質はpH７～6,5までが適しており、亜硝酸濃度は抑えるべきである。

「マウスロット」の症状と予防・治療

とかげ目では比較的頻繁に見られる「マウスロット」と呼ばれる口内炎が本種でも発症することがある。その症状は口腔内が炎症を起こし、唾液や鼻水を垂らすほか、さらに症状が進むと口腔内に膿が発生し、ひどい時には骨組織にまで達することもある。

こうしたマウスロットの主な原因は餌の小動物から受けた咬み傷、擦れのほか、なんらかの理由で飼育ケースの壁面にぶつけた際に損傷したなどが考えられる。こうした外傷から細菌感染を起こし、マウスロットを発症するケースが多い。

マウスロットの治療としては、まず口腔内の膿を排出することだ。その上で５％以下に希釈したポピドンヨードや0.2％以下に希釈したアクリノールで患部および口腔内を消毒、洗浄する。ここまでが家庭でできる作業だろう。

この後、獣医師と相談の上で抗生物質の投与を行う。症状の進行次第では腹腔内への投薬が必要となることもある。マウスロットの原因は細菌によるものだけとは限らず、原虫、真菌、ウイルスによるものである可能性もある。早期の発見、早めに獣医師にかかることが早期治療への近道といえるだろう。

この項で紹介した内容で飼育ができる主な種

同じアナコンダ属（*Eunectes*）には特定動物のリストに登録されていないキイロアナコンダ*Eunectes notaeus*がいる。本種はキイロアナコンダと比べるとさらに巨大化する。独自の飼育方法が必要で参考となる種はいないだろう。

なし

環境省が定めた飼育施設の基準

・ケージの形態

織金網おり、ふた付きガラス水槽、ふた付き硬質合成樹脂製水槽、ふた付きコンクリート水槽又は鉄板若しくは木板製の箱

・ケージの規格（仕様）等

1．織金網おりにあっては、直径1.5㎜以上、網目10㎜以下のものを使用すること。

2．ガラス水槽にあっては、強化ガラス製であること。

3．硬質合成樹脂製水槽にあっては、厚さ６㎜以上であること。

4．コンクリー水槽にあっては、厚さ20㎜以上であること。

5．箱には、厚さ２㎜以上の鉄板又は厚さ25㎜以上の木板を使用すること。箱の正面は、強化ガラス板、又は厚さ６㎜以上の硬質合成樹脂製板（へび類については、体長３ｍ未満のものに限る）に代えることができる。

6．排水孔、通気孔等を設ける場合には、動物が脱出しないよう金網等でおおいを付けること。

・出入り口等

必要。金網、木板、鉄板等を使用し、動物の脱出を防止するために十分な強度及び耐久性を持たせること。

・錠

内戸及び外戸の錠は、それぞれ１箇所以上の施錠ができること。

・間隔設備

金網、通気孔等の施設の開口部から動物に触れられないように金網等でおおうこと。

・その他

抗毒血清を用意すること。

Heloderma suspectum

アメリカドクトカゲ

Gila monster

DATA

分類	有鱗目ドクトカゲ科ドクトカゲ属
分布域	アメリカ合衆国南西部、メキシコ
生息域	砂漠地帯、乾燥した荒地
寿命の目安	15～20年
主な餌	鳥の卵、哺乳類の幼体
繁殖について	繁殖時期は４～５月。 卵生で４～12個を産卵

5亜種が認定されている*Heloderma*属

A：「beaded lizard」の別称もあるように全身をビーズ状の丸い鱗が覆う。B：尾には脂肪分を蓄えており、その太さが健康状態の目安となる（細い場合には健康状態が良くないと考えられる）。C：*Heloderma*属は5亜種が認定されている。このうちメキシコに住む*H. horridum*はアメリカドクトカゲよりも大きく成長する（成体の全長は100cmを超えることもある）。

口内に毒腺を持つトカゲは世界にドクトカゲ属（*Heloderma*）のみで、いずれも北米～中米に生息するアメリカドクトカゲ*Heloderma suspectum*とメキシコドクトカゲ*Heloderma horridum*の２種が種登録されている（このほかインドネシア・コモド島周辺に生息するコモドオオトカゲ*Varanus komodoensis*は毒管をもつが毒腺を持たないことで異なる）。

このうちアメリカドクトカゲ*Heloderma suspectum*の一般名（英名）「ヒーラモンスター（Gila monster）」は本種が最初に見つかったアメリカ・アリゾナ州のヒーラ川（Gila river）から付けられたものだ。また、もう１つの英名「Beaded lizard（ビーズトカゲ）」は本種の外見的特徴を示したもので、全身をビーズのような細かく丸い鱗が覆っていることを示している。

動きは非常に緩慢で生涯のほとんどは砂漠や荒地の岩の下で過ごすが、餌となる鳥の産卵期に這い出て来て、卵や雛を大量に食べて栄養を補給する。こうして蓄えた栄養は尾に貯蔵することから尾の太さで健康状態がわかる。

なお、短期間にたくさんの栄養を補給することから血糖値が急激に上がることを防ぐホルモンを持っており、これを流用した糖尿病の薬剤が開発されている。

飼育ケージの環境づくり

アメリカドクトカゲのケージ（仕様の目安）

体長は最大で60cm程度、咬傷事故もほとんど記録されていない。しかし、有毒種であるからには脱走に細心の注意を払い、頑健なケージとしなければならない。

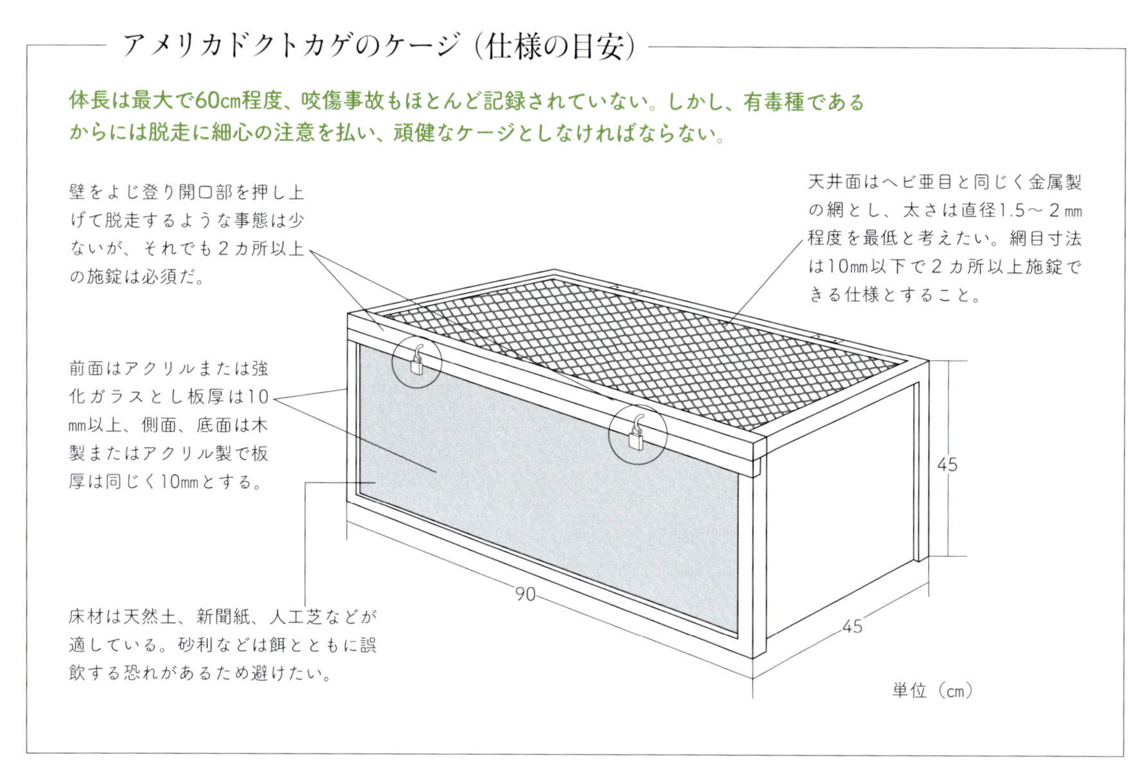

飼育ケース内に岩石や木などをシェルターとして設置する場合、絶対に動かないように固定する必要がある。また、床にはパームマット（ヤシガラ土）などの水分を含む素材の他、新聞紙、人工芝などを使用する。植物の繊維や砂利などでは、餌と一緒に誤飲してしまう恐れがあるためだ。

なお、これらの床材では飼育個体の爪の摩耗が少ないことから爪の伸び過ぎが懸念される。そのため、飼育管理者は定期的な爪のケア（爪切り）を行う必要がある。これを怠ると末節骨などの指骨や関節の変形、脱臼といった重篤な事態へと発展する恐れもある。なお、爪切りの際には必ず革手袋を装着することを忘れてはならない。

爪の伸び過ぎは床材との摩擦が少ないことだけによるものではない。もう1つの大きな要因として飼育ケース内の湿度が低過ぎるということが考えられる。自然下における本種の生息域では巣穴や岩の下などが朝露、夜露によって適度に湿度を保った状態で、これが本種の体表や指先に潤いを与える。こうしたことから本種の飼育にあたっては、シェルターの床面に日常的に適度な水分を含ませることが重要だ。それにより、爪の保全だけではなく脱皮不全の予防にもつながる。特に指先に死滅組織が残留することを防いでくれるのである。

飼育温度の目安	25〜28℃
飼育ケージの目安	W90×D45×H45（cm）以上
餌やり頻度の目安	2週間に1回

ホットスポットと紫外線照射

ケージ内の保温と保湿

ケージ内の環境保全でポイントとなるのは保温、そして適度な湿度をキープするための保湿の施作である。ここではそれぞれのポイントについて紹介する。

本種の飼養ではホットスポットの設置が必須となる。ただし保温球はケージ内部を極度に乾燥させる恐れがあるため、3時間以内にとどめておくこと。

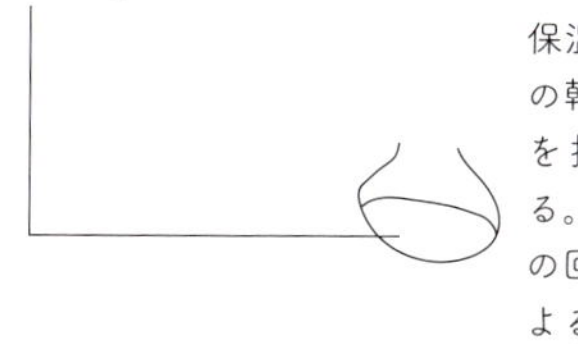

保温球による極度の乾燥は脱皮不全を招く恐れがある。朝夕2度程度の回数で霧吹きによる保湿を行う。

1～2カ月に一度爪切りを

幼体の場合には特に四肢が小さいことから肉を負傷させないよう注意が必要だ。

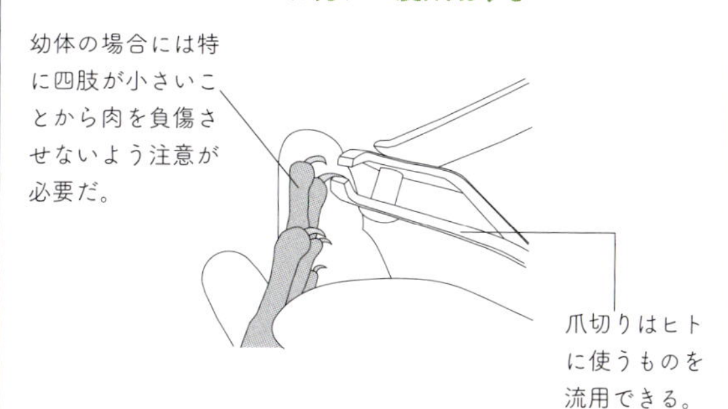

爪切りはヒトに使うものを流用できる。

日常のケアで重要となるのが四肢の爪切りである。放置した場合には骨や関節の変形、ひどい時には脱臼の恐れもある。1～2カ月に1度程度の割合で、爪の長さをチェックすると良いだろう。

ケージ内の保湿に留意

野生下では乾燥地帯に棲息している本種だが、飼養下では意外に乾燥に弱く、ケージ内の湿度が不足している場合には脱皮不全を起こす個体が少なくない。これを防ぐためにはケージの床面に霧吹きし、ケージ内に適度な湿度を保つことが望ましい。これにより、爪の不全、脱皮不全の予防につながる。

保湿のための施作

・朝夕、ケージ内の床面を中心に200～250cc程度の量の水を霧吹きする。
・飼育室の内部に加湿器を設置して保湿する。
・ケージ内部にミズゴケを置き保湿する。

育ケース内の水場は床面とフラットな構造が望ましく、また表面積も広めのものが必要となる。

また、飼育ケース内のホットスポットの設置も不可欠である。ただし、飼育個体の表皮を著しく乾燥させてしまう恐れもあるため、保温用の器具は出力の弱いものを使用し、使用時間も3時間以内にとどめておくこと。

そのほか紫外線の照射も必要で、こちらも照射時間は5時間以内に抑えるよう心がけるとよい。こうした特徴的なケージ環境が必要となる理由は野生下における本種の行動に規則性があまりなく、巣穴など大地と密接した環境での生活がほとんどであるという生態と関連している。

野生下での生活環境と異なり、飼育下では気温、湿度の変動の少ない環境のため、特に普段飼育個体が休んでいることの多いシェルター内の環境づくりに重点を置く必要がある。例えばシェルターに直接強い光をあてるなど、悪影響を与えるような管理をしないよう配慮が必要である。

餌の与え方と保定の際の注意点

アメリカドクトカゲの保定

疾病時の治療やケージの清掃の際には保定が必要となる。有毒種ではあるものの動きは緩慢で、重大な咬傷事故に至るケースはほとんどないが、保定の際の注意点を以下に紹介する。

素手による保定の手順

① スネークフックで頭部後方を押さえる

この時、強く抑えると骨などを損傷させる恐れがあるほか、個体を刺激して暴れたりすることもあるので注意が必要だ。

② 革手袋をした手で首元を押さえる

革手袋は厚手のものを使うこと。本種の毒腺は下顎にあり、咬まれたとしても急速に毒が注入されるわけではないが咬傷事故には十分に注意を要する。

③ 飼養個体がバランスを取りやすいように支える

胴や尾を反対の手で支える。

アメリカドクトカゲの保定

捕獲器付きシェルターによる保定

ケージ清掃の際など、必ずしも保定が必要ではないケースもある。こうした場合にはスネークフックを使用して、捕獲器付きシェルターに誘導、収納するのが良いだろう。

捕獲器付きシェルターへの収納

捕獲器付きシェルターを使用する場合には、直径10㎜程度のやや太めのスネークフックを腹の下に差し込むなどし、場合によっては革手袋を装着した手を添えてシェルター内に移動する。

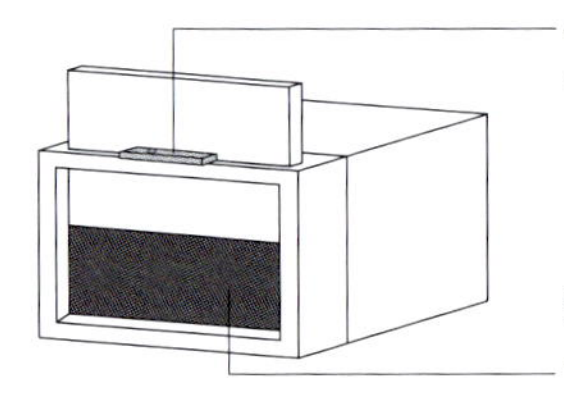

餌はマウスに餌付けが可能で、これを中心に与えてゆくが、鳥類やその卵も同時に与えるとよい。これは栄養価の問題である。マウスのみの給餌ではある種の栄養素が体内に蓄積し過ぎてしまい、その栄養素を吸収、消費するまで餌を受け付けなくなってしまうことがあるためだ。こうした事態を回避するためにも、飼育管理者は普段から栄養価が偏らないようにする餌のメニューや餌の頻度に留意する必要がある。

本種の保定には革手袋が適している。保定の手順の基本は①スネークフックで頭部のすぐ下の頸部をごく軽く（余計な刺激を与えないように）抑える、②革手袋を装着した手で首元を抑える、③飼育個体がバランスを取りやすいよう胴や尾を軽く抑えてやるという3工程だ。

大型の個体では軍手など厚手の手袋の上から革手袋を装着して保定作業を行う。なお、本種の牙は見た目より長さがあるので、くれぐれも余裕をもった手袋の厚みとすること。本種による咬傷事故はほとんどないが、有毒種であることを忘れてはならない。

また、清掃作業などの際、保定の必要がない場合には捕獲機付きシェルターを使用する。この場合にはスネークフックなどを使い、捕獲機付きシェルターに収めるとよい。

主な症状と治療法

目の縁に死滅組織が残留することがある。こうした場合、できる限り刺激を与えないことを意識し、飼育個体を強く押さえつけるなどせずにスポイトや綿棒を使って患部を生理食塩水などで湿らせる。何度かこの作業を繰り返すことで死滅組織が軟化する。

続いてこの死滅組織を除去する。この際には飼育個体の保定が不可避となる。この際、万全を期すためにビニールテープなどで飼育個体の吻部をふさぎ、処置にあたることが重要だ。

なお、本種は雌よりも雄の方が攻撃的な傾向がある。特に発情とともにこうした攻撃性が強くなりやすい。これは精巣内で生成・分泌されるテストステロンが影響しているものだと考えられる。

この項で紹介した内容で飼育ができる主な種

亜種として2種が登録されているほか、ドクトカゲ属（*Heloderma*）ではメキシコ、グアテマラに棲息するメキシコドクトカゲ*Heloderma horridum*がいる。遺伝的には近い種だが、飼育方法は異なるため「なし」とした。

なし

環境省が定めた飼育施設の基準

・ケージの形態

織金網おり、ふた付きガラス水槽、ふた付き硬質合成樹脂製水槽、ふた付きコンクリート水槽又は鉄板若しくは木板製の箱

・ケージの規格（仕様）等

1．織金網おりにあっては、直径1.5㎜以上、網目10㎜以下のものを使用すること。

2．ガラス水槽にあっては、強化ガラス製であること。

3．硬質合成樹脂製水槽にあっては、厚さ６㎜以上であること。

4．コンクリー水槽にあっては、厚さ20㎜以上であること。

5．箱には、厚さ２㎜以上の鉄板又は厚さ25㎜以上の木板を使用すること。箱の正面は、強化ガラス板、又は厚さ６㎜以上の硬質合成樹脂製板（へび類については、体長３ｍ未満のものに限る）に代えることができる。

6．排水孔、通気孔等を設ける場合には、動物が脱出しないよう金網等でおおいを付けること。

・出入り口等

必要。金網、木板、鉄板等を使用し、動物の脱出を防止するために十分な強度及び耐久性を持たせること。

・錠

内戸及び外戸の錠は、それぞれ１箇所以上の施錠ができること。

・間隔設備

金網、通気孔等の施設の開口部から動物に触れられないように金網等でおおうこと。

・その他

抗毒血清を用意すること（毒へびに限る※編集部注：本種は毒へびのため抗毒血清が必要ということになるが、地域によっては不要なところもあるので要問い合わせ）。

Column ❸

特定動物飼育者数の推移

特定動物の飼育をする人は年々増えている。
しかし、飼育にあたっては終生飼育が可能かどうかよく考えてみなくてはならない。

2005（平成17）年に特定動物の保管・飼育についての規制が全国一律となった。それでも地域によって規制の内容が細かく異なるなど、いまだに飼育規制は定まりきってはいないというのが現状だ。

その中で飼育者の数は年々増加している。具体的には下記の図を参照してもらうとよいだろう。これは特定動物を扱うショップが増えたこともあるだろう。そして特定動物の飼育についての情報がSNSなどを通して徐々に広がってきていることも関係しているだろう。環境省では特定動物について「飼育許可申請の数」とともに「どのような動物を飼育しているか」も毎年公表している。

直近の2018（平成30）年の数字を見ると爬虫綱が35,150頭と圧倒的に多く、続いて哺乳綱（9,749頭）、鳥綱（364頭）と続く。哺乳綱や鳥綱については飼育ケージのスペースなどの問題から一般家庭での飼育は難しく、多くは動物園での飼育だと考えられる。一方で爬虫綱で特定動物にリストアップされているニシキヘビ科Pythonidaeのヘビやドクトカゲ科Helodermatidaeの種は個体の値段こそそれなりに高価だが、飼育についての難易度はそれほど高くないため、最近では個人で飼育している人もいるようになってきた。

特定動物の飼育にあたっては、とにかく終生飼育をすることを第一に考えなくてはいけない。特定動物をむやみに自然下に放てば大事件となるし、ペットショップで引き取りをしてくれるところも少ない。多くの地域で飼養申請許可の届出の際に「飼えなくなった際の譲渡先」の明示を義務付けている。飼育開始にあたり、どうしても飼えなくなった場合について具体的に考えることが、飼育管理者としての責任だ。

特定動物の飼養保管状況（総括表）／2018（平成30年度）

出典：環境省	哺乳綱	鳥綱	爬虫綱
平成20年4月1日現在	11,708	308	27,665
平成21年4月1日現在	12,162	378	28,123
平成22年4月1日現在	11,722	463	29,055
平成23年4月1日現在	13,226	479	30,443
平成24年4月1日現在	10,702	325	28,056
平成25年4月1日現在	10,441	313	28,045
平成26年4月1日現在	10,519	376	30,611
平成27年4月1日現在	10,113	379	33,570
平成28年4月1日現在	10,131	376	34,968
平成29年4月1日現在	10,063	370	35,345
平成30年4月1日現在	9,749	364	35,150

（頭数）

特定動物の飼養保管状況(都道府県・指定都市)／2018(平成30年度)

出典：環境省

綱	哺乳綱													鳥綱			爬虫綱											
目	霊長目				食肉目				長鼻目	奇蹄目	偶蹄目			ひくいどり目	たか目		かめ目	とかげ目								わに目		
科	アテリダエ科	おながざる科	てながざる科	ひと科	いぬ科	くま科	ハイエナ科	ねこ科	ぞう科	さい科	かば科	きりん科	うし科	ひくいどり科	コンドル科	たか科	かみつきがめ科	どくとかげ科	おおとかげ科	にしきへび科	ボア科	なみへび科	コブラ科	くさりへび科	マムシ	アリゲーター科	クロコダイル科	ガビアル科
北海道	3	330	6	29	8	183	0	21	1	0	2	5	3	0	2	38	7	1	0	3	11	0	0	3	3	2	0	0
青森県	0	114	0	0	0	7	0	0	0	0	0	0	0	0	0	0	1	0	0	0	1	0	0	0	0	1	0	0
岩手県	0	76	0	1	0	5	0	17	2	1	0	4	13	0	0	2	1	0	0	0	0	0	0	0	0	0	0	0
宮城県	0	2	0	0	0	1	0	0	0	0	0	0	0	0	0	0	1	0	0	0	0	0	0	0	0	0	0	0
秋田県	0	95	0	5	2	69	0	7	2	0	0	2	0	1	0	12	1	0	0	3	1	0	0	0	0	0	0	0
山形県	0	5	0	0	0	4	0	0	0	0	0	0	0	0	0	3	3	0	0	0	0	0	0	0	0	0	0	0
福島県	0	13	0	5	0	13	1	32	3	0	1	4	2	0	2	0	6	0	0	4	9	0	2	22	22	1	3	0
茨城県	2	187	3	7	0	6	0	12	2	2	2	2	0	0	0	65	13	2	0	28	45	0	3	29	0	4	0	0
栃木県	15	185	4	7	2	2	1	27	5	4	2	7	0	0	2	5	7	0	0	2	7	0	0	2	2	2	0	0
群馬県	8	103	1	1	10	12	0	79	2	5	0	6	61	0	0	2	42	3	0	19	55	1	43	6717	6649	7	3	3
埼玉県	8	209	1	0	0	2	0	14	2	1	2	7	2	2	2	4	37	1	0	18	19	0	0	0	0	8	1	0
千葉県	0	269	2	4	2	0	0	16	10	0	1	3	0	0	4	11	32	10	0	12	15	0	0	0	0	4	1	0
東京都	32	407	13	36	13	13	2	60	10	5	6	17	0	0	5	44	60	14	0	70	25	0	0	62	6	20	16	0
神奈川県	0	35	0	0	0	0	0	0	0	0	0	0	0	0	0	1	13	2	0	11	24	0	0	0	0	43	1	0
新潟県	0	43	0	0	0	5	0	0	0	0	0	0	0	0	0	0	13	0	0	0	0	0	0	0	0	2	0	0
富山県	0	64	0	0	1	2	0	2	0	0	0	1	2	0	0	5	3	0	0	0	0	0	0	0	0	0	0	0
石川県	0	63	5	7	0	0	0	7	1	0	3	2	0	0	0	3	4	0	0	0	2	0	0	0	0	2	0	0
福井県	0	34	7	0	0	1	0	4	0	0	0	0	0	0	0	0	2	0	0	0	0	0	1	0	0	0	0	0
山梨県	4	48	0	3	0	3	0	4	1	0	0	0	0	0	2	1	8	0	0	0	0	0	0	3000	3000	1	0	0
長野県	1	183	2	7	0	9	0	12	1	0	0	3	0	0	1	7	11	0	0	0	1	0	0	0	0	0	0	0
岐阜県	0	7	0	0	0	108	0	0	0	0	0	0	0	0	0	0	6	0	0	5	3	0	0	0	0	3	1	0
静岡県	6	129	1	10	6	26	6	141	8	11	2	8	12	0	0	3	39	9	2	37	33	0	17	18	0	132	271	0
愛知県	27	1476	30	28	0	5	0	4	3	2	3	2	0	0	0	1	51	1	0	0	24	0	0	0	0	15	0	0
三重県	5	55	0	1	0	4	0	8	0	0	0	0	0	0	0	1	18	0	0	3	8	15	0	0	0	4	0	0
滋賀県	0	24	0	1	0	2	0	8	0	0	0	0	0	0	0	0	13	0	0	6	58	0	0	0	0	15	8	0
京都府	0	43	5	0	0	1	0	0	0	0	0	0	0	0	0	3	9	0	0	0	2	0	0	0	0	4	1	0
大阪府	0	148	1	0	0	3	0	6	0	0	2	2	0	0	0	4	15	1	0	4	8	0	0	1	0	4	7	0
兵庫県	0	46	0	1	0	14	0	57	3	4	4	8	6	0	0	3	34	5	0	9	13	0	0	0	0	2	1	0
奈良県	0	1	0	0	0	1	0	0	0	0	0	0	0	0	0	1	9	0	0	1	2	0	0	0	0	5	2	0
和歌山県	0	12	0	5	0	14	0	47	5	6	3	5	5	0	0	6	4	0	0	0	0	0	0	0	0	3	0	0
鳥取県	0	84	0	0	0	0	0	1	0	0	0	0	0	0	0	0	0	0	0	1	6	0	0	0	0	0	0	0
島根県	0	9	0	0	0	0	0	0	0	0	0	0	0	0	0	3	8	0	0	0	2	0	1	0	0	1	0	0
岡山県	0	22	0	0	0	0	0	0	0	0	0	0	0	0	0	2	10	0	0	0	4	0	0	2	2	0	0	0
広島県	0	25	3	0	0	0	0	12	1	0	0	3	0	2	0	0	6	0	0	0	8	0	0	20000	20000	4	0	0
山口県	3	106	16	2	1	19	1	72	5	1	1	8	0	0	0	2	0	0	0	1	0	0	0	0	0	0	1	0
徳島県	0	20	0	2	1	2	0	4	1	0	0	1	0	0	7	0	5	0	0	0	0	0	0	0	0	1	1	0
香川県	0	49	0	0	0	0	3	32	1	0	1	0	0	0	0	8	64	0	0	1	0	0	0	0	0	15	9	0
愛媛県	2	98	4	7	0	9	0	23	3	2	2	3	0	3	3	6	22	0	0	0	24	0	0	0	0	6	3	0
高知県	0	6	5	15	0	5	5	7	0	0	0	7	0	0	0	1	5	0	1	1	1	0	0	0	175	30	1	0
福岡県	1	35	0	0	0	1	0	8	0	0	0	2	0	1	0	2	14	0	0	11	9	0	0	0	0	5	1	0
佐賀県	0	3	0	0	0	0	0	0	0	0	0	0	0	0	0	0	1	0	0	0	1	0	1	0	0	1	0	0
長崎県	4	91	11	0	0	4	0	2	0	0	5	4	0	0	0	1	2	0	0	1	2	0	1	0	0	3	0	0
熊本県	0	116	0	66	0	175	0	0	0	0	0	0	0	0	0	0	1	0	0	1	8	0	0	0	0	0	0	0
大分県	0	11	2	1	0	12	15	132	7	6	1	5	35	0	1	0	4	0	3	2	27	0	0	1000	1000	21	69	0
宮崎県	0	5	4	15	0	0	0	6	1	0	0	2	2	0	0	0	4	0	0	0	0	0	0	0	0	1	0	0
鹿児島県	6	488	5	9	2	5	0	17	3	2	2	2	0	0	1	4	3	0	0	1	2	1	17	134	1	5	0	0
沖縄県	4	15	0	4	0	1	0	6	5	0	2	3	0	1	0	0	15	1	0	2	7	0	202	550	0	8	4	0
札幌市	0	95	4	12	3	14	2	19	1	0	2	2	0	0	0	12	2	9	1	3	58	0	1	3	2	6	10	0
仙台市	4	86	4	6	0	4	0	4	3	2	3	1	0	0	0	8	2	3	0	4	5	0	0	0	0	5	0	0
さいたま市	6	16	0	0	0	2	3	0	0	0	0	0	0	0	0	0	13	1	0	0	11	0	0	0	0	4	0	0
千葉市	1	69	2	7	0	0	0	2	2	0	0	2	2	0	0	4	5	4	0	4	2	0	0	1	1	2	0	0
横浜市	4	75	8	16	19	11	0	36	5	6	0	8	0	0	3	3	15	4	1	9	14	0	0	8	0	14	3	1
川崎市	1	10	0	0	0	0	0	0	0	0	0	0	0	0	0	0	4	3	0	0	3	0	0	0	0	2	0	0
相模原市	0	3	0	0	0	0	0	0	0	0	0	0	0	0	0	0	1	0	0	0	0	0	0	0	0	0	0	0
新潟市	0	20	0	0	0	0	0	0	0	0	0	0	0	0	0	0	0	0	0	0	3	0	0	0	0	0	0	0
静岡市	3	24	0	8	0	2	2	15	2	2	0	2	1	0	1	3	18	1	0	41	36	1	0	3	3	46	22	0
浜松市	2	50	2	6	1	4	0	8	1	0	0	3	2	0	1	3	5	0	0	3	5	0	0	0	0	9	0	0
名古屋市	1	37	7	14	9	8	0	15	5	4	4	2	5	0	3	2	13	8	0	15	14	0	0	0	0	10	4	1
京都市	0	15	2	8	0	0	0	6	5	0	1	3	0	0	0	3	10	0	0	0	5	62	0	19	19	3	3	0
大阪市	0	15	4	6	13	7	3	15	1	3	3	2	0	0	2	5	20	1	0	14	28	0	0	0	0	10	2	0
堺市	0	2	0	0	0	0	0	4	0	0	0	0	0	0	1	0	5	1	0	3	3	0	0	0	0	2	0	0
神戸市	0	35	5	6	6	9	0	25	2	0	3	3	0	0	0	3	5	4	0	6	34	0	15	0	0	11	3	0
岡山市	0	17	2	3	0	2	3	3	0	0	0	1	1	0	0	0	272	0	0	6	4	0	0	0	0	1	2	0
広島市	0	51	2	5	0	3	0	11	3	4	0	5	4	0	0	0	4	4	0	2	1	0	0	4	4	0	3	0
北九州市	2	58	6	5	0	0	0	6	2	0	0	3	0	0	0	0	2	1	0	0	8	1	1	1	0	0	0	0
福岡市	8	60	3	6	0	4	0	11	1	0	1	2	0	1	2	6	4	0	0	2	3	0	0	0	0	2	0	1
熊本市	9	28	0	5	0	7	0	0	2	1	2	2	0	2	0	0	4	0	0	1	0	0	0	0	0	3	0	0
合計	172	6355	182	392	99	825	47	1087	123	74	66	169	158	13	45	306	1031	94	8	370	704	81	305	31579	30889	515	457	6

(頭数)

第6部

わに目

大きな顎と高い水泳能力が知られるが、
知性も高くトレーニングにより学習することも知られている。
飼養にあたっては水質の保全と保温、
そして何より飼養スペースの確保が大きなポイントになる。

Crocodilia

Alligator mississippiensis

ミシシッピ アリゲーター

American alligator

DATA

分類	ワニ目アリゲーター科アリゲーター属
分布域	アメリカ合衆国南東部
生息域	河川の下流域、沼、湿地
寿命の目安	40〜50年
主な餌	魚類、鳥類、哺乳類のほか、カメや甲殻類
繁殖について	繁殖時期は5月頃。卵生で20〜60個を産卵

穏やかな性格のアメリカ産ワニ

A：純淡水性のワニで、泳ぎは非常に巧み。日中に活動することが多い。B：フロリダ州・エバーグレーズ国立公園のアンヒンガトレイルでバスキング（日光浴）するミシシッピアリゲーター。性格のおとなしい個体が多く、ヒトが襲われ重大事故となるケースは少ない。C：個体群により縄張りをもち、侵入者を威嚇する際には唸り声を発することもある。

ミシシッピワニ、アメリカアリゲーターなどとも呼ばれる。北米大陸南東部に生息する本種は、アフリカ大陸やアジアのクロコダイル属（*Crocodylus*）のワニと異なり、吻の先が丸く、純淡水性で海水への耐性はない。また、下顎の前方から４番目の牙が口の外に出ていることがクロコダイル属（*Crocodylus*）の外見的特徴の違いである。

初夏の繁殖期には植物を集めて丸いすり鉢状の巣を作り、７cm程度の卵を20〜60個産卵する。その後、卵を植物で覆い隠し、植物の発酵熱を利用して孵化させる。なお温度が高い（34℃以上）場合には雄が、低い（30℃以下）場合には雌が生まれてくることが多いことがわかっている。

寿命は平均して30年以上と長く、非常に大きくなるワニで原産地では体長400cmを越す個体が数多く見つかるほか、過去には600cm近い巨大な個体が見つかったという記録も残されている。

本種は同じく大きく成長するクロコダイル属（*Crocodylus*）と比べると気性の穏やかな個体が多いとされるが、過去には人が襲われる事故も起きており、その中には命を落とすなどの重大事故に至ったケースもあるため、飼育の際に十分な注意が必要であることは間違いない。

ワニの飼育にあたって

ミシシッピアリゲーターのケージ（仕様の目安）

4ｍを越す大型のワニで、アゴや尾の力が非常に強い。飼養ケージのほか、屋外飼養（屋根などをつけた場所での半屋外飼養）の際に必要なケージ外のフェンスも十分な強度を要する。

アクリル製のケージとする場合には開口部を上部に設け、２カ所以上に施錠できるようにする。

幼体の場合には水深は20㎝程度とすると、飼養個体が餌を見つけやすい。

250

500

500

単位（㎝）

側面および底面のアクリルは30㎜を最低限とする大型になるワニの飼育では丸鋼製のケージとし、ケージ内にコンクリート製のスロープを設置する方法もある。

飼育ケージの外のフェンス

飼育スペースの外壁に施工するフェンスは網目寸法を50㎜、鉄線径５㎜の菱形金網とする。

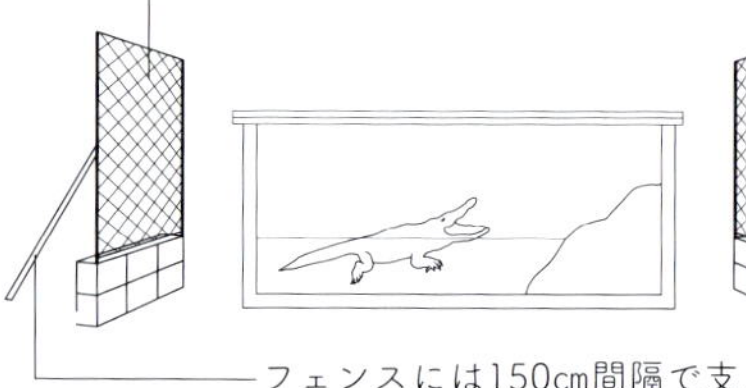

フェンスには150㎝間隔で支え柱を設置することで飼養個体の衝撃に耐えうることができる。

本種は幼体のうちからよく餌を食べ、さほど神経質なところもなく非常に飼育しやすい個体が多いため、ワニ飼育においては「基礎的存在」である。

なお動物の飼育では、人にとって安全で飼いやすいことが重要視され、それが初心者にとって良いことのように書かれることが多い。しかしそれはペット飼育に留まる方の話であり、本書をご覧の方には、単なる飼育者以上（研究者や飼育員など）を志す方もいると思われることから、本種を「基礎」としたものである。

本種を「基礎」とした理由にもう少し付け加えると、まずワニの飼育において問題となるのは、（その巨体ゆえに）必要とされる飼育スペースだろう。ワニでは水場と陸場の両方を必要とすることもあり、飼育スペースは決して小規模なものでは収まらない。こうした観点からも、本種より小型のワニが「基礎」とは成りえない。

また扱いの面においても、ワニの保定に必要な技術を学ぶにあたり、極端に小さな個体は技術の修練に不向きである。これらを踏まえた際、本種のサイズ、攻撃性の程度、飼育に対する順応性が、飼育技術を学ぶ上で基礎と考えられるのである。

飼育温度の目安	25～30℃
飼育水温の目安	23～27℃
飼育ケージの目安	500×500×250（㎝）以上
餌やり頻度の目安	1～3週間に1回

飼育ケージの環境づくり

飼養設備についての規定

大型になるワニでは、尾を振り回しての衝撃もかなり強く、脆弱な設備では簡単に破壊されてしまう恐れがある。

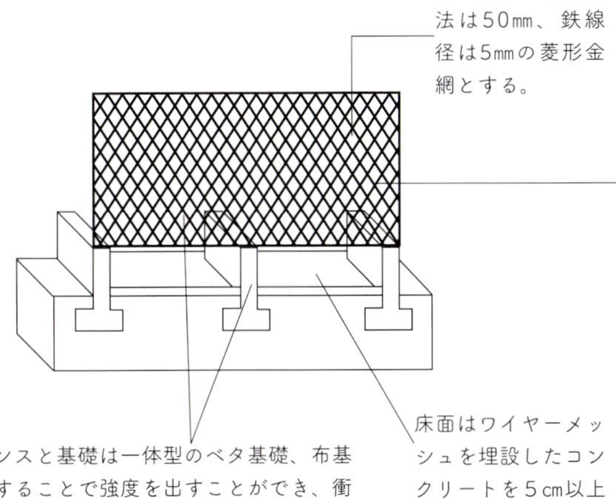

フェンスの仕様規定

① ベタ基礎または布基礎のような一体型のものとする

一体型の基礎とすることで、飼養個体の衝撃に耐えることができる。施工については施工業者と相談の上で行う。

② ワイヤーメッシュを埋設したコンクリートを床面に5cm以上の厚みに敷く

特に大型の個体については床面を掘り起こされる心配もある。これを予防するためにワイヤーメッシュを埋設したコンクリートの敷設が必要となる。

「二重戸」等の詳細な規定

環境省の規定ではワニ目の飼養にあたっての二重戸の仕様、ケージとケージ外の壁（隔離設備）の間隔について右のように詳細に決められている。これらを踏まえた上で、ケージ開口部およびケージ外のフェンスの仕様やフェンスとケージとの間隔を決定する必要がある。

「わに」目の飼養にあたっての二重戸と隔離設備

・飼養の二重戸（内戸・外戸）について

水槽のふたを内戸（扉は内戸・外戸の二重にしなければならない）戸する場合には、鉄格子、金網を使用し、動物の脱出を防止するために十分な強度及び耐久性を持たせること。

・ケージとケージ外の壁の間隔について

人止め柵（ケージ外の壁）とおり（ケージ）等との間隔は1m以上空けなければならない。

本種は南関東以南では野外飼育も可能であるが、保温設備が不要というわけではない。水温は7℃、気温も5℃を下回らないようにすることに留意したい。また、消化不良を招く恐れがあることから気温の低い時期に餌を与えてはならず、最低気温が17℃をコンスタントに上回るようになってから与えるのがよいだろう。

もちろん野外での飼育よりも保温した室内で飼育するほうが安全な対応であり、その場合は一年を通して気温25℃以上、水温27℃を目安とし、陸場にホットスポットを設ければ問題はないだろう。餌についてはワニの繁殖場でソコダラ科の魚（Macrouridae）だけを与え続けた個体はおとなしくなり、ヌートリア *Myocastor coypus* を与えた個体は気性が荒くなったという報告もあるが、これまでの経験では、いずれを与えようとも、トレーニングを重ねることでおとなしくなることは間違いない。また餌を与える頻度については、月齢の若い個体ほどこまめにする必要があり、年齢、成長に伴い餌の量を増やし、その頻度は徐々に少なくしてゆくこと。

給餌の際のポイント

給餌のポイント

本種の飼養で飼育スペースの他にポイントとなるのは給餌で、幼体と成体で餌の種類を変える必要がある。その他、飼養のしやすいワニとしにくいワニについても紹介する。

ミシシッピアリゲーターの給餌

飼養下ではニワトリ、ウズラなどの鳥類、マウスやラット、ウサギなどの哺乳類を与える。なお幼体では数日に1度程度給餌し、成長とともに給餌ペースを落としてゆくことで肥満や内臓疾患を予防する。

ウサギ　ニワトリ　ウズラ

※これらのほか、魚類などを与えることもできるがビタミンB1、ビタミンDなどの栄養素が欠乏気味になることがあるため、定期的に与える餌として好ましくない。

北半球産で屋外飼養も可能

野生下で北半球に棲息する本種は比較的寒さに強い傾向がある。そのため、大型個体については屋外で飼養することもできる。目安となる飼養環境の最低温度は7℃、最低水温は5℃と考えると良いだろう。ただし気温や水温の低い時期の給餌は、餌の消化不良などにつながるため避けた方が良い。なお、屋内飼養の場合には気温25℃、水温27℃を最低と考えると良い。

ワニによって異なる飼育のし易さ

本種は体の大きさの割に比較的気性の穏やかな個体が多い。また飼養年数に応じて環境や管理者に慣れる傾向があるため、広大な飼育スペースが必要なことを除けば比較的飼養しやすいワニだといえるだろう。こうした観点から右に「飼育難易度の高いワニ」「飼育難易度の低いワニ」を挙げた。

種ごとの飼育難易度

飼育難易度は気性が荒いか穏やかか、環境や人に慣れやすいかそうでないか、飼養環境の変化に強いか弱いかなどで決定される。

飼育難易度の高いワニ
- ヌマワニ
- シャムワニ
- ブラジルカイマン

飼育難易度の低いワニ
- ナイルワニ
- メガネカイマン
- ヨウスコウワニ

幼体を飼育する場合、あまりにも大きな飼育ケースを使用すると、餌を認知できないことがあるため、小さめの飼育ケースを用意し、水深も20cm以内と浅くすることで餌を見つけやすくなり、同時に餌の食べ残しを防ぐことが出来る。

大型の生体でも30mm以上の厚みのアクリル板を飼育ケージに使用することで、まず破壊されることはない。ただし水深のある水槽部分をアクリル素材で造作する場合は、それ以上の厚みが必要となる。もっとも水槽部分はアクリルよりもコンクリート製とし、ワニが出入りしやすいよう、スロープ構造を取り入れ池とする方が理想的だ。

また、飼育スペースの外壁（フェンス）は網目寸法が50mm、鉄線径５mmの菱形金網とし、高さ150cmで支柱を150cm間隔に設置、そして各支柱には控え柱を取り付けることで、ワニが寄り掛かったときの圧力に十分耐えることができる。

なお、フェンスの基礎は独立したものではなく、ベタ基礎或いは布基礎のような一体型のものとし、床面はワイヤーメッシュを埋設したコンクリートを、５cm以上の厚みに敷くことで掘り起こされる心配を防ぐとよい。さらに飼育スペースの外周から１m以上離れた周囲に、同様の素材を使い高さ１m以上とした立ち入り禁止フェンスを設置する必要がある。その他、各自治体により規定に差異があるので、相談の上で仕様を決定する必要がある。

主な症状と治療法

育下で急成長する個体をよく見かけるが、そのような個体の中には代謝性の障害が現れる場合や急死する個体も見られる。急死の原因は、心膜腔内に液体が溜まるケースが見られることから、心機能の低下も一つの例として挙げられるだろう。

そもそも代謝性の傷害の原因は、急成長や肥育による栄養バランスの悪さから低カルシウム血症を起こし、筋力の低下、四肢の痙攣・筋攣縮・麻痺、不全麻痺などの神経症状を発症することだ。これにより運動機能性に支障が現れるほか、骨形成異常を起こし四肢の変形が見られることもある。

またこうした障害が起こるのは口から摂取する餌だけの問題ではなく、紫外線浴が不足することでビタミンD_3の合成が減少し、腸管からのカルシウムの吸収が悪くなることにも原因があるのではないかと考えられる。

なおこのような代謝性の障害に似た症状として、ビタミンB_1の欠乏による運動困難も考えられる。いずれにせよ原因究明のためには早期に獣医師の診断を受け、その処方に従い行動しなければならない。特に緊急を要する重篤な疾病の場合には獣医師の指示に従うことで、複数の治療が必要な場合でも同時に対処することができるだろう。

この項で紹介した内容で飼育ができる主な種

アリゲーター属（*Alligator*）では本種の他に中国の長江下流に棲息するヨウスコウアリゲーター（ヨウスコウワニ）（*Alligator sinensis*）がいる。こちらは最大全長200㎝程度とあまり大きくならない。

ヨウスコウアリゲーター
Alligator sinensis

環境省が定めた飼育施設の基準

・ケージの形態

ふた付きガラス水槽（体長２ｍ未満のものに限る）、ふた付きコンクリート水槽又は菱形金網おり

・ケージの規格（仕様）等

1．ガラス水槽にあっては、強化ガラス製であること。
2．コンクリー水槽にあっては、厚さ150㎜以上の鉄筋コンクリート製であること。
3．菱形金網おりにあっては、直径４㎜以上、網目25㎜以下のものを使用すること。
4．ガラス水槽又は金網おりは、その一部を厚さ150㎜以上の鉄筋コンクリート壁又は鉄筋コンクリートブロック壁に代えることができる。
5．排水孔、通気孔等を設ける場合には、動物が脱出しないよう金網等でおおいを付けること。

・出入り口等

必要。水槽のふたを内戸とする場合には、鉄格子、金網を使用し、動物の脱出を防止するために十分な強度及び耐久性を持たせること。

・錠

内戸及び外戸の錠は、それぞれ１箇所以上の施錠ができること。

・間隔設備

人止めさくとおりとの間隔：１ｍ以上
高さ：1.5ｍ以上

Crocodylus porosus

イリエワニ

Salt-water crocodile

DATA

分類	ワニ目クロコダイル科クロコダイル属	寿命の目安	70年程度
分布域	インド東部、東南アジア、オーストラリア北部	主な餌	魚類、鳥類のほかサルや大型哺乳類も
生息域	河川の下流域、河口(汽水域)のほか沿岸部	繁殖について	繁殖時期は9～10月。卵生で40～60個を産卵

海洋への適応性も高い危険な種

A：塩類腺が発達しており、しばしば海洋でも見られる。泳ぎも非常に巧みだ。B：イリエワニの顎の力（顎を閉じる力）は1㎠あたり260kgという記録もある一方、開く力はそれほど強くないことがわかっている。しかし気の荒い個体も多く、記録上は世界でもっともヒトの被害が多いワニだ。C：水中では後肢だけを水底につけていることが多いほか、餌を捕らえる際には水面から飛び上がることもある。オーストラリア・ノーザンテリトリー。

現在、地球上に生息する爬虫類では最も巨大な生物で2011（平成23）年にフィリピンで捕獲された本種（ロロン（Lolong）と名付けられ同国の研究施設で飼育されていた）は、617cmもの大きさだった。このように600cmを越すような巨大な個体はごく稀だが、400cm程度の個体はさほど珍しくなく、オサガメ（Dermochelys coriacea）と並び世界最大の爬虫類である。

アリゲーター属（*Alligator*）と比較すると吻が長く顕著な三角形であることから区別は容易にできる。また本種の大きな特徴が海水への耐性が優れていることで、英名は「Saltwater crocodile（海のクロコダイル）」と付けられている。実際に岸から遠く離れた海域を泳ぐ姿も多数目撃されており、国内でも西表島や奄美大島、八丈島に本種が流れ着いた記録が残る。こうした海水への適応は「塩類腺」と呼ばれる塩の排出腺を持つことによるもので、その開口部は同じ爬虫類のウミガメ上科（Chelonioidea）と同じく目尻にあり、塩を排出する姿が時に泣いたように見えることがある。

オーストラリアでは海岸などで人が襲われる事故がたびたび起きており、飼育下においても、脅威となりうる生物であることは常に頭に入れておく必要がある。

飼育ケージの環境づくり

イリエワニのケージ（仕様の目安）

ケージは丸鋼製の格子による強度の高いものとする。また水場の保温装置は濾過槽の中に設置することで飼養個体による破壊を防ぐ。

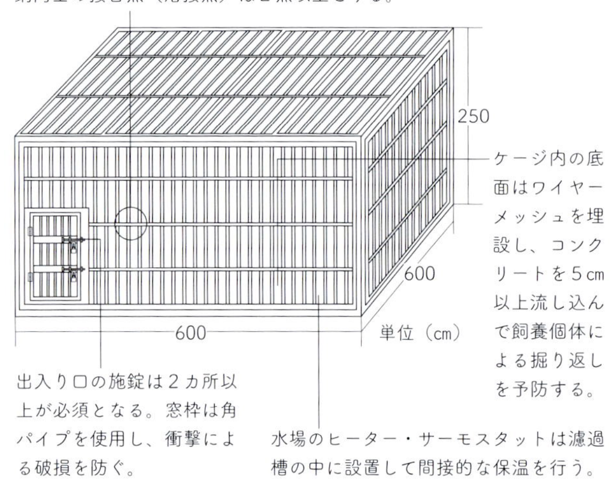

幼体時にはアクリル製ケージも

幼体時はアクリル製のケージとすることもできる。陸場・水場の両方にホットスポットを設置する。

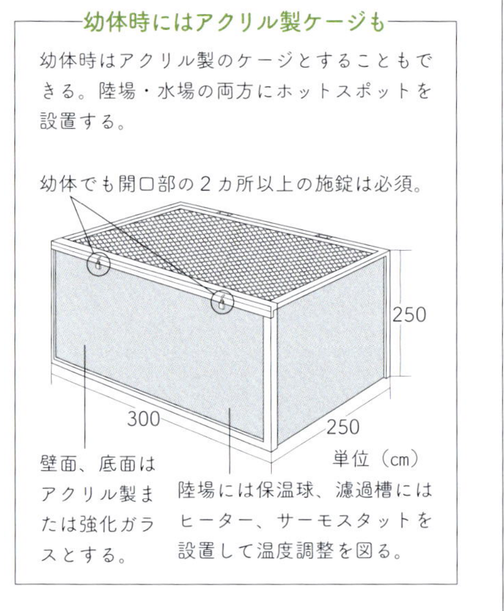

幼体のうちは神経質であるため飼育ケースの移動、水質の変化、温度の低下など、様々な環境の変化をストレスと感じて拒食（神経性無食欲症）を起こす可能性が高い。こうした事態を防ぐためには気温と水温を別々に管理することのできるシステムや陸場にホットスポットを設置することが必須となる。なお、飼育ケースが小さいとホットスポットの範囲があいまいになってしまうため、幼体時にも個体のサイズと比較して十分な広さのある飼育ケースが必要になる。

また水場にヒーターを設置するのではなく、水場に接続する濾過槽の中にヒーターやサーモスタットを設置しなければならない。水場にヒーターやサーモスタットを投入すると水面まで持ち上げたり、破壊したりする個体がいるからだ。本種の成体がもつ尾の力、筋力を侮ってはいけない。

水場に接続する濾過槽は大型の物理的な濾過をメインとしたものを用いるのがよい。生物濾過をメインとした濾過装置ではかなりの大きさの濾過槽を備えた設備が必要となるためである。なお、特に幼体のうちは水温をやや高めに設定し、pH7を下回らない水質をキープするとよい。

飼育温度の目安	25～30℃
飼育水温の目安	26～28℃
飼育ケージの目安	600×600×250（cm）以上
餌やり頻度の目安	1～3週間に1回

飼育ケージとフェンスの仕様

ケージ内レイアウトの詳細

成体の飼養で重要となるポイントは物理的な濾過槽の設置、紫外線ライト、そしてパワーに耐えうるフェンスの仕様などだ。以下にケージ内レイアウトで留意すべき点を紹介する。

ひし形金網のフェンスは十分な強度としなければならない。網目寸法50mm、鉄線径5mmあれば成体でも安心だ。なお大きな個体では基礎と支柱を大きくすると良い。

濾過槽は水場のサイズに合わせた大型のもの、なおかつ物理的な濾過のできるものとする。水温の目安は25～30℃だが、幼体のうちはやや高め（30～35℃）に設定することで皮膚疾患などのトラブルが起きにくくなる。

健全な成長、飼養のためには紫外線による目（瞳孔）への刺激が必要で、陸場には保温球のほか紫外線ライトが必須となる。

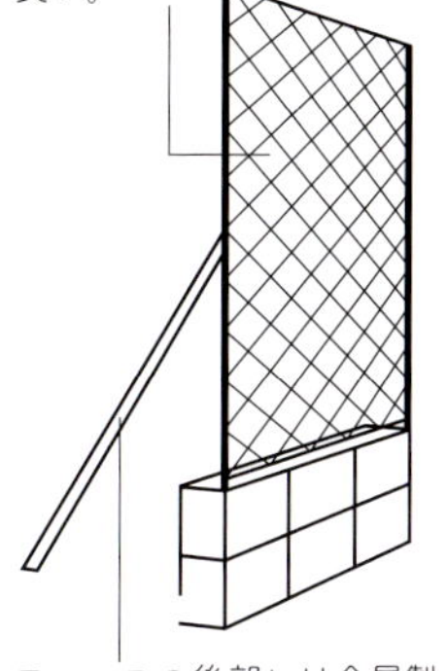

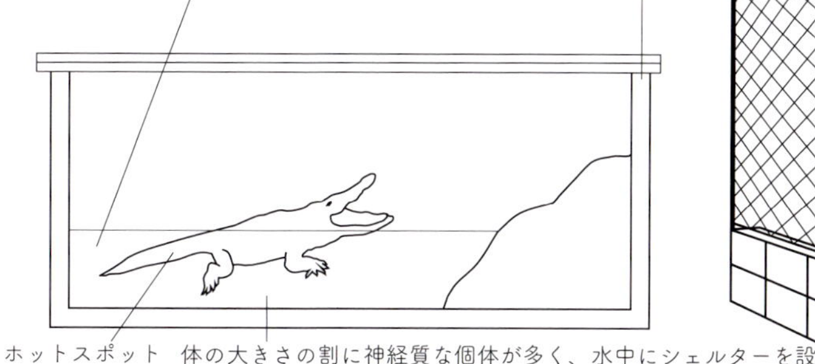

フェンスの後部には金属製の控え柱を設置し、フェンスの強度増大を図る。

ホットスポットで体温を37℃以上に上げられるよう設定。

体の大きさの割に神経質な個体が多く、水中にシェルターを設置する必要がある。シェルターは倒木を利用する、コンクリートにより製造するなどが考えられるが、いずれも飼養個体が衝突して負傷することのないような大きさ、重さのものとする。

飼育温度、水温、大きな水場と十分な陸地を設けることは、本種を飼育する際の環境エンリッチメントとして非常に重要だが、その他に気をつけなければならないポイントが2点ある。

その1つ目は湿度だ。特に飼育個体が幼体の場合、小さな飼育ケースを使用しているケースがあるが、それにより過度に多湿な環境となってしまい、その結果、飼育個体に余計なストレスをかけることになる場合がある。陸場を過度に多湿にすることは避ける必要がある。

こうしたことを予防するために飼育個体のサイズと比較して十分な飼育ケースを用意すること、通気性の良い上蓋や横穴を設置することなどを心がけるとよい。

もう1つのポイントはシェルターの設置である。ワニ目（Crocodilia）全体でシェルターに身を寄せることはよく知られており、特に幼体の飼育ではシェルターを使用しているケースをしばしば見かける。しかし、本種においては成体でもシェルターの設置が不可欠と言える。それはストレスによる食欲不振（神経性無食欲症）の軽減につながるためだ。本種は皮膚や視覚などの感覚器から受ける刺激により、食欲不振を引き起こすケースがしばしば見られるのである。こうした状態から、再び健全に餌を食べるようになるには時間がかかることも多い。

なお、シェルターは陸場よりも水中に設置する方が効果的だが、その際、飼育個体が誤って外傷を負うようなことのないよう、しっかりと固定することを忘れてはならない。

保定とケージ内環境の注意点

保定と給餌のポイント

本種においても保定が必要となる場合がある。これまでに重大事故が起きており、
保定には細心の注意を払う必要がある。

保定作業のポイント

1. 必ず2人以上で作業を行うこと

本種は非常に力が強く、万一の事故の際には重大な被害に発展する可能性もある。保定作業にあたっては必ず2名以上、できれば3名以上で作業すること。

2. 水場の水は全て抜いておくこと

陸場よりも水中の動きの方が格段に素早い。事故を防ぐためにはケージ内の水を全て抜いておくことが重要だ。

保定が必要となるケースは

普段、本種を保定しなければならない機会は多くないが、以下のような場合には保定が必要となることがある。

・ケージ内の環境不全により皮膚などに疾病を生じた場合
・拒食などにより飼養個体の健康不全が疑われる場合
・飼養個体によりシェルターなどが破壊された場合などに回収しなければならない場合

イリエワニの給餌

飼養下で与える餌としては以下が望ましい。

・コイなどの魚類
・ウズラ、ニワトリなどの鳥類
・メダカや小赤（金魚）などの小さな魚類（幼体）
・コオロギなどの昆虫（幼体）

ニワトリ

※幼体には水面に浮く餌を与えることで、シェルターなどに衝突して負傷することを予防できる。

保温球・紫外線ライト併用の注意点

本種をはじめとしたワニの仲間の健全な飼養管理においては、紫外線ライトによる目（瞳孔）への刺激が欠かせないことは先に記した通りだが、紫外線ライトの点灯によってケージ内温度が上がることは避けなければならない。ケージ内で温度に落差をつけなくては「ホットスポット」の効果が薄まってしまうためである。ケージ内の適切な保温を行うためには右のような施作が有効だ。

ケージ内温度を適切に管理するために

ケージ内全体が高温化し、温度落差のない状態を防ぐためには以下のような点に留意すると良い。

・保温球と紫外線ライトの設置場所を離す
・保温球の出力数を低くする
・保温球の点灯時間を短くする

本種は全長150cmを超えるころから一人で保定するのは危険であるためすすめられない。このサイズになれば女性3人がかりでも保定は不可能だろう。

大きさだけではなく、他のワニ類と比べ、人に対して激しく抵抗することが多く、力も強い。そのため、本種を飼育する際にはサイズと比較してできるだけ広いスペースを用意する必要がある。これは環境エンリッチメントというだけではなく、飼育個体が抵抗した際に彼ら自身が壁にぶつかるなどのケガをできるだけ避けるため、という意味もある。

なお保定の際、飼育施設の中へ入らなくてはならない場合、水は全て抜いておくことが重要だ。なぜなら彼らは陸場よりも水中でこそ、その力を発揮しやすいからだ。仮に水深が30cm程度と浅かったとしても危険である。陸場で彼らに咬みつかれたとしても水へ引き込まれ、咬みついた部分の肉を咬みちぎるための回転運動の力が数段強くなる。

餌は成体にはコイなどの魚類やニワトリなど、幼体には小魚と昆虫がよい。特に幼体では水面に浮く餌がよい。それは彼らが餌を追って暴れまわり、ケガを負う確率を軽減させるためである。

保温、紫外線浴の重要性

本種をはじめワニ類の飼育では紫外線浴に加え、ホットスポットの設置が必須となる。飼育個体のサイズによっては複数必要となる場合もあるだろう。紫外線ライト、ホットスポットの設置は彼らの体調管理という単純な目的もある。しかし、それだけではなく目が受容する光の刺激など、紫外線から受ける感覚器への刺激という意味でも重要である。これにより種々のホルモンが分泌し、ワニの正常な行動へとつながるためである。

紫外線浴、ホットスポットの設置で気を付けるべきことは、紫外線ライトの生み出す温度に保温用のライト（レフ球）の温度が加わることで、ホットスポットの温度が高くなりすぎないことだ。それにより、ケージ内全体が高温となってしまうことも考えられる。

これを回避するためにはレフ球を紫外線ライトと遠ざける、あるいはワット数の低いレフ球を使用するなどが考えられる。なお、LEDレフ球は熱を光に変えるしくみではないため、光源から得られる発熱量が少ないため、ホットスポットとしての使用には不向きである。

この項で紹介した内容で飼育ができる主な種

クロコダイル属（*Crocodylus*）に分類されるワニは非常に大きくなる個体が多く、大きな飼育スペースが必要となる。そのなかで本種と同様に飼育できると思われる種は以下の通り。

アメリカワニ
Crocodylus acutus

ヌマワニ
Crocodylus palustris

環境省が定めた飼育施設の基準

・ケージの形態

ふた付きガラス水槽（体長２m未満のものに限る）、ふた付きコンクリート水槽又は菱形金網おり

・ケージの規格（仕様）等

1. ガラス水槽にあっては、強化ガラス製であること。
2. コンクリー水槽にあっては、厚さ150㎜以上の鉄筋コンクリート製であること。
3. 菱形金網おりにあっては、直径４㎜以上、網目25㎜以下のものを使用すること。
4. ガラス水槽又は金網おりは、その一部を厚さ150㎜以上の鉄筋コンクリート壁又は鉄筋コンクリートブロック壁に代えることができる。
5. 排水孔、通気孔等を設ける場合には、動物が脱出しないよう金網等でおおいを付けること。

・出入り口等

必要。水槽のふたを内戸とする場合には、鉄格子、金網を使用し、動物の脱出を防止するために十分な強度及び耐久性を持たせること。

・錠

内戸及び外戸の錠は、それぞれ１箇所以上の施錠ができること。

・間隔設備

人止めさくとおりとの間隔：１m以上
高さ：1.5m以上

Paleosuchus palpebrosus

キュビエムカシカイマン（コビトカイマン）

Cuvier's dwarf caiman

DATA

分類	ワニ目アリゲーター科コビトカイマン属	寿命の目安	30〜40年
分布域	南米大陸北東部	主な餌	魚類を中心に両生類や鳥類、小型哺乳類等
生息域	河川の中〜下流域、湖沼	繁殖について	繁殖時期は不定。卵生で10〜25個を産卵

世界でもっとも小さなワニ

A：他のワニと比較すると、流れの速い場所でもしばしば見られる特徴がある。ブラジル・フォルモーゾ川。B：「コビトカイマン」の和名の通り、最大全長150cm程度と世界でもっとも小さなワニだ。原産地である南米北部では、小型の両生類や爬虫類、魚類などを餌としている。

ワニ目の中ではもっとも体の小さい種の1つで体長は成体でも100～150cmほどしかない。なお、「キュビエムカシカイマン」という一般名に使われている「キュビエ」は本種を発見したフランスの動物学者ジョルジュ・キュビエ（1769－1832）の名によるものだ。

本種は完全淡水性のワニで、南米大陸北部の河川流域に見られ、比較的流れの速い場所、水温の低い場所でも見つかるという点で他のワニと異なる。また、夜間には水辺を離れて長い距離を移動する姿も目撃されており、主要な河川から離れた場所にある池沼に生息していることもある。

魚類や両生類、鳥類などを餌としており、性格が穏やかな上、体が小さいことから人が襲われるようなことはほぼない。そのため、ペットとしては比較的飼いやすい種といえるだろう。

同じコビトカイマン属（*Paleosuchus*）のブラジルカイマン*Paleosuchus trigonatus*とともに現生種のワニとしては最も原始的な姿をとどめていると考えられているが、皮革加工用として捕獲されるケースは少なく、原産地の個体数はそれほど減少しているわけではない。

飼育ケージの環境づくり

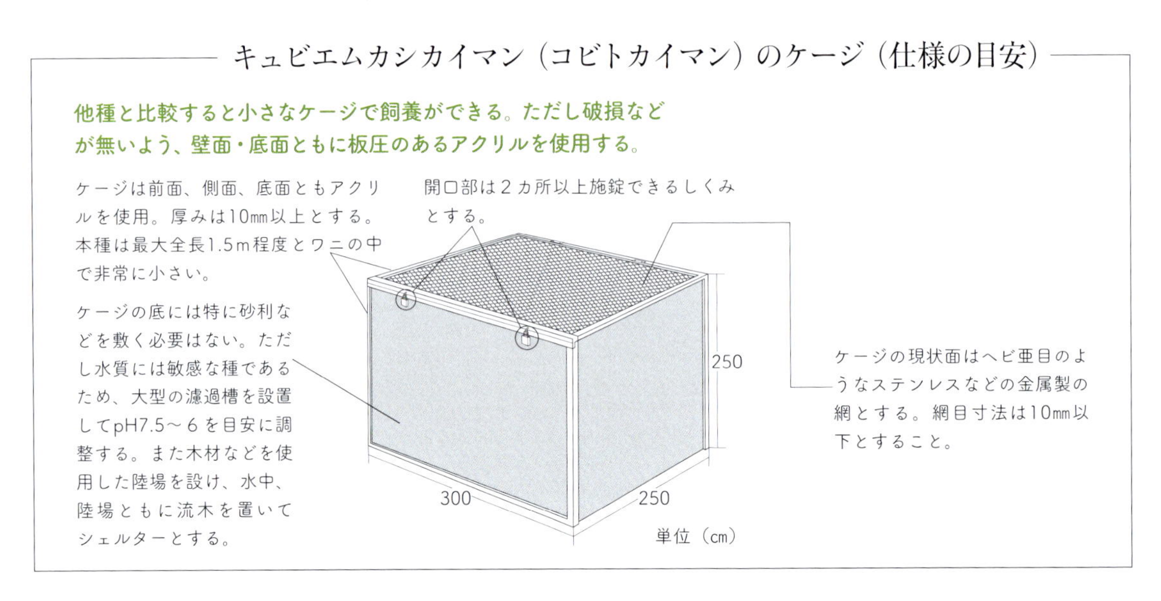

本種は飼育下の環境に強いとはいえないことから決して飼育向きの種とはいえないが、ワニ目の他の種と比較して小型で輸送や移動に強く、餌付きも悪くない。ただし水質にはやや敏感で、pH7.5～６を目安に調整するとよいだろう。また亜硝酸濃度も極力下げる努力が必要だ。

こうした水質調整を行うためには最大流量の大きなポンプを使い、大型の濾過槽を用いることで物理的濾過と生物濾過の両方を行うとよい。

なお最大流量の大きなポンプを使う際、飼育個体を吸い込む、あるいは吸いつけることの無いように注意が必要だ。またポンプによる水流で飼育個体に疲労やストレスを与えないように心がけたい。

なお本種は体が小さいため、飼育スペース内にある程度のレイアウトを施すことが出来る。しかしこうしたレイアウトは、飼育に意味のあるものでなければならない。

その例として挙げられるものは、大きな流木である。他の爬虫類飼育でもよく使われる流木は水流や飼育個体との接触によって移動することの無いよう、しっかりと固定することが必要である。また、隙間に飼育個体が潜り込んだ際、出られなくなるような構造は避けなくてはならない。

さらに鋭くとがった部分があると、飼育個体が採餌などの際に暴れてぶつけると外傷を負う可能性がある。こうした部分は滑らかに研磨するか、切除するなどの処理を行う必要がある。

なお、固定された流木に代表される構造エンリッチメントは陸場と水場の両方にあるとよい。これらはシェルターとして大きな役割を果たすと同時に、感覚エンリッチメントとしても優れた働きをもち、精神的な安らぎを与える効果が期待できる。そのため、ストレスによる食欲不振（心因性無食欲症）などを予防、緩和してくれる。

飼育温度の目安	25～28℃（飼育水温:23～27℃）
飼育ケージの目安	300×250×250（cm）以上
餌やり頻度の目安	１～３週間に１回

餌の種類と紫外線浴

給餌とケージ内環境の保全

本種は比較的餌付きの良い個体が多い。ただし、栄養バランスが崩れることで疾病につながるケースが見られる。下記に推奨される餌と給餌のポイント、ケージ内環境で気をつけるべき点について紹介する。

キュビエムカシカイマン（コビトカイマン）の給餌

本種の餌としては、以下のようなものが望ましい。

- ウズラ、鶏、ハトなどの鳥類
- マウス、ラット、モルモットなどの小型哺乳類
- エビなどの甲殻類
- 小赤などの魚類

魚類の偏りで起こるビタミンB1欠乏症

本種に与える餌として冷凍した魚類の割合を多くするとビタミンB1の欠乏症が起こる可能性がある。具体的には筋力の低下、四肢の痙攣、麻痺などの神経症状などである。野生下の餌としては成長とともに魚類の割合が増えるという説もあるが、飼養下では鳥類や甲殻類、哺乳類などをバランスよく与えると良い。

効果的なホットスポットのために

保温球による視覚への刺激、およびホットスポットの効果を高めるためにはケージ内に温度差を付けることが重要だ。そのためには1．飼養個体のサイズと比較して大きめのケージとする、2．ケージのサイズを考慮した上で保温球の出力数を決定すること（強すぎる保温球ではケージ内全体の温度が上昇してしまい、温度差が生じない）の２点がポイントとなる。

健全な飼養に必要な紫外線

わに目の飼養では紫外線の照射によりビタミンD_3の生成を行なうことが知られている。このため、バスキングのための保温球とは別に紫外線ライトの設置が必須となる。また保温球や紫外線ライトには視覚的な刺激によってホルモンの分泌を促す効果もある。

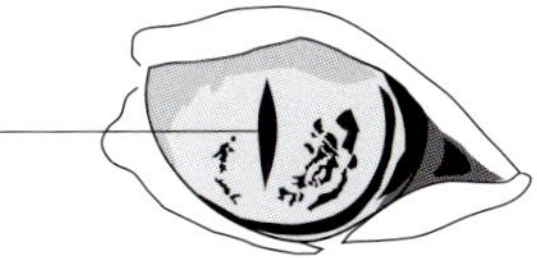

わに目では目（瞳）への光の刺激によって健全な成長に必要ないくつかのホルモンが分泌されることがわかっている。

本種も他のワニ類と同じく、紫外線B波（UV-B）の照射によりビタミンD_3の生成を行なっていると考えられる。しかし、本種は野生下では森林地帯の地表部に生息しており、飼育下においてもバスキングの頻度は多くない。そこで餌に爬虫類用のビタミンD_3のサプリメントを入れることで対応もできる。

ただしサプリメントでは逆にビタミンD_3の過剰摂取につながる可能性もあるため、できる限り紫外線浴を行う必要がある。そこで、紫外線ライトの設置は不可欠である。

また、ホットスポットの設置も欠かせない。こちらは、光から受ける視覚的な刺激が本種のいくつかのホルモンの分泌を促す働きがあるためだ。なおホットスポットの設置にあたっての注意事項は、飼育ケース内の気温が上がり過ぎない程度に保温球（レフ球）のサイズを抑えること、そしてホットスポットの範囲を飼育スペースの割合からして控えめにとることだ。水場の他にも涼しい陸場のある環境を設置した上でバスキングさせることが重要だ。

全国の主な特定動物許可申請先一覧

申請先	住所	電話	特定動物飼養申請の案内についてのウェブサイト	申請手数料／更新手数料
札幌市保健福祉局保健所動物管理センター	〒063-0869 北海道札幌市西区八軒9条東5-1-31	011-736-6134	http://www.city.sapporo.jp/inuneko/main/documents/sapporoaigojorei.pdf	飼養保管許可申請手数料：20,000円／更新料：14,000円
青森県動物愛護センター	〒039-3505 青森県青森市大字宮田字玉水119-1	017-726-6100	http://www.aomori-animal.jp/business/特定動物許可について	飼養保管許可申請手数料：15,000円
盛岡市保健所	〒020-0884 岩手県盛岡市神明町3-29	019-603-8311	http://www.pref.iwate.jp/anzenanshin/pet/002858.html	飼養保管許可申請手数料：16,000円
仙台市健康福祉局動物管理センター(アニパル仙台)	〒983-0034 宮城県仙台市宮城野区扇町6-3-3	022-258-1626	http://www.city.sendai.jp/dobutsu/kurashi/shizen/petto/hogodobutsu/todokede/dobutsu.html	飼養保管許可申請手数料：15,700円
秋田県生活環境部動物愛護センター	〒010-1654 秋田県秋田市浜田字神坂160	018-828-6561	https://www.pref.akita.lg.jp/pages/archive/74	飼養保管許可申請手数料：15,000円／更新料：10,000円
山形県村山保健所生活衛生課乳肉衛生管理担当	〒990-0031 山形県山形市十日町1-6-6	023-627-1187	https://www.pref.yamagata.jp/online_ymg/sinsei/ke/20080718-29.html	飼養保管許可申請手数料：16,000円
福島県動物愛護センター「ハピまるふくしま」	〒963-7732 福島県田村郡三春町大字上舞木字向田17	024-953-6400	https://www.pref.fukushima.lg.jp/sec/21620a/tokutei-dobutsu.html	飼養保管許可申請手数料：15,000円
茨城県動物指導センター	〒309-1606 茨城県笠間市日沢47	0296-72-1200	http://www.pref.ibaraki.jp/hokenfukushi/doshise/aigo/tokuteidoubutu.html	飼養保管許可申請手数料：20,000円／更新料：10,000円
栃木県動物愛護指導センター	〒321-0166 栃木県宇都宮市今宮4-7-8	028-684-5458	https://www.tochigi-douai.net/tokutei.html	飼養保管許可申請手数料：17,000円
群馬県動物愛護センター	〒370-1103 群馬県佐波郡玉村町樋越305-7	0270-75-1718	http://www.pref.gunma.jp/04/bo00046.html	飼養保管許可申請手数料：13,000円
埼玉県保健医療部生活衛生課	〒330-9301 埼玉県さいたま市浦和区高砂3-15-1 本庁舎4階	048-830-3612	https://www.pref.saitama.lg.jp/a0706/doubutu-touroku/tokutedoubutu.html	飼養保管許可申請手数料：16,000円(複数種申請の場合は+8,000円)
さいたま市役所保健福祉局 保健部動物愛護ふれあいセンター	〒338-0812 埼玉県さいたま市桜区神田950-1	048-840-4150	https://www.city.saitama.jp/008/004/003/006/003/p051954.html	飼養保管許可申請手数料：16,000円(複数種申請の場合は+8,000円)
千葉市動物保護指導センター	〒263-0054 千葉県千葉市稲毛区宮野木町445-1	043-258-7817	https://www.pref.chiba.lg.jp/kf-awa/doubutsu/tokutei.html	飼養保管許可申請手数料：17,000円
東京都動物愛護相談センター本所	〒156-0056 東京都世田谷区八幡山2-9-11	03-3302-3507	http://www.fukushihoken.metro.tokyo.jp/douso/shiyou.html	※下記欄外参照
東京都動物愛護相談センター多摩支所	〒191-0021 東京都日野市石田1-192-33	042-581-7435	http://www.fukushihoken.metro.tokyo.jp/douso/shiyou.html	※下記欄外参照
神奈川県動物保護センター	〒259-1205 神奈川県平塚市土屋401	0463-58-3411	http://www.pref.kanagawa.jp/docs/v7d/cnt/f80192/p92644.html	飼養保管許可申請手数料：33,360円
横浜市役所健康福祉局動物愛護センター	〒221-0864 神奈川県横浜市神奈川区菅田町75-4	045-471-2111	http://www.city.yokohama.lg.jp/kenko/hokenjo/genre/douai/register/specific.html	飼養保管許可申請手数料：16,000円
相模原市保健所生活衛生課(生活衛生班)	〒252-5277 中央区富士見6-1-1ウェルネスさがみはら4階	042-769-8347	http://www.city.sagamihara.kanagawa.jp/kurashi/kenko/pet/1007511.html	飼養保管許可申請手数料：33,320円／更新料：16,660円
川崎市健康福祉局保健所生活衛生課	〒212-0013 川崎市幸区堀川町580 ソリッドスクエア西館12階	044-200-2447	http://www.city.kawasaki.jp/350/page/0000035634.html	飼養保管許可申請手数料：33,320円
新潟県生活衛生課動物愛護・衛生係	〒 950-8570 新潟県新潟市中央区新光町4-1	025-280-5206	http://www.pref.niigata.lg.jp/seikatueisei/1192724144499.html	飼養保管許可申請手数料：25,000円
富山県厚生部生活衛生課動物管理センター	〒930-8501 富山県富山市新総曲輪1-7	076-462-3467	http://www.pref.toyama.jp/cms_sec/1207/kj00006934.html	飼養保管許可申請手数料：24,800円／更新料：14,900円
石川県健康福祉部薬事衛生課	〒920-8580 石川県金沢市鞍月1-1	076-225-1443	http://www.pref.ishikawa.lg.jp/yakuji/doubutsu/tokuteidoubustu.html	飼養保管許可申請手数料：20,000円
金沢市保健所動物愛護管理センター	〒920-3101 石川県金沢市才田町戊370-2	076-258-9070	http://www.pref.ishikawa.lg.jp/yakuji/tetuzuki/nyuniku/niku-aigo08.html	飼養保管許可申請手数料：20,000円
福井健康福祉センター生活衛生課	〒918-8540 福井県福井市西木田2丁目8-8	0776-36-1118	http://www.pref.fukui.lg.jp/doc/iei/doubutsuaigo/tokuteidoubutsu.html	飼養保管許可申請手数料：20,000円
山梨県福祉保健部衛生薬務課食品衛生・動物愛護担当	〒400-8501 山梨県甲府市丸の内1-6-1	055-223-1489	http://www.pref.yamanashi.jp/eisei-ykm/doubutuaigo_tokuteikyoka.html	飼養保管許可申請手数料：18,000円
長野県健康福祉部食品・生活衛生課	〒380-0837 長野県長野市大字南長野字幅下692-2	026-235-7154	https://www.pref.nagano.lg.jp/shokusei/kurashi/aigo/aigo/toriatsukaigyo/index.html	飼養保管許可申請手数料：21,000円
岐阜県健康福祉部生活衛生課	〒 500-8570 岐阜県岐阜市薮田南2-1-1	058-272-1986	https://www.pref.gifu.lg.jp/kurashi/dobutsu/dobutsu-aigo/11222/tokutei-doubutsu.html	飼養保管許可申請手数料：20,000円／更新料：12,000円
静岡県健康福祉部生活衛生局衛生課	〒420-8601 静岡市葵区追手町9-6	054-221-2347	https://www.pref.shizuoka.jp/kousei/ko-510/seiei/animalfaq/dangerousanimal3.html	飼養保管許可申請手数料：28,800円
静岡市保健福祉局保健衛生医療部動物指導センター	〒421-1222 静岡県静岡市葵区産女953	054-278-6409	http://www.city.shizuoka.jp/000_003538.html	飼養保管許可申請手数料：28,800円
愛知県動物保護管理センター	〒444-2222 愛知県豊田市穂積町新屋73-3	0565-58-2323	http://www.pref.aichi.jp/douai/konnnatokiwa/tokutei.html	飼養保管許可申請手数料：20,000円

※飼養保管許可申請手数料：45,400円（ぞう類及び大型のねこ類）／30,300円（くま類及び大型のさる類）／15,500円（中型以下のねこ類、ハイエナ類、おおかみ類、中型のさる類、わしたか類、わに類、どくとかげ類及びへび類）

申請先	住所	電話	特定動物飼養申請の案内についてのウェブサイト	申請手数料／更新手数料
名古屋市健康福祉局健康部食品衛生課獣医務係	〒460-0001 愛知県名古屋市中区三の丸3-1-1本庁舎1階	052-972-2649	http://www.city.nagoya.jp/kenkofukushi/page/0000006172.html	飼養保管許可申請手数料：20,000円（同日同時申請の場合、同じ「目」の2種め以降は5,000円、異なる「目」の2種め以降は13,500円）
三重県医療保健部食品安全課生活衛生・動物愛護班	〒514-8570 三重県津市広明町13（本庁舎4階）	059-224-2359	http://www.pref.mie.lg.jp/SHOKUSEI/HP/70460044643.htm	※下記欄外参照
滋賀県動物保護管理センター	〒520-3252 滋賀県湖南市岩根136-98	0748-75-1911	http://www.pref.shiga.lg.jp/e/dobutsu/tokutei.html	飼養保管許可申請手数料：12,800円
京都動物愛護センター	〒601-8103 京都府京都市南区上鳥羽仏現寺町11	075-671-0336	http://kyoto-ani-love.com/animal/permission/application/	飼養保管許可申請手数料：15,000円（複数種申請の場合は＋6,000円）
大阪府動物愛護管理センター	〒583-0862 大阪府羽曳野市尺度53-4	072-958-8212	http://www.pref.osaka.lg.jp/doaicenter/doaicenter/tokuteidoubutsuinfo.html	飼養保管許可申請手数料：15,000円（複数種申請の場合は＋10,000円）
大阪市動物愛護相談室	〒537-0014 大阪府大阪市東成区大今里西1-19-29	06-6978-7710	http://www.city.osaka.lg.jp/kenko/page/0000007352.html	飼養保管許可申請手数料：15,000円（複数種申請の場合は＋10,000円）
堺市動物指導センター	〒590-0013 大阪府堺市堺区東雲西町1-8-17	072-228-0168	http://www.city.sakai.lg.jp/kurashi/dobutsu/shidocenter/shidocenter.html	飼養保管許可申請手数料：15,000円（複数種申請の場合は＋10,000円）
兵庫県動物愛護センター	〒661-0047 兵庫県尼崎市西昆陽4-1-1	06-6432-4599	http://www.hyogo-douai.sakura.ne.jp/tokutei.html	飼養保管許可申請手数料：10,000円
神戸市保健福祉局健康部生活衛生課	〒650-8570 兵庫県神戸市中央区加納町6-5-1 神戸市役所1号館6階	078-322-5264	http://www.city.kobe.lg.jp/life/health/hygiene/animal/tokutei.html	飼養保管許可申請手数料：10,000円
奈良県消費・生活安全課動物愛護係	〒630-8501 奈良県奈良市登大路町30	0742-27-8675	http://www.pref.nara.jp/7772.htm	飼養保管許可申請手数料：15,000円
和歌山県 環境生活部県民局食品・生活衛生課	〒640-8585 和歌山県和歌山市小松原通1-1	073-441-2620	https://www.pref.wakayama.lg.jp/prefg/031600/80_doubutsu/tokutei.html	飼養保管許可申請手数料：15,000円（複数種申請の場合は＋7,500円）
鳥取市保健所生活安全課動物愛護係	〒680-0061 鳥取県鳥取市立川町6-176	0857-20-3675	https://www.pref.tottori.lg.jp/240987.htm	飼養保管許可申請手数料：18,000円
島根県健康福祉部薬事衛生課	〒690-8501 島根県松江市殿町1 島根県庁第2分庁舎 別館3階	0852-22-5260	https://www.pref.shimane.lg.jp/infra/nature/animal/animal_protection/d_jourei/jourei_gaiyou.html	飼養保管許可申請手数料：15,500円
岡山県動物愛護センター	〒709-2105 岡山県岡山市北区御津伊田2750	086-724-9512	http://www.pref.okayama.jp/page/388424.html	飼養保管許可申請手数料：14,390円
広島県動物愛護センター	〒729-0413 広島県三原市本郷町南方8915-2	0848-86-6511	https://www.pref.hiroshima.lg.jp/site/apc/contents-tokutei.html	飼養保管許可申請手数料：19,000円
山口環境保健所（山口健康福祉センター）	〒753-0814 山口市吉敷下東3-1-1	083-934-2535	http://www.pref.yamaguchi.lg.jp/cms/a15300/aigo/tokuteidoubutsu.html	飼養保管許可申請手数料：17,030円
徳島県動物愛護管理センター	〒771-3201 徳島県名西郡神山町阿野字長谷333	088-636-6122	https://douai-tokushima.com/specific	飼養保管許可申請手数料：20,000円
高松市保健所生活衛生課 動物管理係	〒760-0074 香川県高松市桜町1-10-27高松市保健所1階	087-839-2865	https://www.city.takamatsu.kagawa.jp/udanimo/ani_staticpage.html?infopageid=4	飼養保管許可申請手数料：18,000円
愛媛県保健福祉部動物愛護センター	〒791-0133 愛媛県松山市東川町乙44-7	089-977-9200	https://www.pref.ehime.jp/h25123/4415/tokutei.html	飼養保管許可申請手数料：15,000円
高知県健康政策部食品・衛生課 動物・水道担当	〒780-8570 高知県高知市丸ノ内1-2-20（本庁舎4階）	088-823-9673	http://www.pref.kochi.lg.jp/soshiki/131901/doubutsu-tokuteidoubutsu.html	飼養保管許可申請手数料：15,830円
高知市保健所生活食品課動物愛護係	〒780-0850 高知県高知市丸ノ内1-7-45	088-822-0588	http://www.city.kochi.kochi.jp/soshiki/36/tokuteidoubutu.html	飼養保管許可申請手数料：15,830円
福岡市東部動物愛護管理センター(あにまるぽーと)	〒813-0023 福岡県福岡市東区蒲田5-10-1	092-691-0131	https://www.wannyan.city.fukuoka.lg.jp/yokanet/other	飼養保管許可申請手数料：15,000円（複数種申請の場合は＋11,000円）
佐賀中部保健福祉事務所衛生対策課	〒849-8585 佐賀県佐賀市八丁畷町1-20	0952-30-1321	http://www.pref.saga.lg.jp/kiji00314912/index.html	飼養保管許可申請手数料：20,000円
長崎県生活衛生課	〒850-0058 長崎県長崎市尾上町3-1	095-895-2363	https://www.pref.nagasaki.jp/bunrui/kurashi-kankyo/doubutsuaigo-pet/dobutsu/tokuteidoubutsu/	飼養保管許可申請手数料：15,000円
熊本県健康福祉部健康危機管理課	〒862-0950 熊本県熊本市中央区水前寺6-18-1	096-333-2239	http://www.pref.kumamoto.jp/kiji_725.html	飼養保管許可申請手数料：15,500円
熊本市動物愛護センター（ハローアニマルくまもと市）	〒861-8045 熊本県熊本市東区小山2-11-1	096-380-2153	http://doubutsuaigo.hinokuni-net.jp/specific/	飼養保管許可申請手数料：15,500円
おおいた動物愛護センター	〒870-1201 大分県大分市大字廻栖野3231-47	097-588-1122	https://oita-aigo.com	飼養保管許可申請手数料：15,000円（複数種申請の場合は＋11,000円）
みやざき動物愛護センター	〒889-1601 宮崎県宮崎市清武町木原4543-8(宮崎大学医学部附属病院の南)	0985-85-6011	https://www.city.miyazaki.miyazaki.jp/life/pet/consultation/674.html	飼養保管許可申請手数料：15,000円（複数種申請の場合は＋11,600円）
鹿児島くらし保健福祉部生活衛生課	〒890-8577 鹿児島県鹿児島市鴨池新町10-1	099-286-2784	http://www.pref.kagoshima.jp/ae09/kenko-fukushi/yakuji-eisei/dobotu/tokutei/tokuteiboubutu.html	飼養保管許可申請手数料：15,500円（複数種申請の場合は＋11,000円）
鹿児島市健康福祉局保健所生活衛生課　獣疫係	〒892-8677 鹿児島県鹿児島市山下町11-1(本庁舎別館3階)	099-803-6905	http://www.city.kagoshima.lg.jp/kenkofukushi/hokenjo/seiei-jueki/kurashi/dobutsu/tokutedobutsu.html	飼養保管許可申請手数料：15,500円（複数種申請の場合は＋11,000円）
沖縄県動物愛護管理センター	〒901-1202 沖縄県南城市大里字大里2000	098-945-3043	https://www.aniwel-pref.okinawa/traders	飼養保管許可申請手数料：15,500円

※飼養保管許可申請手数料：10,000円（食肉目、長鼻目、奇蹄目、偶蹄目、ひくいどり目、たか目、とかげ目（有鱗目）、わに目）／5,000円（霊長目、かめ目）

資料　主な特定動物飼養・保管許可申請書類記入例

※以下に各地で必ず必要となる書類の記入例を紹介する。これ以外の書類は各地で異なるケースがあるため、所轄の保健所・動物愛護センターなどに確認すると良い。

特定動物飼養・保管許可申請書

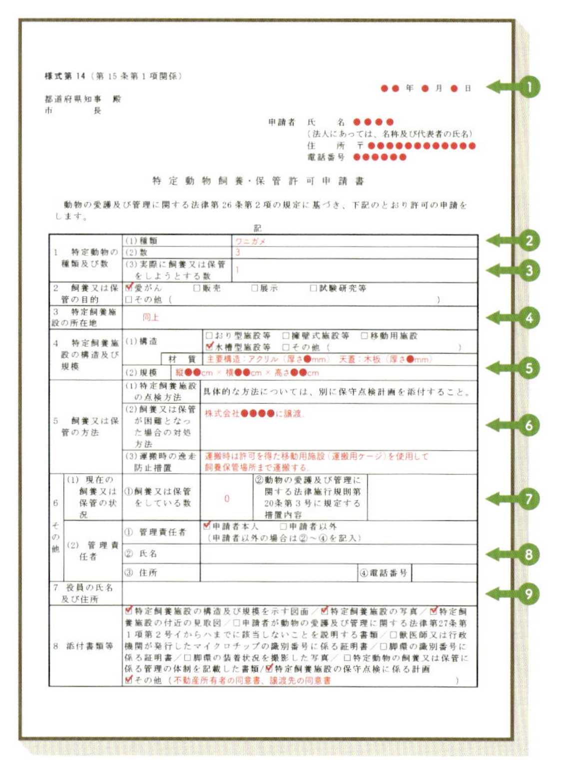

様式第14（第15条第1項関係）

●●年●月●日

都道府県知事　殿
市　　長

申請者　氏　名　●●●●
（法人にあっては、名称及び代表者の氏名）
住　所　〒●●●●●●●●●●●●
電話番号　●●●●●●

特定動物飼養・保管許可申請書

動物の愛護及び管理に関する法律第26条第2項の規定に基づき、下記のとおり許可の申請をします。

記

1　特定動物の種類及び数	(1) 種類	ワニガメ
	(2) 数	3
	(3) 実際に飼養又は保管をしようとする数	1
2　飼養又は保管の目的	☑愛がん　□販売　□展示　□試験研究等 □その他（　　）	
3　特定飼養施設の所在地	同上	
4　特定飼養施設の構造及び規模	(1) 構造	□おり型施設等　□擁壁式施設等　□移動用施設 ☑水槽型施設等　□その他（　　）
	材　質	主要構造：アクリル（厚さ●mm）　天蓋：木板（厚さ●mm）
	(2) 規模	縦●●cm × 横●●cm × 高さ●●cm
5　飼養又は保管の方法	(1) 特定飼養施設の点検方法	具体的な方法については、別に保守点検計画を添付すること。
	(2) 飼養又は保管が困難となった場合の対処方法	株式会社●●●●に譲渡。
	(3) 運搬時の逸走防止措置	運搬時は許可を得た移動用施設（運搬用ケージ）を使用して飼養保管場所まで運搬する。
6　その他　(1) 現在の飼養又は保管の状況	①飼養又は保管をしている数	0　／　②動物の愛護及び管理に関する法律施行規則第20条第3号に規定する措置内容
6　その他　(2) 管理責任者	① 管理責任者	☑申請者本人　□申請者以外 （申請者以外の場合は②〜④を記入）
	② 氏名	
	③ 住所	④電話番号
7　役員の氏名及び住所		
8　添付書類等	☑特定飼養施設の構造及び規模を示す図面／☑特定飼養施設の写真／☑特定飼養施設の付近の見取図／□申請者が動物の愛護及び管理に関する法律第27条第1項第2号イからハまでに該当しないことを説明する書類／□獣医師又は行政機関が発行したマイクロチップの識別番号に係る証明書／□脚環の識別番号に係る証明書／□脚環の装着状況を撮影した写真／□特定動物の飼養又は保管に係る管理の体制を記載した書類/☑特定飼養施設の保守点検に係る計画 ☑その他（不動産所有者の同意書、譲渡先の同意書　）	

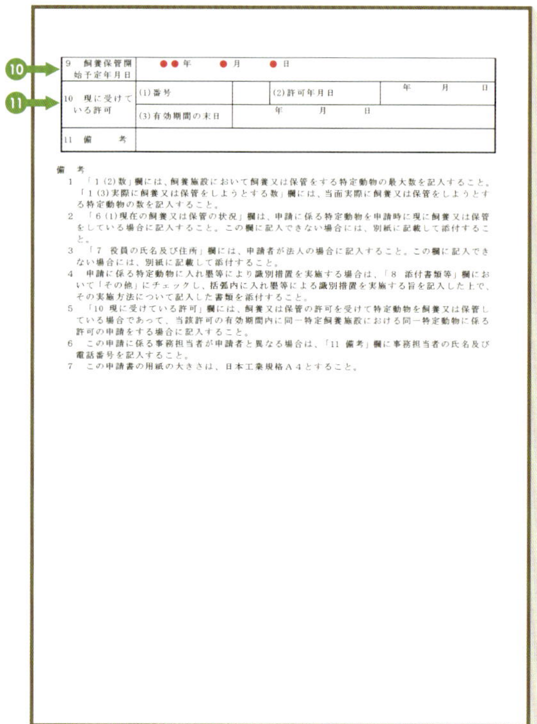

9　飼養保管開始予定年月日	●●年　●月　●日			
10　現に受けている許可	(1) 番号		(2) 許可年月日	年　月　日
	(3) 有効期間の末日	年　月　日		
11　備　考				

備　考

1　「1 (2) 数」欄には、飼養施設において飼養又は保管をする特定動物の最大数を記入すること。「1 (3) 実際に飼養又は保管をしようとする数」欄には、当面実際に飼養又は保管をしようとする特定動物の数を記入すること。
2　「6 (1) 現在の飼養又は保管の状況」欄は、申請に係る特定動物を申請時に現に飼養又は保管をしている場合に記入すること。この欄に記入できない場合には、別紙に記載して添付すること。
3　「7　役員の氏名及び住所」欄には、申請者が法人の場合に記入すること。この欄に記入できない場合には、別紙に記載して添付すること。
4　申請に係る特定動物に入れ墨等により識別措置を実施する場合は、「8　添付書類等」欄において「その他」にチェックし、括弧内に入れ墨等による識別措置を実施する旨を記入した上で、その実施方法について記入した書類を添付すること。
5　「10 現に受けている許可」欄には、飼養又は保管の許可を受けて特定動物を飼養又は保管している場合であって、当該許可の有効期間内に同一特定飼養施設における同一特定動物に係る許可の申請をする場合に記入すること。
6　この申請に係る事務担当者が申請者と異なる場合は、「11 備考」欄に事務担当者の氏名及び電話番号を記入すること。
7　この申請書の用紙の大きさは、日本工業規格A4とすること。

1　申請書類の提出日
元号、西暦のいずれも可

2　特定動物の種類
和名を記載（標準和名）

3　特定動物の飼養数、または保管数
飼養開始時の飼養個体数を記載。のちに増える可能性がある場合には記入欄(2)の「数」の部分に飼養個体数を記載する。

4　飼養施設（ケージ）の所在地
賃貸契約している住居などの場合には部屋番号まで記載する。

5　飼養施設の構造及び規模
ケージの仕様は別紙に記載しても良い。

6　飼養が困難になった場合の譲渡先
飼育が困難になった場合の譲渡先を記載。同意書を必須とする地域もあるので確認すること。

7　現在飼養している特定動物の数
現在特定動物を使用しておらず新規に飼養を開始する場合には「0」。

8　飼養管理責任者が申請者と異なる場合
申請者と飼養管理責任者が異なる場合にはここに指名を記載する。

9　飼養申請者が法人の場合の役員の氏名・住所
法人の場合にはここに役員の氏名、住所を記載。

10　飼養開始日
実際に飼養を開始する日を記載。飼養開始までのスケジュールは余裕をもった計画とすること。

11　現在飼養許可を受けている特定動物について
現在特定動物を飼養しておらず、新規に飼養開始する場合には記載は不要。

動物愛護管理法第27条第1項第2号イからハまでに該当しないことを示す書類

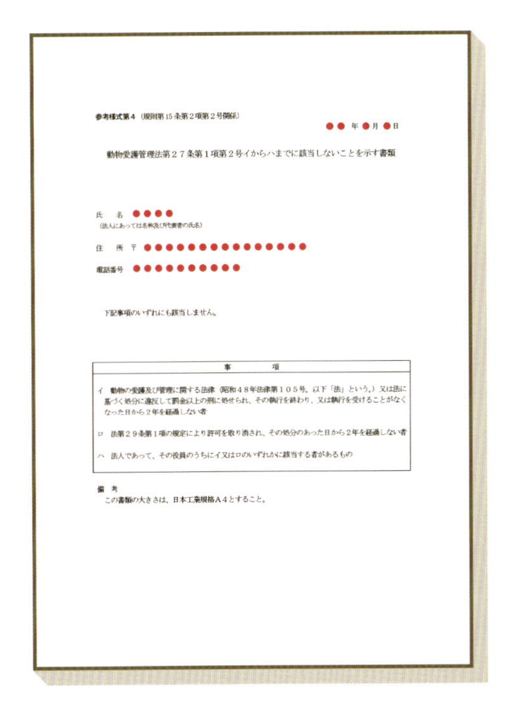

参考様式第4（規則第15条第2項第2号関係）

●●年●月●日

動物愛護管理法第２７条第１項第２号イからハまでに該当しないことを示す書類

氏　名　●●●●
（法人にあっては名称及び代表者の氏名）

住　所　〒●●●●●●●●●●●●●●●

電話番号　●●●●●●●●●●

下記事項のいずれにも該当しません。

事　　項
イ　動物の愛護及び管理に関する法律（昭和４８年法律第１０５号。以下「法」という。）又は法に基づく処分に違反して罰金以上の刑に処せられ、その執行を終わり、又は執行を受けることがなくなった日から２年を経過しない者
ロ　法第２９条第１項の規定により許可を取り消され、その処分のあった日から２年を経過しない者
ハ　法人であって、その役員のうちにイ又はロのいずれかに該当する者があるもの

備　考
この書類の大きさは、日本工業規格Ａ４とすること。

特定飼養施設の保守点検に係る計画

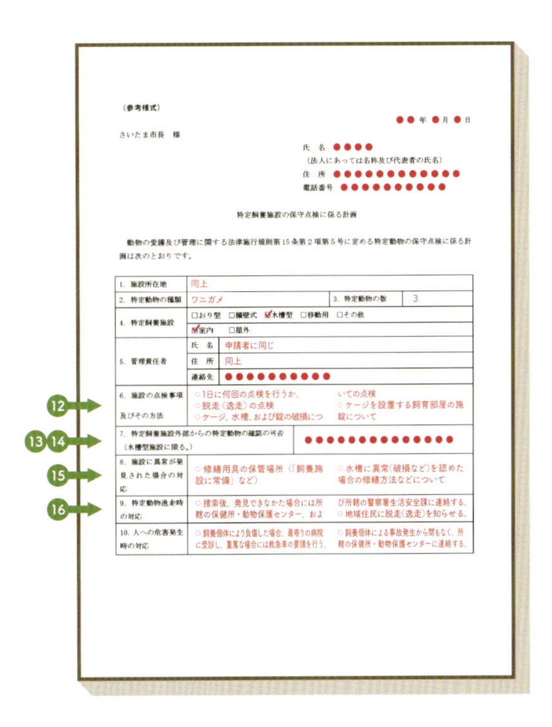

（参考様式）

●●年●月●日

さいたま市長　様

氏　名　●●●●
（法人にあっては名称及び代表者の氏名）
住　所　●●●●●●●●●●●●
電話番号　●●●●●●●●●●

特定飼養施設の保守点検に係る計画

動物の愛護及び管理に関する法律施行規則第15条第2項第5号に定める特定動物の保守点検に係る計画は次のとおりです。

1. 施設所在地		同上		
2. 特定動物の種類		ワニガメ	3. 特定動物の数	3
4. 特定飼養施設		□おり型　□擁壁式　☑水槽型　□移動用　□その他		
		☑室内　□屋外		
5. 管理責任者	氏　名	申請者に同じ		
	住　所	同上		
	連絡先	●●●●●●●●●●		
6. 施設の点検事項及びその方法		○1日に何回の点検を行うか。 ○脱走（逸走）の点検 ○ケージ、水槽、および錠の破損についての点検 ○ケージを設置する飼育部屋の施錠について		
7. 特定飼養施設外部からの特定動物の確認の可否（水槽型施設に限る。）		●●●●●●●●●●●●●●		
8. 施設に異常が発見された場合の対応		○修繕用具の保管場所（「飼養施設に常備」など） ○水槽に異常（破損など）を認めた場合の修繕方法などについて		
9. 特定動物逸走時の対応		○捜索後、発見できなかた場合には所轄の保健所・動物保護センター、および所轄の警察署生活安全課に連絡する。 ○地域住民に脱走（逸走）を知らせる。		
10. 人への危害発生時の対応		○飼養個体により負傷した場合、最寄りの病院に受診し、重篤な場合には救急車の要請を行う。 ○飼養個体による事故発生から間もなく、所轄の保健所・動物保護センターに連絡する。		

有毒動物の毒の治療体制について

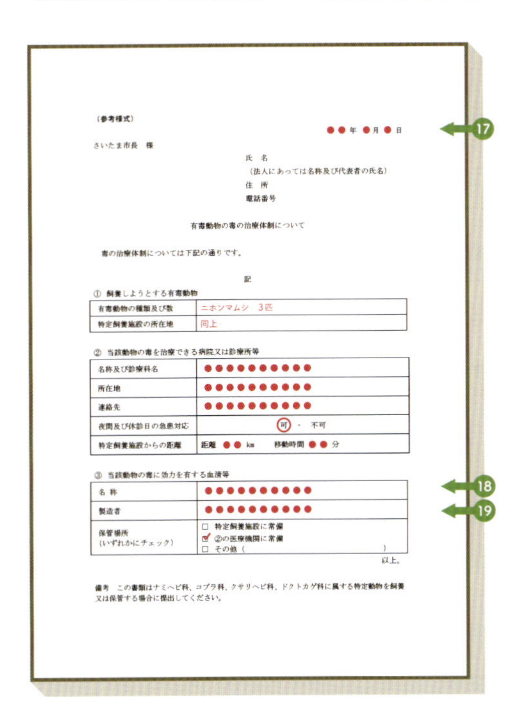

（参考様式）

●●年●月●日

さいたま市長　様

氏　名
（法人にあっては名称及び代表者の氏名）
住　所
電話番号

有毒動物の毒の治療体制について

毒の治療体制については下記の通りです。

記

① 飼養しようとする有毒動物

有毒動物の種類及び数	ニホンマムシ　3匹
特定飼養施設の所在地	同上

② 当該動物の毒を治療できる病院又は診療所等

名称及び診療科名	●●●●●●●●●●
所在地	●●●●●●●●●●
連絡先	●●●●●●●●●●
夜間及び休診日の急患対応	(可)・不可
特定飼養施設からの距離	距離 ●●km　移動時間 ●●分

③ 当該動物の毒に効力を有する血清等

名　称	●●●●●●●●●●
製造者	●●●●●●●●●●
保管場所（いずれかにチェック）	□ 特定飼養施設に常備 ☑ ②の医療機関に常備 □ その他（　　　）

以上。

備考　この書類はナミヘビ科、コブラ科、クサリヘビ科、ドクトカゲ科に属する特定動物を飼養又は保管する場合に提出してください。

12 飼養施設の点検方法について
飼養個体及び飼養ケージの日常管理について詳細を記す。

13 飼養ケージの外から飼養個体が見えるかどうか
水槽型の飼育施設を使用する場合には、中が見える仕様としている旨を記す。

14 水槽型施設に限り記載し、木製ケージでは不要
鋼製ケージや木製ケージを使用する場合には記載は不要。

15 飼養ケージが破損した場合の処置、及び修繕依頼の連絡先
外部に修繕を依頼する場合には、その旨に加え修繕発注先の連絡先を記す。

16 逸走（脱走）時の対処について
脱走（逸走）の際にはどのような保定具を使用するか。捕獲後には地域住民に報告する旨を記す。

17 申請書類の提出日
元号、西暦のいずれも可

18 抗毒素の詳細
抗毒素の商品名（販売名）を記す。

19 抗毒素のメーカー・販売会社
抗毒素を販売する製造会社名を記す（株式会社●●●●など）。

特定動物の治療およびマイクロチップの挿入を受けている主な動物病院

病院名	住所	電話	特定動物へのマイクロチップの挿入費用	治療可能な生物
カサハラアニマルメディカルセンター	宮城県岩沼市中央4-9-2	0223-24-2426	6,000円～	イヌワシ
どうぶつクリニックNEXT	埼玉県加須市久下5-320-3	0480-65-6714	7,000円～10,000円程度	爬虫類のみ、種類により要相談
ラパン動物病院	千葉県白井市根123-19	047-498-3036	5,000円～10,000円程度	ワニガメ、ガボンアダー、アミメニシキヘビ、コビトカイマン
日本ペット診療所	千葉県旭市上永井875	0479-74-3070	8,000円	本書掲載種は全て対応可
オールペットクリニック	東京都港区西麻布2-4-9 アルタハウス	03-3400-4004	5,000～100,000円（往診料は別途）	霊長目、食肉目、たか目、かめ目、とかげ目、わに目のいずれも検診可
える動物病院	東京都江戸川区南小岩8-24-13 豊ビル1F	03-5668-0120	5,000円	ワニガメ
ケーズペットクリニック	東京都町田市能ヶ谷4-4-11	042-736-9965	2,000円～	コビトカイマン、そのほかクモザル科全般は治療可
鳥と小動物の病院リトル・バード	東京都世田谷区豪徳寺1-46-16 諏訪ビル202	03-5477-7877 予約制	9,000円～15,000円	ウーリーモンキー、パタスモンキー、サーバルキャット、たか目全種、ワニガメ、とかげ目全種、コビトカイマン（霊長目・サーバルキャットは10kg未満の個体のみ、鎮静または麻酔をかける前提で治療可、とかげ目のうち有毒種は鎮静または麻酔をかける前提で治療可、巨大な個体は要相談、コビトカイマンは大きさにより治療不可の場合もあり）
アルフペットクリニック	神奈川県川崎市川崎区鋼管通1-11-12	044-333-0305	3,000～5,000円	往診は不可、通院できるサイズで要相談
ラクーンアニマルクリニック	神奈川県横浜市港北区新横浜3-13-11	045-620-4002	10,000～20,000円	霊長目全般（往診は不可で持ち込めるサイズのみ）、サーバルキャット、オオカミ（いずれも麻酔銃が必要な場合は不可）、たか目全般、アミメニシキヘビ、オオアナコンダ、アメリカドクトカゲ（とかげ目は強毒種は不可。無毒種もサイズの大きなものは不可）、コビトカイマン（わに目は小型種、幼体のみ）
エキゾチックペットクリニック	神奈川県相模原市中央区東淵野辺1-11-5 カサベルグK-101	042-753-4050	5,000円程度 ※麻酔の有無により変動	霊長目全種、サーバルキャット、たか目全種、ワニガメ、ニシダイヤガラガラ、コットンマウス、ブッシュマスター、ガボンアダー、ヨロイハブ、マルオアマガサ、ヒガシサンゴヘビ、アミメニシキヘビ、オオアナコンダ、アメリカドクトカゲ、ミシシッピアリゲーター、イリエワニ、コビトカイマン
ABC動物病院	神奈川県相模原市南区相模大野7-7-13 ウェルネスK1F	042-733-9000	6,000～10,000円程度（飼育個体の難易度（性格など）による）	全般的に検診可能だが管理者が同伴、保定できる場合のみ。いずれも往診は不可。
川村動物病院	新潟県新潟市東区上木戸1-1-6	025-271-7300	8,000～10,000円	サーバルキャット、ワニガメ、アメリカドクトカゲ、コビトカイマン
坂田動物病院	新潟県三条市荒町2-24-12	0256-35-4440	5,000円程度	ワニガメ
まさの森・動物病院	石川県金沢市木越町チ78-1	076-258-3330	5,000～10,000円	ワニガメ、コビトカイマン、シャムワニ
ハミング動物病院	静岡県浜松市西区志都呂1-36-64	053-489-6701	5,000円程度	サーバルキャット、イヌワシ、ワニガメ、アミメニシキヘビ、わに目全種
犬山動物総合医療センター	愛知県犬山市羽黒大見下29	0568-67-1267	3,500～8,000円	サーバルキャット、ワニガメ（マイクロチップ埋め込みを含め、種により対応不可もあり。要確認）
アロハオハナ動物病院 かもがわ公園小動物クリニック	愛知県豊田市東山町2-3-12	0565-79-2998	5,000円～（麻酔は除く）	霊長目全種（麻酔下で可能）、食肉目（麻酔下で可能）、たか目（麻酔下で可能）、ワニガメ、とかげ目全種（有毒種および体長が3mを越すものについては要相談）、わに目全種（体長が1mを越すものについては要相談）
中央動物医療センター	大阪府大阪市中央区農人橋3-1-24	06-6941-1537	5000円程度（動物の危険度、大きさで変動）	サーバルキャット（他の食肉目は要相談）、たか目全種、ワニガメ、ボア・コンストリクトル（ボア・コンストリクター）、ニシキヘビ科全種（要相談）（とかげ目は有毒種は不可）、わに目（大きさ、保定の可否により検診可）
フジワラ動物病院	兵庫県宝塚市伊孑志1-6-38	0797-71-4111	5,000円	診療可能な種については要相談。
花咲く動物病院	奈良県香芝市畑3-887-4	0745-71-8739	5,000～10,000円	サーバルキャット、アライグマ、マングース（その他の食肉目も応相談）、イヌワシ、コシジロイヌワシ、カンムリクマタカ（その他、たか目全般は治療可）、ワニガメ、とかげ目全種、わに目全種
サムアニマルクリニック	高知県高知市介良甲871-1	088-856-5262	10,000～100,000円	霊長目全種、食肉目全種、たか目全種、アミメニシキヘビ、オオアナコンダ。いずれも往診は不可。診察は管理者が保定可能な個体に限る。
オークどうぶつ病院	福岡県福岡市西区豊浜1-1-11	092-885-3000	5,000～10,000円	霊長目、たか目、トカゲ目はできる限り対応。ライオン、サーバルキャット、オオカミ。

特定動物を収容するオーダーケージの製作メーカー

店舗名	住所	連絡先	ウェブサイト	ケージ製作が対応可能な主な特定動物
Stand Up	〒552-0023 大阪府大阪市港区港晴4-5-2	06-6576-6601	https://www.standup0915.com	サーバルキャット、イヌワシ、コシジロイヌワシ、ハクトウワシ、カンムリクマタカ、ワニガメ、ニシダイヤガラガラ、コットンマウス、ブッシュマスター、ガボンアダー、ヨロイハブ、キングコブラ、ツバハキコブラ、マルオアマガサ、ヒガシサンゴヘビ、ヒャン、アミメニシキヘビ、オオアナコンダ、アメリカドクトカゲ、ミシシッピアリゲーター、イリエワニ、コビトカイマン
Gila bred	店舗なし	gilabred@gmail.com	http://gilabred.cocolog-nifty.com/blog/	アメリカドクトカゲ
F and K	〒663-8124 兵庫県西宮市小松南町3-1-8	umeaya1017@yahoo.co.jp	https://blog.goo.ne.jp/umeaya0519または https://umeaya1017.wixsite.com/fandk	ニシダイヤガラガラ、コットンマウス、ブッシュマスター、ガボンアダー、ヨロイハブ、キングコブラ、ツバハキコブラ、マルオアマガサ、ヒガシサンゴヘビ、ヒャン、アミメニシキヘビ、オオアナコンダ、アメリカドクトカゲ
Triangle	店舗なし	triangle.create.cage@gmail.com	http://triangle.vivian.jp	ニシダイヤガラガラ、コットンマウス、ブッシュマスター、ガボンアダー、ヨロイハブ、キングコブラ、ツバハキコブラ、マルオアマガサ、ヒガシサンゴヘビ、ヒャン、アミメニシキヘビ、オオアナコンダ、アメリカドクトカゲ
ケージ製作所	店舗なし	090-5339-7929	http://cages.cocolog-nifty.com	ワニガメ、ニシダイヤガラガラ、コットンマウス、ブッシュマスター、ガボンアダー、ヨロイハブ、キングコブラ、ツバハキコブラ、マルオアマガサ、ヒガシサンゴヘビ、ヒャン、アミメニシキヘビ、オオアナコンダ、アメリカドクトカゲ、ミシシッピアリゲーター、イリエワニ、コビトカイマン、他にボアコンストリクター、ビルマニシキヘビ（インドニシキヘビ）も対応可
GILL爬虫類 OSBケージ製作所	店舗なし	yoshio.261217@gmail.com	https://gillosb.jimdosite.com	イヌワシ、コシジロイヌワシ、ハクトウワシ、マダラハゲワシ、ミミヒダハゲワシ、カンムリクマタカ、トキイロコンドル、アンデスコンドル、ワニガメ、ニシダイヤガラガラ、コットンマウス、ブッシュマスター、ガボンアダー、ヨロイハブ、キングコブラ、ツバハキコブラ、マルオアマガサ、ヒガシサンゴヘビ、ヒャン、アミメニシキヘビ、オオアナコンダ、アメリカドクトカゲ、ミシシッピアリゲーター、イリエワニ、コビトカイマン
アクアプランニングスタジオ	〒457-0833 愛知県名古屋市南区東又兵ヱ町2-136-1	052-614-8480	http://aqua-u.com/cage/index.html#c_header	ワニガメ、ニシダイヤガラガラ、コットンマウス、ブッシュマスター、ガボンアダー、ヨロイハブ、キングコブラ、ツバハキコブラ、マルオアマガサ、ヒガシサンゴヘビ、ヒャン、アミメニシキヘビ、オオアナコンダ、アメリカドクトカゲ、ミシシッピアリゲーター、イリエワニ、コビトカイマン
高岡ケージ工業	〒933-0328 富山県高岡市内島47	0766-31-1007	http://www.t-cage.co.jp/products/animals.html	チンパンジー、ウーリーモンキー、パタスモンキー、マントヒヒ（幼体時）
渡辺アイ・エス株式会社	〒121-0061 東京都足立区花畑2-7-19 花畑ウェルズ21-B	03-5831-1705	http://www.w-is.co.jp	動物園からのオーダーも受けており広く対応。要相談。
日本サカス	〒731-0101 広島市安佐南区八木1-14-26	082-830-2111	http://www.sacas.co.jp	コビトカイマン
アクアランドはなばた	〒979-0145 福島県いわき市勿来町四沢渋町33	0246-65-7400	http://www.hanabata.co.jp	ワニガメ、ニシダイヤガラガラ、コットンマウス、ブッシュマスター、ガボンアダー、ヨロイハブ、キングコブラ、ツバハキコブラ、マルオアマガサ、ヒガシサンゴヘビ、ヒャン、アミメニシキヘビ、オオアナコンダ、アメリカドクトカゲ、ミシシッピアリゲーター、イリエワニ、コビトカイマン

パンク町田

NPO法人生物行動進化研究センター理事長、
アジア動物医療研究センター センター長。
野生動物の生態を探るため世界中に探索へ行った経験をもち、
世界の動物のうち全3,000種を超える飼育技術と治療の習得を生かし
様々なメディアで執筆、インタビューなどを行ってきた。
主な著書に『猛禽類の医・食・住』(ジュリアン)、
『世界猛禽カタログ』(ジュリアン)、『ヒトを食う生き物』(ビジネス社)など。

●写真提供者
p016:Ardea/アフロ、p017(A):Ardea/アフロ、p017(B):HEMIS/アフロ、p017(C):Minden Pictures/アフロ、p022:Minden Pictures/アフロ、p023(A)(B):Biosphoto/アフロ、p023(C):Arco Images/アフロ、p028:Photoshot/アフロ、p029(A)(B):Minden Pictures/アフロ、p029(C):Ardea/アフロ、p034:Minden Pictures/アフロ、p035(A):FLPA/アフロ、p035(B)(C):Minden Pictures/アフロ、p042:Nature in Stock /アフロ、p043(A):HEMIS/アフロ、p043(B):robertharding/アフロ、p043(C):Picture Press/アフロ、p048:Juniors Bildarchiv /アフロ、p049(A):Minden Pictures /アフロ、p049(B):Andy Rouse/アフロ、p049(C):Alamy /アフロ、p054:Minden Pictures /アフロ、p055(A):Biosphoto/アフロ、p055(B)(C):Juniors Bildarchiv/アフロ、p060:Photoshot/アフロ、p061(A):mauritius images/アフロ、p061(B):Arco Images/アフロ、p061(C):CuboImages/アフロ、p067(上):AP/アフロ、p067(下左上、下右):Barcroft Media/アフロ、p067(下左下):ロイター/アフロ、p070:Nature in Stock/アフロ、p071(A):Biosphoto /アフロ、p071(B):Nature in Stock /アフロ、p071(C):HEMIS /アフロ、p076:Minden Pictures /アフロ、p077(A):Minden Pictures /アフロ、p077(B):John Warburton-Lee /アフロ、p077(C):FLPA /アフロ、p080:HEMIS/アフロ、p081(A)(B):Rolf Hicker /アフロ、p081(C):Imagebroker /アフロ、p086:Minden Pictures /アフロ、p087(A):Nature in Stock /アフロ、p087(B):Minden Pictures /アフロ、p087(C):John Warburton-Lee /アフロ、p090:Biosphoto/アフロ、p091(A)(B):Biosphoto/アフロ、p091(C):Ardea /アフロ、p096:Shutterstock/アフロ、p097(A):Biosphoto/アフロ、p097(B):Nature in Stock/アフロ、p100:Mark Newman/アフロ、p101(A):Minden Pictures /アフロ、p101(B):Mark Newman/アフロ、p101(C):juergen Christine Sohns/アフロ、p106:Blickwinkel/アフロ、p107(A)(B)(C):Ardea/アフロ、p113(上):mauritius images/アフロ、p113(下左、下右):Alamy/アフロ、p116:Biosphoto/アフロ、p117(A):Bluegreen Pictures/アフロ、p117(B):Mark Newman/アフロ、p117(C):Ardea/アフロ、p124:Minden Pictures /アフロ、p125(A)(B)(C):Minden Pictures /アフロ、p125(D):Ardea /アフロ、p130:Ardea /アフロ、p131(A)(B)(C):Minden Pictures /アフロ、p136:Minden Pictures /アフロ、p137(A)(C):Minden Pictures /アフロ、p137(B):Michael Turco/アフロ、p142:Ardea /アフロ、p143(A):HEMIS /アフロ、p143(B):FLPA /アフロ、p143(C):Alamy /アフロ、p148:Minden Pictures /アフロ、p149(A)(B):Minden Pictures /アフロ、p154:Mark Newman /アフロ、p155(A):FLPA /アフロ、p155(B)(C):Minden Pictures /アフロ、p160:Photoshot /アフロ、p161(A):Arco Images /アフロ、p161(B):Biosphoto /アフロ、p166:Blickwinkel/アフロ、p167(A):Biosphoto /アフロ、p167(B):Ardea /アフロ、p170:Danita Delamont/アフロ、p171(A):Alamy/アフロ、p171(B):Arco Images/アフロ、p171(C):Danita Delamont/アフロ、p176:田原義太慶、p177(A)(B):田原義太慶、p180:Imagebroker /アフロ、p181(A):Photoshot /アフロ、p181(B):Ardea /アフロ、p181(C):Minden Pictures /アフロ、p186:Minden Pictures /アフロ、p187(A)(C):Minden Pictures /アフロ、p187(B):Ardea /アフロ、p192:Minden Pictures /アフロ、p193(A)(C):Ardea /アフロ、(B):Alamy/アフロ、p202:Minden Pictures /アフロ、p203(A):Minden Pictures /アフロ、p203(B):Alamy/アフロ、p203(C):Science Source/アフロ、p208:Bluegreen Pictures/アフロ、p209(A):Alamy /アフロ、p209(B)(C):Minden Pictures /アフロ、p214:Alamy /アフロ、p215(A)(B):Biosphoto /アフロ(敬称略)

魅惑の特定動物 完全飼育バイブル

2019年5月25日 初版第1刷発行

著書 パンク町田

発行者 長瀬 聡

発行所 株式会社グラフィック社
〒102-0073
東京都千代田区九段北1-14-17
TEL 03-3263-4318
FAX 03-3263-5297
郵便振替 00130-6-114345

印刷・製本 図書印刷株式会社

STAFF

デザイン 中平正士
DTP 有限会社サイレック
イラスト LALA THE MANTIS
シモダアサミ
編集 坂田哲彦(グラフィック社)

定価はカバーに表示してあります。
乱丁・落丁本は、小社業務部宛にお送りください。小社送料負担にてお取替え致します。

ISBN978-4-7661-3203-8 C2076